畜産物利用学

齋藤忠夫・根岸晴夫・八田　一　編

Bun-eido 文永堂出版

表紙デザイン：中山康子（株式会社ワイクリエイティブ）

刊行に当たって

近年の中国の食品市場を概観すると，乳および乳製品の生産および消費量は飛躍的に増加しており，社会全体が経済的に豊かになると美味しくて健康によい食品を国民全体が希求することがよく理解できる．日本も全く同じ道のりをたどってきた．1950 年（昭和 25 年）のわが国の乳，肉，卵の消費量を基準にすると，現在では乳で 20 倍，食肉で 10 倍，そして卵では 7 倍に増加している．国民総生産（GDP）の上昇に伴い，これら畜産食品の消費が伸びることは全世界で共通であり，戦後のわが国の復興と経済発展の象徴とも考えられる．しかし，畜産食品は単に栄養価が高いので高価でも消費が伸びたのではなく，より多く食べたいという食品として最も重要な「美味しさ」という大切な要件を持っていたからであろう．

近年，畜産物の重要性はさらに増大し，乳，肉，卵からの新規成分の発見や新しい機能性の研究，製造および加工の技術開発や研究の進展は目覚ましいものがある．特に，最新の製造や加工に関する情報は最近の教科書では不足していると思われる．一方では，メラミン混入事件，飼料作物の遺伝子組換え問題や畜産物の示すアレルギーの問題，そして家畜や家禽の疾病（牛海面状脳症（BSE），口蹄疫，鳥インフルエンザ）などの諸問題も出現し，教科書には新たな情報をより迅速に発信する必要性が出てきた．

このような畜産物を巡る国内外の動向を踏まえ，以上の諸点を盛り込んだ新しい「畜産物利用学」の，初学者向けの書籍の出版を計画した．乳，肉，卵などの畜産物の科学に関する教科書はわが国でもたくさん刊行されているが，本書のように全編カラー版で図表から情報理解度を高めるという書籍はこれまでなかった．内容的には，特に製造技術についての説明を従来より厚くし，学問的基礎の部分の執筆はアカデミア（大学人）に依頼し，製造・加工技術面は専門の企業研究者と技術者に執筆をお願いした．執筆者の大半は 40 代の学会や産業界などで活発に活躍されている新進気鋭の研究者と技術者であり，現時点では国内最強と考えられる執筆布陣を組んだ．畜産物の科学を基礎から学ぼうとする短大生，大学生，大学院生，技術者および研究者に十分理解し活用して頂けると考えている．

本書の趣旨にご賛同のうえ，日々の研究や業務の超多忙な中，快く執筆して頂きました各執筆者には心から感謝を申しあげる．また，本書の完成には，著者以外の多くの方々からの資料や写真，そして情報の提供などの暖かいご協力を頂いたことに，心より感謝を申しあげる．また，本書の企画から編集および出版にわたり，文永堂出版株式会社編集企画部の鈴木康弘氏には終始たいへんお世話になった．編集者および執筆者を代表して，心より厚く御礼を申し述べたい．

2011年8月　　編集者代表　齋藤忠夫

執　筆　者

編　集　者

齋　藤　忠　夫	東北大学名誉教授
根　岸　晴　夫	中部大学応用生物学部教授
八　田　　　一	京都女子大学家政学部教授

執筆者（執筆順）

浦　島　　　匡	帯広畜産大学大学院畜産学研究科教授
福　田　健　二	帯広畜産大学大学院畜産学研究科准教授
朝　隈　貞　樹	国立研究開発法人 農業・食品産業技術総合研究機構 北海道農業研究センター
北　澤　春　樹	東北大学大学院農学研究科教授
川　上　　　浩	共立女子大学大学院家政学研究科教授
細　野　明　義	信州大学名誉教授
太　田　智　章	公益財団法人 日本乳業技術協会
大　嶋　秀　克	公益財団法人 日本乳業技術協会
伊　藤　ゆかり	公益財団法人 日本乳業技術協会
箸　方　麻希子	公益財団法人 日本乳業技術協会
岩　附　慧　二	元・森永乳業株式会社 食品基盤研究所
小石原　　　洋	森永乳業株式会社 フードソリューション研究所
溝　田　泰　達	森永乳業株式会社 装置開発センター
福　井　宗　徳	株式会社明治 研究本部商品開発研究所
山　本　昌　志	株式会社明治 海外事業本部
木　村　勝　紀	株式会社明治 研究本部乳酸菌研究所

中　島　　　肇　元・雪印メグミルク株式会社 ミルクサイエンス研究所

田　中　穂　積　元・雪印メグミルク株式会社 チーズ研究所

川　﨑　功　博　雪印メグミルク株式会社 常務執行役員

田　辺　創　一　日清食品ホールディングス株式会社
健康科学研究部部長

上　西　一　弘　女子栄養大学大学院栄養学研究科教授

玖　村　朗　人　北海道大学大学院農学研究院教授

齋　藤　忠　夫　　前　掲

西　邑　隆　徳　北海道大学大学院農学研究院教授

樋　口　幹　人　国立研究開発法人 農業・食品産業技術総合研究機構
中央農業研究センター

若　松　純　一　北海道大学大学院農学研究院准教授

根　岸　晴　夫　　前　掲

松　永　孝　光　一般社団法人 食肉科学技術研究所

鮫　島　　　隆　元・株式会社つくば食品評価センター

國　嶋　隆　司　伊藤ハム株式会社 加工食品事業本部

小　齊　喜　一　元・伊藤ハム株式会社 加工食品事業部

渡　辺　　　至　元・日本ハム株式会社 商品開発研究所

有　原　圭　三　北里大学獣医学部教授

渡　邊　　　彰　国立研究開発法人 農業・食品産業技術総合研究機構
東北農業研究センター

土　居　幸　雄　龍谷大学農学部教授

小　川　宣　子　中部大学応用生物学部教授

八　田　　　一　　前　掲

小　林　幸　芳　元・キユーピー株式会社研究所

杉　山　道　雄　岐阜大学名誉教授

目　次

第1章

乳の科学

1．乳の生合成と泌乳生理

1）乳腺と乳腺上皮細胞

哺乳類は，その名称の通り乳で子を哺（はぐく）む生物である．乳はたんぱく質，脂肪，炭水化物，ビタミン，ミネラルなどからなる乳子にとっての完全栄養食であるとともに，免疫機能が不完全な新生子を守るために抗体や抗病原体成分も含む．乳は，乳房内にある乳腺と呼ばれる組織から分泌される．乳腺は皮膚腺が変化したものであり，外胚葉に由来する．牛の乳腺構造と乳腺上皮細胞の模式図を図 1-1 に示す．乳頭内およびその上部の空間は乳頭槽および乳腺槽と呼ばれ，貯乳することが可能である．これは，長時間にわたり大量の草を食べる間は哺乳を休み，反芻時に哺乳するという行動様式に適応した結果と考えられる．乳を分泌する乳

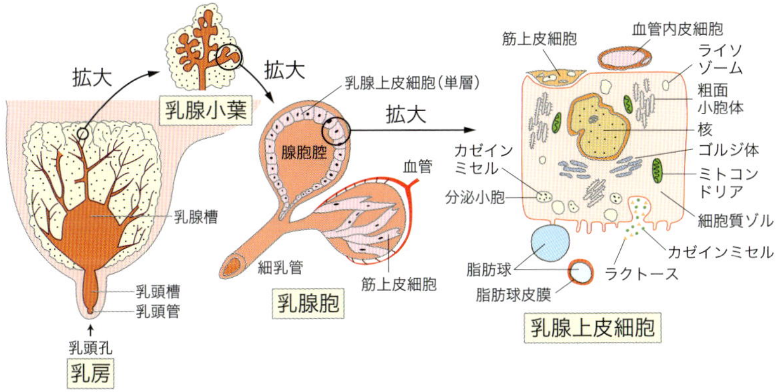

図1-1　乳房における乳成分合成の場（模式図）
（齋藤忠夫 原図）

腺と乳が移動する導管をまとめて実質，それを取り巻いて支える結合および脂肪組織を支質と呼ぶ．泌乳期の実質には多数の分岐が生じ，この分岐には乳腺胞と呼ばれる小胞が形成され，乳腺小葉という袋状の構造となる．乳の生産には血液からの大量の材料供給が必要となるため，支質には血管と神経が張り巡らされており，乳頭に与えられた吸入刺激が脳に伝達されると下垂体からオキシトシンが分泌され，乳腺胞を取り巻く筋上皮細胞の収縮を促し，貯留したミルクの排出（射乳）を引き起こす．

2）乳成分の生合成

反芻動物では，第1胃（ルーメン）に多量の微生物や原虫が共生する．飼料成分は微生物により分解や代謝変換され，小腸から吸収されて乳成分の合成材料となる．ルーメン発酵による主な飼料成分の変換とその吸収は，以下のように行われる．飼料炭水化物は，微生物により酢酸，プロピオン酸，酪酸などの揮発性脂肪酸（VFA），メタンおよび二酸化炭素などに変換される．酢酸は脂肪酸合成に，また一部はアミノ酸の前駆体となり乳たんぱく質合成に利用される．プロピオン酸は肝臓でスクシニル CoA に変換され TCA 回路に入り，その約 95%がグルコース合成に利用される．酪酸は第1胃の上皮に吸収され β-ハイドロキシ酪酸へ誘導されたのち，短鎖・中鎖脂肪酸合成に利用される．飼料たんぱく質は細菌のプロテアーゼやアミノ酸デアミナーゼによりペプチド，アミノ酸を経てアンモニアにまで分解される．未消化のたんぱく質は第4胃に分泌されるペプシンやキモシンにより分解され，小腸でアミノ酸の形態で吸収される．脂肪は微生物のリパーゼによりグリセロールと脂肪酸に加水分解され，大部分は小腸から吸収される．

免疫グロブリン，血清アルブミン，長鎖脂肪酸，ビタミン，ミネラルおよび水分は血液から乳へ直接移行するが，その他の乳成分は前述の飼料由来成分を用いて乳腺上皮細胞で合成される．泌乳中の乳腺上皮細胞は核が基底膜側に偏り，小胞体やゴルジ体が発達し，活発なたんぱく質およびラクトースの合成がうかがわれる．細胞内には脂肪滴やたんぱく質顆粒が多数存在し，細胞の頂端側ではカゼインミセルや脂肪球被膜に覆われた脂肪球の排出が観察される．細胞質ゾルでは，アミノ酸の活性化，解糖系の Embden-Meyerhof-Parnas（EMP）経路やペントースリン酸経路に関する反応，NADPH の生成，アセチル CoA の合成および糖ヌクレオチドの合成などが行われる．リボソームが付着した粗面小胞体では乳たんぱく質が合成され，付着していない滑面小胞体では脂質の合成や脂肪酸の不飽和化が行われる．ゴルジ体では，ラクトースの生合成，たんぱく質の翻訳後修飾，脂肪以外の成分の小胞への取込みおよび分泌輸送などが行われる．

3）乳たんぱく質の生合成

(1) たんぱく質の生合成

生合成材料のアミノ酸は，血液より供給される．牛血液中には約0.04％の遊離アミノ酸が含まれ，乳腺上皮細胞に基底膜側から取り込まれたのち活性化アミノ酸となり，tRNAと結合して粗面小胞体上のリボソームへ移行する．ここで，mRNAにより伝達された遺伝情報に対応してアミノ酸が脱水縮合し，ポリペプチド鎖が合成される．次いで，小胞体を経由してゴルジ体へ輸送され，そこでリン酸化や糖鎖付加などの修飾を受けたのち分泌小胞へ移行し，エキソサイトーシスにより腺胞腔へ分泌される．また，ゴルジ体ではカルシウムを蓄積し，カゼインミセルが形成される．乳たんぱく質の生合成過程では，15～20残基のシグナルペプチドと呼ばれるペプチド鎖がN-末端側に結合しており，シグナラーゼという酵素により切断除去され，初めて完成された分泌型たんぱく質となる．

(2) たんぱく質の翻訳後修飾

牛乳の主要たんぱく質であるカゼインは，一部のセリン残基がリン酸化されており，α_{S1}-，β-およびκ-カゼインは，それぞれ8，5および1個のリン酸基を結合する．カゼインのリン酸化は，粗面小胞体での生合成後にゴルジ体で行われ，リン酸化酵素のカゼインキナーゼがアデノシン3リン酸（ATP）のγ-リン酸基をポリペプチド鎖中の特定のセリン水酸基へ転移する．リン酸化セリンは，カルシウムイオンの結合とカゼインミセルの形成に重要な役割を果たす．

ゴルジ体には多くの糖転移酵素が局在しており，κ-カゼインをはじめ一部のホエイたんぱく質への糖鎖付加もここで行われる．同種のたんぱく質でも分子によって糖鎖の結合本数や構造が異なり，「微視的不均一性」と呼ぶ．リン酸化や糖鎖付加の終了したたんぱく質成分は，ゴルジ体から分泌小胞へと移動し，腺胞腔へ排出される．

4）乳脂肪の生合成

(1) 脂肪酸の合成

長鎖脂肪酸の大部分は血漿中のキロミクロンや低密度リポたんぱく質から合成され，乳中へ移行する．一方，C_4 ～ C_{16} の中鎖脂肪酸は乳腺上皮細胞内でデノボ合成され，乳脂肪の合成材料となる．牛などの反芻動物ではクエン酸開裂酵素を欠くためグルコースを利用できないが，ルーメン発酵産物である酢酸および β- ハイドロキシ酪酸が有効利用される．前者は主に C_{16} より鎖長の短い脂肪酸の合成に利用され，後者は酪酸に変換される．乳脂肪の主要脂肪酸はパルミチン酸（$C_{16:0}$）であり，以下の反応により合成される．

$$CH_3CO\text{-}CoA + 7HOOCCH_2CO\text{-}CoA + 14H^+ + 14NADPH$$
$$\rightarrow CH_3CH_2(CH_2CH_2)_6CH_2COOH + 7CO_2 + 14NADP^+ + 8CoA$$

脂肪酸合成の律速段階はアセチル CoA からマロニル CoA への変換であり，この反応はアセチル CoA カルボキシラーゼにより触媒される．その他の脂肪酸合成酵素は多酵素複合体を形成し，反応効率を高めている．この複合体は 6 種類の酵素とアシルキャリアたんぱく質から構成され，複数の異なった反応を触媒し，動物細胞では可溶性画分に存在する．

(2) トリアシルグリセロールの合成

乳脂肪のトリアシルグリセロール（トリグリセリド）は，1 分子のグリセロールに 3 分子の脂肪酸がエステル結合したものである．トリアシルグリセロールは牛乳中に約 3.8％含まれ，乳脂肪全体の約 98％を占める．結合する 3 個の脂肪酸の種類と結合位置の違いによりきわめて多くの分子種が存在し，それぞれ異なった理化学的性質を示す．

アシル CoA シンターゼにより脂肪酸から変換されたアシル CoA と，グルコキナーゼによりグリセロール -3- リン酸の合成を経てトリグリセリドが合成される．この「グリセロール -3- リン酸経路」は主経路であり，副経路として「ヒドロキシアセトン -3- リン酸経路」がある．合成された乳脂肪は小胞体の膜を離れ脂肪滴となり，徐々に大きな脂肪球に成長する．脂肪球は最終的に乳腺細胞の細胞膜に由来する脂肪球被膜に覆われ，頂端側から腺胞腔に排出される．

(3) リン脂質の合成

リン脂質は乳脂肪全体の1%以下であり，そのうち約60%が脂肪球被膜に局在する．リン脂質の主成分は，グリセロリン脂質のホスファチジルエタノールアミン（ケファリン），ホスファチジルコリン（レシチン）およびスフィンゴリン脂質のスフィンゴミエリンの3種である．リン脂質の合成は，小胞体の細胞質ゾル側にある膜結合型酵素により行われる．グリセロール-3-リン酸経路の中間体1,2-ジアシルグリセロールに対し，活性化されたCDP-エタノールアミンまたはCDP-コリンからエタノールアミンリン酸またはコリンリン酸が転移され，それぞれケファリンやレシチンが合成される．

5）糖質の生合成

乳は，主要糖質としてのラクトース（Gal(β1-4)Glc，乳糖）と少量ながら多種類のミルクオリゴ糖（MO）を含んでいる．乳中でのラクトースとMOの存在比は哺乳動物種により大きく異なる．例えば，人乳は糖質の80%をラクトースが，残りの20%を100種類以上含まれるMOが占めているが，牛常乳は大半をラクトースが占め，MOは痕跡程度しか含まれていない．

ラクトースは乳にのみ含まれ，泌乳期乳腺細胞内で特異的に生合成される．すなわち，血中のグルコースから誘導されたUDP-ガラクトースを供与体，グルコースを受容体としてラクトースシンターゼにより生合成される．本合成酵素は2種類のAおよびBたんぱく質の会合により触媒機能を果たす．A-たんぱく質はβ4ガラクトシルトランスフェラーゼⅠ（galTⅠ）であり，B-たんぱく質はホエイたんぱく質のα-ラクトアルブミン（α-La）である．galTⅠは多くの細胞でも発現し，糖たんぱく質や糖脂質の糖鎖の非還元末端のN-アセチルグルコサミン（GlcNAc）に対してUDP-ガラクトースからガラクトースを転移してN-アセチルラクトサミン（Gal(β1-4)GlcNAc）単位を生合成する．一方でα-Laは泌乳期乳腺細胞内でのみ発現されるたんぱく質であり，galTⅠと会合するとその高次構造を変化させ，同酵素の受容体をGlcNAcからグルコースに変換させることにより遊離のラクトースが生合成される．A-たんぱく質は乳腺上皮細胞のゴルジ膜に局在しており，粗面小胞体で合成されたB-たんぱく質がゴルジ体に移動し，両者が会合することでラクトース合成が開始される．

α-La には細菌の細胞壁多糖を分解する酵素リゾチームに対する構造の近似性が知られており，リゾチームを先祖たんぱく質として分子進化したと考えられる．α-La とリゾチームの両方の機能を有する bifunctional たんぱく質はこれまでに発見されていないが，リゾチームから α-La への分子進化の過程において，一時的に両者の機能を備えた成分が出現し，その後リゾチームの機能が失われたのであろう．

多種類の MO は還元末端側にラクトース骨格を有し，それに N- アセチルグルコサミン，ガラクトース，フコースまたシアル酸が付加された化学構造を有している．MO の化学構造が複合糖質，特に糖脂質の糖鎖の化学構造と類似していることから，複合糖質の糖鎖構造の生合成に関与する糖転移酵素と同一の酵素系が，ラクトースを受容体と認識して生合成されたと考えられている．乳中のラクトースと MO の存在比は，乳腺細胞内での α-La と各種糖転移酵素の発現量の割合によって決定されると考えられる．

6）乳成分変化

牛乳中の成分は，50％程度が遺伝的要因（品種，系統，個体など）により決定され，その他に生理的要因（泌乳時期，年齢など），環境要因（気候，飼料など），疾病的要因（乳房炎など）などにより変動する．一般的に乳成分の変動幅は，脂質が最も大きく，次いでたんぱく質であり，糖質（乳糖）はほとんど変化しない．

（1）初乳と常乳

牛乳を生産するためには，乳牛が妊娠し，子牛を出産しなければならない．乳牛が分娩してから泌乳が終了するまでの期間は約 365 日であり，この間にホルスタインの経産牛で約 9,000kg の牛乳を生産する．乾乳期間の約 60 日を経て，次の出産を行い再び乳生産を始める．わが国では「乳及び乳成分の成分規格等に関する省令（乳等省令）」により，分娩後 5 日以内の初乳（colostrum）は，出荷および販売できない．初乳は免疫グロブリン（IgG_1）を多量に含み，子牛は初乳を飲むことで初めて免疫系が確立する（後天性免疫動物）．

分娩後約 5 ～ 10 日の移行乳（transitional milk）を経て，常乳（normal milk）

になる．乳量は増加し，分娩1～2ヵ月後に最大となり，以後徐々に減少する．牛乳中の脂肪とたんぱく質の含量は乳量の変化と逆の変動を示し，分娩1～2ヵ月の乳量ピーク時に最低値となり，その後徐々に増加する（図1-2）．乳糖は，乳期の進行に従いやや減少する．末期乳（late lactation milk）では，カリウムおよびナトリウム塩が増加するためチーズ製造などには向かない．

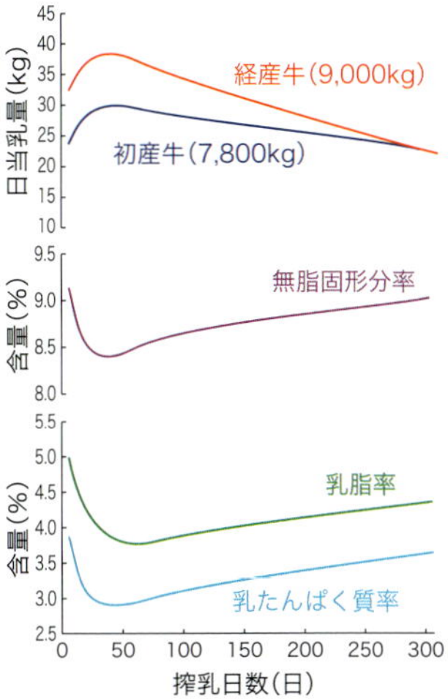

図1-2　乳成分の泌乳時期による変動

(2) 飼料の影響

牛乳が給与飼料から受ける影響は大きく，飼料を構成するエネルギーバランスが重要になる．一般的に，粗飼料（サイレージや乾草など）を多給する飼養条件では乳脂率は増加し，乳たんぱく質率は低下する．一方，濃厚飼料（配合飼料など）を多給すると，乳脂率は低下し，乳たんぱく質率と無脂固形分率は増加する．脂肪含量の高い飼料は牛乳の脂肪率を高めるが，魚油のような不飽和脂肪酸の多い油脂では乳脂率は減少する．放牧では，牧草の摂取により牧草のβ-カロテンにより黄色味のある牛乳になり，不飽和脂肪酸や機能性脂質である共役リノール酸（CLA）が増加する．近年，食品加工の際に出る食品残渣を「エコフィード」として飼料に混ぜる試みが盛んに行われているが，飼料と乳質の関係は十分に明らかされていない．

(3) 季節による変動

季節による乳成分変動は，地域における環境条件と飼料の季節生産性が大きく関与する．例えば北海道では，夏季には放牧が盛んであるが，冬季は気温の低下と降雪のため舎飼い飼育に切りかわり，グラスサイレージやトウモロコシサイレージ，乾草が主体となるため，飼料の影響が乳質に顕著に表れる．ホルスタイン種の快適な飼育環境温度は10～15℃とされ，25℃を超える暑熱環境になると乳量ばかりでなく乳脂肪や乳たんぱく質の含量もやや低下する．わが国では，

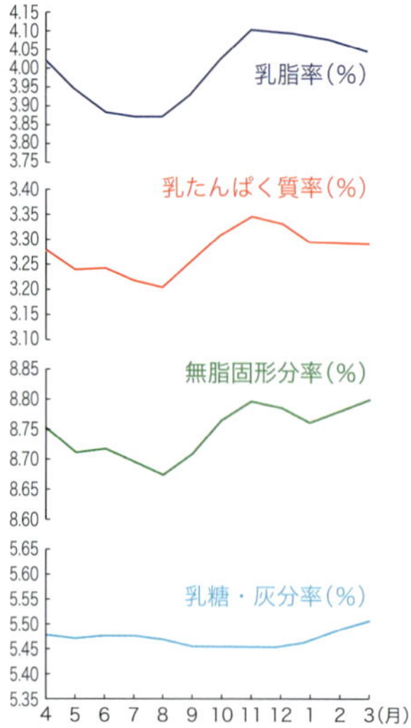

図1-3　乳成分の季節的変動

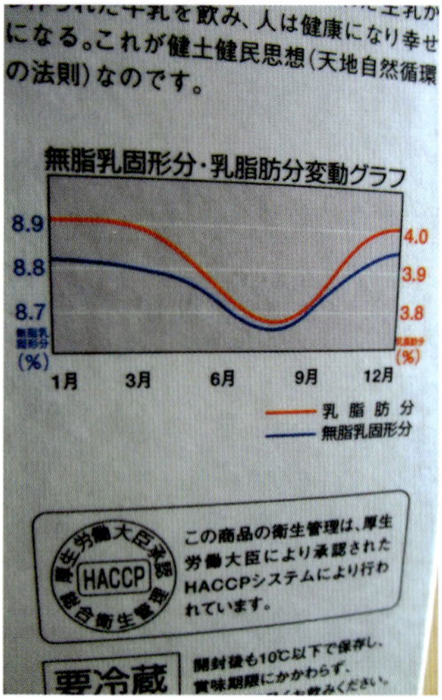

図1-4　乳成分のパッケージ表示
（写真提供：朝隈貞樹）

脂質およびたんぱく質含量は夏季（7～9月）に低下するため（図1-3），牛乳容器には季節による乳成分変動を表示している場合もある（図1-4）．

（4）疾病による変動

乳牛の高い泌乳量を求める飼養方法は，多くの疾病を誘発するようになった．特に多く見られる疾病は感染症の1つである「乳房炎」であり，発症すると抗生物質の投与などにより出荷停止になるため経済的損失が大きい．乳房炎乳では，細菌感染による乳房粘膜の炎症により乳中の体細胞（白血球など）数が増加し，正常値30万個/ml以下を越え50万個/ml以上になる．乳房炎乳では，乳糖やカゼインなどの無脂固形分量（SNF）が減少し，乳脂肪含量も低下する．

7）乳牛の品種と乳質の違い

わが国の約150万頭の乳牛は，産乳能力や搾乳性などの高泌乳力から，99%以上がホルスタイン（Holstein または Holstein-Friesian，図1-5a）種で占められている．乳牛は平均2.6産程度の生乳（せいにゅう）生産に従事したあと，最終的には食肉として市場に出荷される場合が多い．これは，乳牛の産肉性が重視された結果とも

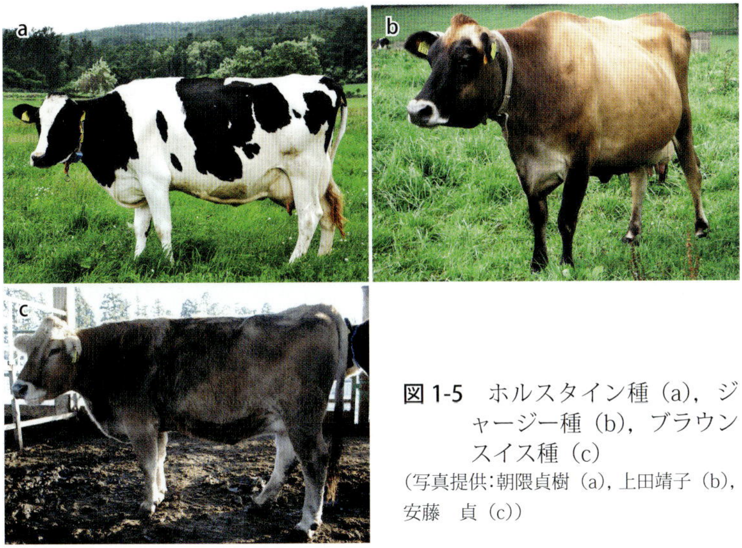

図 1-5　ホルスタイン種（a），ジャージー種（b），ブラウンスイス種（c）
（写真提供：朝隈貞樹（a），上田靖子（b），安藤　貞（c））

いえるが，早期淘汰は生涯生産性や家畜福祉の観点から問題である．この他の乳牛には，わが国における飼養頭数の多い順にジャージー（Jersey，図 1-5b）種，ブラウンスイス（Brown Swiss，図 1-5c）種，ガーンジー（Guernsey）種，エアシャー（Ayrshire）種などが存在する．ホルスタイン以外の種では，乳量は少ないがたんぱく質量が多く，チーズ製造などに向いている．わが国では，20 年前と比較して，ホルスタイン種は約 200 万頭から著しく減少している．これは，生産過剰への対応と酪農家数の減少，異なる品種を導入することによる高付加価値化，穀物飼料価格の高騰への飼料自給率向上への取組みなど，わが国の酪農業を取り巻くさまざまな問題が関係している．

2．乳の栄養成分の科学

世界で最も一般的な乳牛はホルスタイン種であり，わが国でも乳牛の 99%がホルスタイン種である．牛乳成分のほとんどは，乳腺上皮細胞で生合成され分泌されたものであるが，一部血中より移行した成分も含まれる．以下，主としてホルスタイン乳の一般成分組成と栄養的特徴について概説する．

1）乳の一般成分組成と栄養学的特徴

(1) 乳の成分組成

表 1-1 に，平均的なホルスタイン種乳の一般成分組成について 100g 当たりの含量として示す．乳は水分が約 88%，固形分は約 12%である．また，たんぱく質は約 3.2%，脂質は約 3.7%，炭水化物は約 4.7%，灰分は約 0.7%である．ジャージー種乳に比べて脂質およびたんぱく質の含量は低いが，乳糖や灰分含量はほとんどかわらない．乳等省令では，市販牛乳の無脂乳固形分は 8.0%以上，脂肪分は 3.0%以上と規定されているが，一般に市販されている牛乳は，脂肪分が 3.5%以上のものがほとんどである．

表 1-1　乳および乳成分の一般組成（100g 当たりの含量）

乳および成分	エネルギー	水分	たんぱく質	脂質	炭水化物	灰分	ミネラル (mg)							ビタミン (mg)	
	kcal	(g)					Na	K	Ca	P	Mg	鉄	亜鉛	水溶性	脂溶性
生　乳															
ホルスタイン種	66	87.7	3.2	3.7	4.7	0.7	40	140	110	91	10	Tr	0.4	1.86	0.14
ジャージー種	80	85.9	3.6	5.1	4.7	0.7	55	140	130	110	13	0.1	0.4	1.61	0.15
普通牛乳	67	87.4	3.3	3.8	4.8	0.7	41	150	110	93	10	Tr	0.4	1.88	0.14
人　乳	65	88.0	1.1	3.5	7.2	0.2	15	48	27	14	3	0.04	0.3	5.74	0.55
低脂肪乳	46	88.8	3.8	1.0	5.5	0.9	60	190	130	90	14	0.1	0.4	0.88	0.01
脱脂乳	33	91.9	3.4	0.1	4.7	0.7	50	150	100	95	10	0.1	0.4	2.92	Tr

文部科学省：日本食品標準成分表 2010 より抜粋，算出．

(2) 栄養学的特徴

乳は食糧として作り出される唯一の天然物であり，その栄養価値は高い．表 1-1 に示すように，牛乳はたんぱく質，脂質，糖質の三大栄養素をバランスよく含み，ミネラルおよびビタミン類も豊富に含まれている．牛乳の栄養価について，牛乳 200g 中の各成分の 1 日の栄養所要量に対する充足率を示す（表 1-2）.「栄養充足率」は，成人女性の生活強度Ⅱを基準として算出した値であり，エネルギーは 10%以下と低いが，充足率では 10%以上のものが多く，なかでもカルシウム，ビタミン B_2 やモリブデンは 30%以上であり，ビタミン B_{12}，D，パントテン酸やヨウ素も 20%以上と高い．1 日 3 食とすると，これらの栄養素は牛乳 1 本で 1 食分の必要量が摂取できることになる．一方，牛乳で補充が難しいものに，鉄，ビタミンCや微量金属類があるが，他の食材との組合せにより補完できる．

a．栄養素密度

食品の新しい栄養価の評価指標として，「栄養素密度」が近年注目されている．栄養素密度とは，単位エネルギー当たりの供給栄養素量のことで，100kcalあるいは1,000kcal当たりの栄養素量で表す．表1-2には，普通牛乳（全脂乳）の栄養充足率と栄養素密度を示す．乳は栄養素密度の高い食品である．栄養素密度は，エネルギー摂取量を抑えながら栄養素量を効率よく確保するためのダイエット指標となる．

表1-2　牛乳における栄養充足率[*1]および栄養素密度[*2]

牛　乳	エネルギー	たんぱく質	脂　質	炭水化物	ミネラル（mg）			
	kcal	（g）			カリウム	カルシウム	マグネシウム	リン[*3]
1日の所要量	1,800	55	50	238	2,000	600	250	700
普通牛乳（200g）	134	6.6	7.6	9.6	300	220	20	186
栄養充足率（%）	7.4	12	15.2	4	15	36.7	8	26.6
栄養素密度(/100kcal)		4.93	5.67	7.16	223.88	164.18	14.93	138.81
栄養素密度/所要量(100kcal)		1.61	2.04	0.54	2.01	4.93	1.07	3.57

牛　乳	ビタミン（μg）					
	A[*4]	D[*3]	B_1	B_2	B_{12}[*3]	パントテン酸[*3]
1日の所要量	540	2.5	800	1,000	2.4	5,000
普通牛乳（200g）	76	0.6	80	300	0.6	1,100
栄養充足率（%）	14.7	24	10	30	25	22
栄養素密度(/100kcal)	56.72	0.45	59.70	223.88	0.45	82,0.90
栄養素密度/所要量(100kcal)	1.89	3.22	1.34	4.03	3.36	2.96

栄養所要量は，第6次改訂日本人の栄養所要量－食事摂取基準－による．
[*1]：成人女性（18～29歳，157.8cm，体重51.4kg）の生活強度Ⅱ（やや低い）を基準として算出した，[*2]：100kcal当たりの栄養素量，[*3]：男女の区別なし，[*4]：レチノール等量．

b．必須アミノ酸とアミノ酸価

牛乳のたんぱく質の栄養価は，構成する必須アミノ酸の含量とその比率によって決まる．表1-3に，理想的な必須アミノ酸パターンと牛乳のアミノ酸価を示す．「アミノ酸価」とは，理想的な必須アミノ酸パターン（mg/窒素1g）を100としたときの各アミノ酸量を表す．一般に牛乳は，リジン，フェニルアラニン+チロシン，ロイシンなどが高い．牛乳は乳児や一般の理想的なアミノ酸パターンと比べて，すべての必須アミノ酸で上回り，スコアーは100以上である．パンや米に不足しているリジンを補う意味でも，牛乳の摂取は望ましい．

表 1-3 牛乳の必須アミノ酸のアミノ酸価

必須アミノ酸	アミノ酸パターン		生乳（ホルスタイン種）		アミノ酸価	
	1973年*1	1985年*2	(mg/100g)	(g/たんぱく質100g)	一般	2～5歳児
イソロイシン	250	180	170	5.3	136	189
ロイシン	440	410	310	9.7	141	151
リジン	340	360	260	8.1	153	144
メチオニン＋シスチン	220	160	110	3.4	100	138
フェニルアラニン＋チロシン	380	390	270	8.4	142	138
スレオニン	250	210	130	4.1	104	124
トリプトファン	60	70	41	1.3	138	119
バリン	310	220	200	6.3	132	186

*1：1973年FAO/WHO合同特別専門委員会による一般用，*2：1985年FAO/WHO合同特別専門委員会による学齢期前2～5歳用.

表 1-4 牛乳および乳製品のグリセミックインデックス

牛 乳	GI値	牛 乳	GI値
普通牛乳（全脂乳）	27.0	フローズンヨーグルト	50.0
低脂肪乳（2%）	29.5	サワークリーム	27.0
低脂肪乳（1%）	32.0	チーズ	27.0～32.0
コンデンスミルク	61.0	ホイップクリーム	55.4
ヨーグルト	19.0～36.0	アイスクリーム	37.0～115.0

USDA Continuing Survey of Food Intakes of Individuals（CSFII）1994-96の資料より抜粋.
http://riskfactor.cancer.gov/tools/glycemic/

c．グリセミックインデックス（GI）

近年，糖尿病やメタボリックシンドロームと食生活の関連性が注目され，グリセミックインデックス（GI）を指標とした栄養指導による食事の管理が期待されている．GIとは，食品中の炭水化物が消化されて糖に変化する速さの相対値であり，炭水化物50gを摂取したときの血糖値の上昇度を，グルコース値の100に対する相対値で表す．GI値の高い食品は消化吸収が早く，血糖値が急上昇する．GI値が低いほど血糖値とインスリン濃度の変動が少なく，結果として健康維持に有効であると考えられる．牛乳のGI値は27と低く，低GI食品である．

2）糖 質

(1) ラクトース（乳糖）

牛乳の糖質濃度は4.5～4.7g/100mlであり，その99.8%をラクトース（乳糖）が占める．乳に含まれるラクトースの含量は，哺乳動物種により大きく異なる．人乳中のラクトース含量は約7.2g/100mlであり，哺乳類の中では最も高い．また，ラクトースを全く含まない乳を分泌する動物（カモノハシなど）も存在する．

ラクトースは，D-ガラクトースにD-グルコースが，β-1,4結合で結合した二糖類（Galpβ1 → 4Glcp）であり，その化学構造は4-*O*-β-D-ガラクトピラノシル-D-グルコピラノースである．ラクトースにはC-1位水酸基の配向性によりα-アノマーとβ-アノマーの2種類の光学異性体がある．93.5℃以下の温度でラクトース水溶液を加熱して濃縮すると，α-ラクトース1水和物（$C_{12}H_{22}O_{12}$・H_2O）が析出し，一方，93.5℃以上に保ちながら濃縮した場合には，結晶水を含まないβ-ラクトース無水物の結晶が析出する．α-ラクトースおよびβ-ラクトースの結晶形状を図1-6に示す．また，表1-5に各ラクトースの特性を示す．各ラクトース溶液の旋光度は大きく異なるが，両者は互いに分子内転換するため，旋光度は一定の平衡状態に達する（変旋光）．例えば，20℃で平衡に達したときの旋光度は55.3°であり，α-アノマーが37.3%，β-アノマーが62.7%で存在する．乳児用調製粉乳などの食品に配合される場合は，溶解性の高いβ-ラクトースが利用される．しょ糖の甘味度を100とした場合，ラクトースは16～48である．

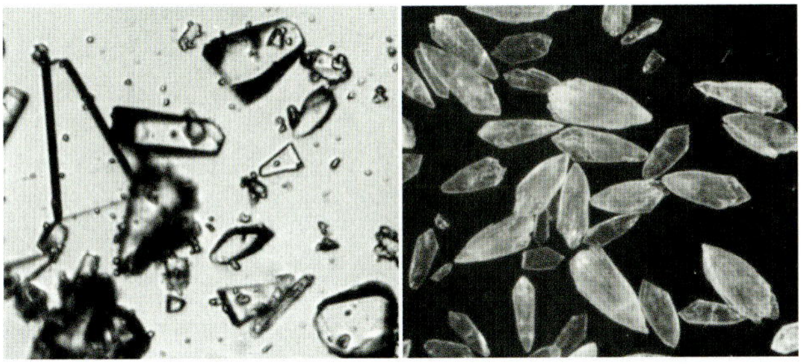

図1-6　α-ラクトースとβ-ラクトースの結晶（顕微鏡写真）
左：α-ラクトース1水和物，右：β-ラクトース無水物．（写真提供：伊藤敞敏）

表1-5　ラクトース（α-アノマーとβ-アノマー）の特性

特　性	α-ラクトース（1水和物）	β-ラクトース（無水物）
比旋光度（°）	＋85	＋35
溶解度（g/100ml）		
20℃	8	55.3
100℃	70	95
比　重	1.54	1.59
比　熱	0.299	0.290
甘味度*	16～38	48

*スクロースの甘味度を100とした相対値．

ラクトースを摂取すると，消化管粘膜酵素であるラクターゼ（β-ガラクトシダーゼ）により，グルコースとガラクトースに分解され腸管より吸収される．グルコースは解糖系で代謝されエネルギー源となる．ガラクトースは，肝臓でグルコース1-リン酸に変換され，解糖系で利用されるだけでなく，糖たんぱく質や糖脂質（ガングリオシド）の糖鎖構成成分となる．特に，乳児期においては，中枢神経系の発達に利用され重要である．また，ラクトースの一部は腸内細菌にも資化され，特に酸生成菌の生育を促進し，各種有機酸の産生により消化管内のpHを低下させる．その結果，病原菌や腐敗菌などの生育が抑制されるとともに，カルシウムなどのミネラル成分の吸収も促進される．

（2）その他の糖質

牛乳には，ラクトース以外にも微量の遊離糖類が含まれている．単糖類としては，牛乳100ml中にD-グルコース13.8mg，D-ガラクトース11.7mg，N-アセチルグルコサミン11.2mg，β-2-デオキシ-D-リボース2.6～4.5mgが含まれる．

ラクトース以外の二糖類および三糖類以上のオリゴ糖（ミルクオリゴ糖）は特に牛初乳に多く含まれ，中性のもの，酸性のもの，およびリン酸が結合しているものがある．中性オリゴ糖には，N-アセチルラクトサミン，ガラクトシルラクトースおよびラクト-N-ノボペンタオースなど11種類が知られている．また，酸性オリゴ糖は，シアル酸（N-アセチルノイラミン酸）が結合したものが中心である．牛乳中のシアル酸含量は20mg/100mlであり，初乳に多く含まれるが，泌乳期を経るに従って減少する．シアル酸は，中枢神経系に多く存在するガングリオシドという糖脂質の構成成分であり，新生児期における中枢神経系の発達に重要であると考えられている．これらのミルクオリゴ糖は，腸内有用菌の増殖因子として，また，新生児期の未熟な消化管の生体防御機能を補うための感染防御因子としての作用も報告されている．

3）脂　　質

（1）脂質の構成成分と脂肪酸組成

乳中の脂質含量は，動物種によって約1～50％まで大きく異なる．ホルスタイン種乳の脂質含量は，約3.5～4.0％である．全脂質の約95％以上は脂肪球に存在し，残りはリポたんぱく質として存在する．

a．脂質の組成

生乳中の乳脂肪の98.7％は中性脂質で，その98％以上がトリアシルグリセロール（トリグリセリド）であり，乳脂肪が示す主な化学的および物理的諸性質の決定因子となる．中性脂質以外の微量成分として，リン脂質，スフィンゴ脂質，ステロール脂質，遊離脂肪酸および脂溶性ビタミン類などがある．

表1-6に乳脂肪100g当たりの脂肪酸量を示す．牛乳脂肪は，人乳に比べて不

表1-6　生乳，牛乳，人乳および豆乳中総脂肪酸100g当たりの各脂肪酸量（g）

脂肪酸	脂肪酸略号	生乳[1]		牛乳	人乳	豆乳[2]
		ジャージー種	ホルスタイン種			
飽和脂肪酸						
酪　酸	4：0	3.6	2.0	3.7	0	0
カプロン酸	6：0	2.3	1.3	2.4	0	0
カプリル酸	8：0	1.4	0.8	1.4	0.1	0
カプリン酸	10：0	3.2	1.7	3.0	1.1	0
ラウリン酸	12：0	3.5	2.1	3.3	4.8	0.2
ミリスチン酸	14：0	10.9	9.1	10.9	5.2	0.1
ペンタデカン酸	15：0	1.0	1.1	1.1	0	0
ペンタデカン酸（アンテイソ）	15：0	0	0.5	0.5	0	0
パルミチン酸	16：0	30.6	32.6	30.0	21.2	10.4
パルミチン酸（イソ）	16：0	0	0.2	0.3	0	0
ヘプタデカン酸	17：0	0.6	0.7	0.6	0	0.1
ヘプタデカン酸（アンテイソ）	17：0	0	0.5	0.5	0	0
ステアリン酸	18：0	15.3	13.2	12.0	5.4	3.9
アラキジン酸	20：0	0.2	0.2	0.2	0.2	0.4
一価不飽和脂肪酸						
デセン酸	10：1	0.2	0.2	0.3	0	0
ミリストレイン酸	14：1	0.6	0.7	0.9	0.1	0
パルミトレイン酸	16：1	1.2	1.6	1.5	2.3	0.1
ヘプタデセン酸	17：1	0	0.3	0.3	0	0.1
オレイン酸	18：1	21.3	26.7	23.0	40.9	22.6
イコセン酸	20：1	0.2	0.2	0.2	0.5	0.3
多価不飽和脂肪酸						
リノール酸	18：2（n−6）	3.4	3.2	2.7	14.1	55.2
α-リノレン酸	18：3（n−3）	0.5	0.4	0.4	1.4	6.1
γ-リノレン酸	18：3（n−6）	0	0.1	0	0.1	0
イコサトリエン酸	20：3（n−6）	0	0.2	0.1	0.3	0
アラキドン酸	20：4（n−6）	0	0.2	0.2	0.4	0
ドコサペンタエン酸	22：5（n−3）	0	0.1	0.1	0.2	0

[1] 未殺菌のもの，[2] 調製豆乳．　（文部科学省：日本食品標準成分表2010より抜粋）

飽和脂肪酸の含量が低い．これは，植物性の飼料中に多い不飽和脂肪酸が，反芻動物に特徴的なルーメン発酵により水素付加が起こるためである．一方，豆乳脂肪酸の約 60％は多価不飽和脂肪酸（PUFA）である．近年，トランス型不飽和脂肪酸（トランス酸）による健康危害リスクの増加が懸念されている．牛乳中には，ルーメン微生物が生産したバクセン酸（18：1 *trans*-11；11-オクタデセン酸）が少量含まれるが，その量はマーガリンに比べてごく微量である．

b．トリアシルグリセロールの構造と脂肪酸組成

トリアシルグリセロールは，グリセロール（図 1-7 左）の水酸基に 3 個の脂肪酸（炭化水素鎖アルキル（R）の末端にカルボキシル基が付加）が脱水縮合してエステル結合したものである（図 1-7 右）．IUPAC-IUB（国際純正応用化学連合－国際生化学連合）ではフィッシャー投影法の 2 番目の炭素に結合する水酸基の向きが左側のとき，上位の炭素を 1 位とし，立体特異的番号（stereospecific numbering，*sn*）で位置を表す．結合する脂肪酸には表 1-7 の種類がある．11 種の脂肪酸の組合せだけでも，理論上 11^3 ＝ 1,331 種のトリアシルグリセロールの存在が可能となるが，牛乳からは 400 種類を超える脂肪酸が検出されている．牛乳は羊や山羊乳などとともに，酪酸（C4：0）やカプロン酸（C6：0）の短鎖脂肪酸が多く含まれるのが最大の特徴であり，ほとんどが *sn*-3 位に結合し，牛乳では *sn*-2 位にもわずかな結合が見られる．脂肪酸の結合様式はランダムではなく，一定の規則性が見られ，短鎖脂肪酸のほとんどが *sn*-3 に結合し，炭素数 16 まで鎖長が増すにつれ *sn*-2 位に，炭素数 18 では *sn*-1 位に配置される．牛，羊や山羊乳のパルミチン酸は，ほぼ同等に *sn*-1 と *sn*-2 位に配置されるが，ヒトでは約 60％が *sn*-2 位に局在する．ステアリン酸は *sn*-1 位に，オレイン酸は *sn*-1 と *sn*-3 位結合が多い．立体位置特異性による脂肪の消化吸収の違いや，脂

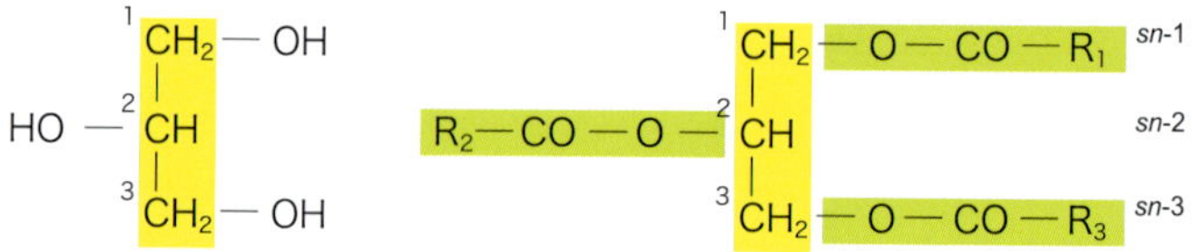

図1-7　グリセロール（左），トリアシルグリセロール（右）の一般的な構造式

R_1，R_2 および R_3 は *sn*-1，*sn*-2，*sn*-3 位の脂肪鎖を示す．

表1-7　牛乳および人乳中のトリアシルグリセロールにおける脂肪酸の立体位置特異性

脂肪酸	脂肪酸略号	脂肪酸組成（全脂肪酸中の mol%）											
		牛			羊			山　羊			ヒ　ト		
		sn-1	*sn*-2	*sn*-3	*sn*-1	*sn*-2	*sn*-3	*sn*-1	*sn*-2	*sn*-3	*sn*-1	*sn*-2	*sn*-3
酪　酸	4：0		0.4	30.6			10.8			13.2			
カプロン酸	6：0		0.7	13.8			10.4			10.6			
カプリル酸	8：0	0.3	3.5	4.2	0.3	2.0	4.4	1.7	1.2	4.6			
カプリン酸	10：0	1.4	8.1	7.5	1.4	5.2	10.3	3.3	6.9	12.2	0.2	0.2	1.1
ラウリン酸	12：0	3.5	9.5	4.5	2.2	4.7	3.5	4.0	4.6	1.2	1.3	2.1	5.6
ミリスチン酸	14：0	13.1	25.6	6.9	8.2	17.6	5.3	8.4	20.3	2.7	3.2	7.3	6.9
パルミチン酸	16：0	43.8	38.9	9.3	38.0	23.8	2.5	43.6	33.9	3.4	16.1	58.2	5.5
ステアリン酸	18：0	17.6	4.6	6.0	19.1	12.6	9.1	15.3	6.3	7.7	15.0	3.3	1.8
オレイン酸	18：1	19.7	8.4	17.1	18.7	19.3	27.2	16.1	16.1	30.2	46.1	12.7	50.4
リノール酸	18：2				2.7	4.2	6.0	0.3	2.5	4.5	11.0	7.3	15.0
リノレン酸	18：3				2.2	1.7	4.4				0.4	0.6	1.3

牛（Parodi, P. W., 1979），羊および山羊（Kuksis, A. et al., 1973），豚（Christie, W. W. and Moore, J. H., 1970），ヒト（Breckenridge, W. C. et al., 1969）.

肪酸の異なる融点による物性の違いが見られる.

c．リン脂質の脂肪酸組成

乳中のリン脂質は全乳脂質の約0.2～1%と微量で，その60%以上が脂肪球皮膜に局在する．その主な分子種は，ホスファチジルエタノールアミン，スフィンゴミエリンあるいはホスファチジルコリンであり，ホスファチジルセリンやホスファチジルイノシトールも存在する．牛乳リン脂質はオレイン酸（18：1）含量が高く，中性脂質と比較して炭素数10以下の短鎖脂肪酸が少なく，多価不飽和脂肪酸含量が高いのが特徴である．多価不飽和脂肪酸は，自動酸化され過酸化脂質になりやすいので，生乳を均質化したあとの低温管理はランシッド臭を防ぐうえで重要である.

(2) 脂肪球の構造と膜成分

a．脂肪球の構造

生乳の脂肪球の個数は15×10^9/ml個である．脂肪球の直径は約0.2～15 μm（平均4 μm）である．脂肪球に含まれる脂質の98%以上は，約200種類のトリアシルグリセロールからなり，脂肪球の中心部に存在する脂質コアを形成する（図1-8）．脂肪球の表面積は1.2～2.5m^2/gにもなり，表面を厚さ10nm以下の3層構造（単層のリン脂質構造と，その周囲を覆うリン脂質二重

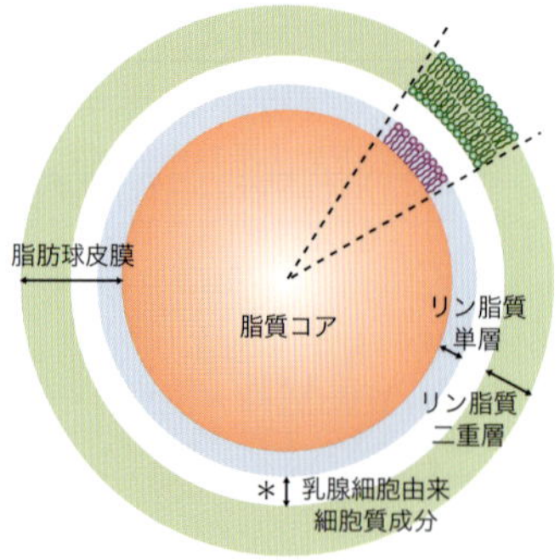

図1-8　脂肪球皮膜と脂質コアからなる脂肪球の模式図
＊部分には，乳腺上皮細胞膜および細胞質由来のたんぱく質などが存在する．
(Robenek, H. et al., 2006 改変図)

層）からなる脂肪球皮膜（milk fat globule membrane, MFGM）が覆っている．これは，乳腺細胞中で生合成された脂肪滴が，乳腺細胞膜に包み込まれながら乳腺胞腔に分泌されるためである．

生乳を無処理で静置すると，脂肪球が集合浮上し，上部にクリーム層を形成（クリーミング）する．飲用牛乳ではクリーミングを防止し，より脂肪の易消化性を向上させるために均質化（ホモジナイズ）を行う．市乳では，ホモジナイズ処理や UHT 殺菌

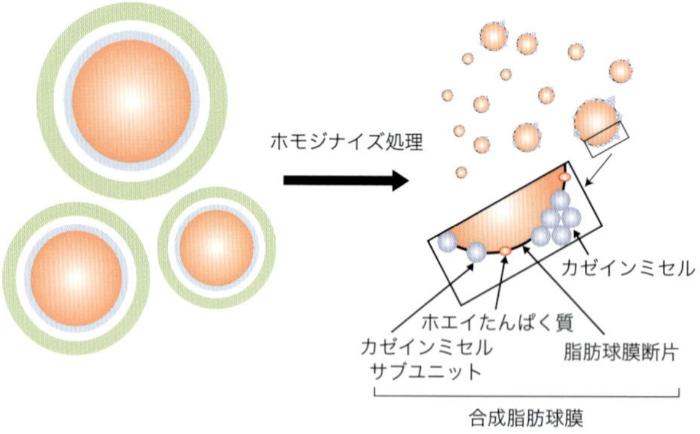

図1-9　ホモジナイズ処理による脂肪球構造の変化
(Lopez, C., 2005 改変図)

法により脂肪球構造が崩壊し，直径は平均 4 μm から 0.2 ～ 0.5 μm まで減少する．この時点での脂肪球は，断片化した脂肪球膜の一部や，カゼインおよびホエイたんぱく質（主に β-lactoglobulin）などで再構築された合成脂肪球皮膜（synthetic fat globule membrane）で覆われて安定化している（図 1-9）．

b．脂肪球皮膜（MFGM）の組成と機能

牛乳中の MFGM は，主にたんぱく質と脂質が乾燥重量で 90％以上を占めている．MFGM たんぱく質の機能は，たんぱく質および脂質の膜輸送，細胞内シグ

ナル伝達，たんぱく質合成，免疫調節など多岐にわたる．MFGMの主要たんぱく質は「ブチロフィリン」であり，全体の30～40％を占め，乳腺細胞からの乳脂肪分泌において重要な役割を果たす．MFGMにはグリコスフィンゴ脂質が豊富に存在しており，ヘキソース，ヘキソサミンおよびシアル酸などからなる糖鎖が共有結合している．MFGMは脂肪球同士の凝集を防ぐとともに，血中由来のリポプロテインリパーゼの作用から脂肪球を保護する．撹拌，凍結や均質化処理により，MFGMが崩壊して脂質コア部分の露出が起きると，リポプロテインリパーゼによりトリアシルグリセロールの加水分解（リポリシス）が起こり，*sn*-3に多く存在する短鎖脂肪酸が遊離し，風味低下やランシッド臭の原因となる．

4）たんぱく質

(1) カゼイン

牛乳にはたんぱく質が3.0～3.5g/100ml（平均3.3g/100ml）含まれており，カゼインとホエイ（乳清）たんぱく質に大別される．カゼインは，牛乳たんぱく質の約80％を占める主要成分であり，脱脂乳を20℃でpH4.6に加温保持した際に沈殿するたんぱく質と定義される．カゼインはα_{s1}-カゼイン，α_{s2}-カゼイン，β-カゼインおよびκ-カゼインという4種類のグループよりなる．各カゼインには，牛の個体や系統により部分的にアミノ酸配列が異なる遺伝的変異体があり，全体では30種類にもなるリン酸化たんぱく質である．

カゼインは，乳腺細胞内の粗面小胞体で生合成されたあとも，ゴルジ体においてさまざまな修飾（リン酸化，糖付加など）を受ける．カゼインのほとんどは，コロイド状リン酸カルシウムとともにカゼインミセルという粒子を形成し，牛乳中に懸濁状態で分散している．牛乳が白濁して見えるのは，主としてカゼインミセルが溶解せずに分散して存在し，光を乱反射するからである．

a．α_{s1}-カゼイン

表1-8に示すように，α_{s1}-カゼインは1.2～1.5g/100mlの濃度で含まれており，全カゼインの約45％を占める主成分である．5種類の遺伝的変異体（A～E)が報告されており，ホルスタインではB変異体が主であり「α_{s1}-カゼインB」と表す．α_{s1}-カゼインはアミノ酸残基199個からなり，分子量は23.6kDaである．

表 1-8　牛乳たんぱく質の濃度と特性

	濃　度 (g/100ml)	主要遺伝的変異体	アミノ酸残基数	分子量 (kDa)	リン酸基数	等電点
α_{s1}-カゼイン	1.2～1.5	B	199	23.6	8，9	4.44～4.76
α_{s2}-カゼイン	0.3～0.4	A	207	25.4	10～13	
β-カゼイン	0.9～1.1	A^1，A^2	209	24.0	5	4.83～5.07
κ-カゼイン	0.2～0.4	A	169	19.0	1	5.45～5.77
α-ラクトアルブミン	0.06～0.17	B	123	14.2	0	4.80
β-ラクトグロブリン	0.2～0.4	A	162	18.4	0	5.13
		B	162	18.3	0	5.13
免疫グロブリン *	0.05～6.0			146～163	0	5.5 ～ 6.8
ラクトフェリン	0.01～0.5		689	83.0	0	8.67
血清アルブミン	0.04	A	582	66.3	0	4.7～4.9

濃度は常乳（成乳）の値を示す．免疫グロブリンとラクトフェリンの濃度は，泌乳期変化が大きいので，初乳を含めた濃度範囲とした．
* 濃度以外の数字は，最も含量の多い IgG1 の値を記載した．

Arg^{1}-Pro-Lys-His-Pro-Ile-Lys-His-Gln-Gly^{10}-Leu-Pro-Gln-Glu-Val-Leu-Asn-Glu-Asn-Leu^{20}-Leu-Arg-Phe-Phe-Val-Ala-Pro-Phe-Pho-Gln^{30}-Val-Phe-Gly-Lys-Glu-Lys-Val-Asn-Glu-Leu^{40}-Ser-Lys-Asp-Ile-Gly-Ser(P)-Glu-Ser(P)-Thr-Glu^{50}-Asp-Gln-Ala-Met-Glu-Asp-Ile-Lys-Gln-Met^{60}-Glu-Ala-Glu-Ser(P)-Ile-Ser(P)-Ser(P)-Ser(P)-Glu-Glu^{70}-Ile-Val-Pro-Asn-Ser(P)-Val-Glu-Gln-Lys-His^{80}-Ile-Gln-Lys-Glu-Asp-Val-Pro-Ser-Glu-Arg^{90}-Tyr-Leu-Gly-Tyr-Leu-Glu-Gln-Leu-Leu-Arg^{100}-Leu-Lys-Lys-Tyr-Lys-Val-Pro-Gln-Leu-Glu^{110}-Ile-Val-Pro-Asn-Ser(P)-Ala-Glu-Glu-Arg-Leu^{120}-His-Ser-Met-Lys-Glu-Gly-Ile-His-Ala-Gln^{130}-Gln-Lys-Glu-Pro-Met-Ile-Gly-Val-Asn-Gln^{140}-Glu-Leu-Ala-Tyr-Phe-Tyr-Pro-Glu-Leu-Phe^{150}-Arg-Gln-Phe-Tyr-Gln-Leu-Asp-Ala-Tyr-Pro^{160}-Ser-Gly-Ala-Trp-Tyr-Tyr-Val-Pro-Leu-Gly^{170}-Thr-Gln-Tyr-Thr-Asp-Ala-Pro-Ser-Phe-Ser^{180}-Asp-Ile-Pro-Asn-Pro-Ile-Gly-Ser-Glu-Asn^{190}-Ser-Glu-Lys-Thr-Thr-Met-Pro-Leu-Trp^{199}

図 1-10　α_{s1}-カゼイン B のアミノ酸配列（一次構造）

α_{s1}-カゼイン A 変異体は，Glu^{14} ～ Ala^{26} までが脱落している．Ser^{41} もリン酸化される場合がある．Ser(P) はリン酸基が結合したセリン残基を表す．

アミノ酸組成の特徴はプロリンの残基数が多く，システインを含まないことである．アミノ（N）- 末端から数えて 46，48，64，66，67，68，75 および 115 番目の計 8 個のセリンが部位特異的にリン酸化されている．リン酸基は N- 末端側の 64 ～ 68 番目の配列に集中し，クラスターを形成してカルシウムとの結合に関与しており，カゼインミセルの形成や他成分との相互作用に重要な役割を果たす．

たんぱく質の構成アミノ酸は，固有の電荷（チャージ）と疎水性度を有し，分子全体の物理化学特性を与える．α_{s1}-カゼインでは，N- 末端から 40 ～ 80 残基目の配列に，酸性アミノ酸（Asp および Glu）とリン酸化セリンが集中しており，親水性領域を形成している．一方，カルボキシ（C）- 末端側は，疎水性アミノ酸を比較的多く含む疎水性領域となっており，親水性と疎水性の領域が同一分子内に局在している「両親媒性構造」をしている．この性質はα_{s2}-カゼインを除くカゼイン成分に共通して存在する．

b．α_{s2}-カゼイン

α_{s2}-カゼインは0.3～0.4g/100mlの濃度で含まれ，カゼイン全体の約10%を占める．遺伝変異体はA～Dの4種類が報告されているが，ホルスタインではAが大部分を占める．アミノ酸残基207個からなり，分子量は25.4kDaである．システインを2残基含んでおり，プロリンの少ないことが特徴である．カゼインの中では最もリン酸化率が高く，1分子当たりリン酸基が10～13個のものがある．これらリン酸基は，N-末端から8，9，10，16，56，57，58，61，129, 131および143番目のセリンに結合している．電荷や疎水性度については，α_{s1}-カゼインのような明確な局在性はなく，アミノ酸配列上に極性アミノ酸や疎水性アミノ酸が分散している．

c．β-カゼイン

β-カゼインには，牛乳中のプロテアーゼであるプラスミンの作用で分解されているものもあり，γ(ガンマー)-カゼイン（γ1-，γ2-，γ3-）やプロテオースペプトンと呼ばれる．分解物であるγ-カゼインを含めると，β-カゼインは牛乳中に0.9～1.1g/100mlの濃度で存在し，全カゼインの約35%を占める．遺伝的変異体には，A^1，A^2，A^3，B，C，D，Eの7種類が存在するが，ホルスタインはA^1およびA^2変異体が大部分を占める．β-カゼインA^1およびA^2は，ともにアミノ酸

Arg^{1}-Glu-Leu-Glu-Glu-Leu-Asn-Val-Pro-Gly^{10}-Glu-Ile-Val-Glu-Ser(P)-Leu-Ser(P)-Ser(P)-Ser(P)-Glu^{20}-Glu-Ser-Ile-Thr-Arg-Ile-Asn-Lys-Lys-Ile^{30}-Glu-Lys-Phe-Gln-Ser(P)-Glu-Glu-Gln-Gln-Gln^{40}-Thr-Glu-Asp-Glu-Leu-Gln-Asp-Lys-Ile-His^{50}-Pro-Phe-Ala-Gln-Thr-Gln-Ser-Leu-Val-Tyr^{60}-Pro-Phe-Pro-Gly-Pro-Ile-His-Asn-Ser-Leu^{70}-Pro-Gln-Asn-Ile-Pro-Pro-Leu-Thr-Gln-Tyr^{80}-Pro-Val-Val-Val-Pro-Pro-Phe-Leu-Gln-Pro^{90}-Glu-Val-Met-Gly-Val-Ser-Lys-Val-Lys-Glu^{100}-Ala-Met-Ala-Pro-Lys-His-Lys-Glu-Met-Pro^{110}-Phe-Pro-Lys-Tyr-Pro-Val-Glu-Pro-Phe-Thr^{120}-Glu-Ser-Gln-Ser-Leu-Thr-Leu-Thr-Asp-Val^{130}-Glu-Asn-Leu-His-Leu-Pro-Leu-Pro-Leu-Leu^{140}-Gln-Ser-Trp-Met-His-Gln-Pro-His-Gln-Pro^{150}-Leu-Pro-Pro-Thr-Val-Met-Phe-Pro-Pro-Gln^{160}-Ser-Val-Leu-Ser-Leu-Ser-Gln-Ser-Lys-Val^{170}-Leu-Pro-Val-Pro-Gln-Lys-Ala-Val-Pro-Tyr^{180}-Pro-Gln-Arg-Asp-Met-Pro-Ile-Gln-Ala-Phe^{190}-Leu-Leu-Tyr-Gln-Glu-Pro-Val-Leu-Gly-Pro^{200}-Val-Arg-Gly-Pro-Phe-Pro-Ile-Ile-Val^{209}

図1-11　β-カゼインA^1のアミノ酸配列（一次構造）

Lys^{28}-Lys^{29}，Lys^{105}-His^{106}，Lys^{107}-Glu^{108}は，牛乳中のプロテアーゼで加水分解されるペプチド結合である．これら切断部位からC-末端側のアミノ酸配列を，それぞれγ1-，γ2-，γ3-カゼインという．Ser(P)はリン酸が結合したセリン残基を表す．

209残基からなるが，67番目のアミノ酸残基が，A^1変異体はヒスチジン，A^2変異体ではプロリンである（図1-11）．分子量は，どちらも24.0kDaである．構成アミノ酸の特徴は，システインを含まず，プロリンが約17%を占め，疎水性アミノ酸の含量がカゼインの中で最も多い．したがって，他のカゼインと比較しても，平均疎水性度がきわめて高い．一方，N-末端から15，17，18，19および35番目のセリンがリン酸化され，リン酸基のクラスターを形成している．また，N-末端50残基には極性アミノ酸が局在し，50残基目以降のC-末端側は，疎水性アミノ酸が多いという両親媒性構造をとっている．カゼインの最も特異的な性質として，温度依存性の会合体形成がある．温度の上昇とともに，β-カゼイン分子同士の会合が促進されることから，この現象はC-末端側の疎水性領域が関与していると考えられている．

d．κ-カゼイン

κ-カゼインは，牛乳中に0.2～0.4g/100mlの濃度で存在し，全カゼインの約10%を占める．従来，κ-カゼインは，α-カゼインの中のカルシウム非感受性成分（0.4M $CaCl_2$存在下，pH7.0，0～4℃で沈殿しない）と定義されていた．カルシウム存在下でも可溶性を保ち，牛乳中の他のカゼイン成分と複合体を形成し，乳中での凝集を阻止しているため，カゼインミセルは安定的に乳中で存在できる．κ-カゼインは，N-末端側が疎水性領域に富み，129残基目以降のC-末端側では，極性アミノ酸がすべて酸性アミノ酸の親水性領域からなる両親媒性構造をとる（図1-12）．また，子牛の第四胃から得られるキモシン（凝乳酵素）の

PyroGlu^{1}-Glu-Gln-Asn-Gln-Glu-Gln-Pro-Ile-Arg^{10}-Cys-Glu-Lys-Asp-Glu-Arg-Phe-Phe-Ser-Asp^{20}-Lys-Ile-Ala-Lys-Tyr-Ile-Pro-Ile-Gln-Tyr^{30}-Val-Leu-Ser-Arg-Tyr-Pro-Ser-Tyr-Gly-Leu^{40}-Asn-Tyr-Tyr-Gln-Gln-Lys-Pro-Val-Ala-Leu^{50}-Ile-Asn-Asn-Gln-Phe-Leu-Pro-Tyr-Pro-Tyr^{60}-Tyr-Ala-Lys-Pro-Ala-Ala-Val-Arg-Ser-Pro^{70}-Ala-Gln-Ile-Leu-Gln-Trp-Gln-Val-Leu-Ser^{80}-Asn-Thr-Val-Pro-Ala-Lys-Ser-Cys-Gln-Ala^{90}-Gln-Pro-Thr-Thr-Met-Ala-Arg-His-Pro-His^{100}-Pro-His-Leu-Ser-Phe^{105}-Met^{106}-Ala-Ile-Pro-Pro^{110}-Lys-Lys-Asn-Gln-Asp-Lys-Thr-Glu-Ile-Pro^{120}-Thr-Ile-Asn-Thr-Ile-Ala-Ser-Gly-Glu-Pro^{130}-Thr-Ser-Thr-Pro-Thr-Thr-Glu-Ala-Val-Glu^{140}-Ser-Thr-Val-Ala-Thr-Leu-Glu-Asp-Ser(P)-Pro^{150}-Glu-Val-Ile-Glu-Ser-Pro-Pro-Glu-Ile-Asn^{160}-Thr-Val-Gln-Val-Thr-Ser-Thr-Ala-Val^{169}

図1-12　κ-カゼインAのアミノ酸配列（一次構造）

κ-カゼインB変異体は，Thr^{136}がIleに，Asp^{148}がAlaに置換されている．キモシンで特異的に加水分解される部位（Phe^{105}-Met^{106}）を境に，N-末端側がパラ-κ-カゼイン，C-末端側がカゼイノグリコペプチド（下線部）である．Ser(P)はリン酸基が結合したセリン残基を表す．糖鎖が結合するスレオニン残基をThrで表す．

基質となり，N-末端から105残基（Phe）と，106残基（Met）のペプチド結合が特異的に加水分解されると，ミセルの安定化作用が消失する．この際に生成する2つのペプチドのうち，N-末端側の疎水性に富む部分（1～105残基）をパラ-κ-カゼイン，C-末端側106～169残基の部分を，カゼイノグリコペプチド（CGP）という．κ-カゼインはリン酸化に加え，131，133および135（または136）残基目のスレオニンに，4種類の糖鎖が0～4本結合しており「微視的不均質性」がある．遺伝的変異体にはAとBの2種が知られているが，ホルスタインの場合はA変異体（κ-カゼインA）が多く，アミノ酸残基数は169であり，分子量は19.0kDaである．リン酸化セリンは1分子当たり1～2残基であり，カルシウム感受性はきわめて低い．また，システイン2残基を有し，分子間S-S結合を形成することがある．

e．カゼインミセル（CM）

牛乳中の各カゼインは，巨大なマクロ会合体であるカゼインミセル（CM）として，安定的なコロイド粒子を形成して懸濁状態で存在する．CMの直径は20～600nmに分布（平均150nm）し，牛乳1ml当たり10^{14}～10^{16}個存在する．CMの構成成分は，α_{s1}-カゼイン35.6％，α_{s2}-カゼイン9.9％，β-カゼイン33.6％，κ-カゼイン11.9％の他，カルシウム2.9％，リン酸2.9％，クエン酸0.4％である．CM中に存在するカルシウムとリン酸は，コロイド状リン酸カルシウム（CCP）のクラスターを形成している．CMは，さらに小さなサブミセル（直径10～15nm）からできていることが明らかとなり，図1-13のようなカゼインミセルモデルが広く受け入れられている．このモデルでは，κ-カゼインのC-末端

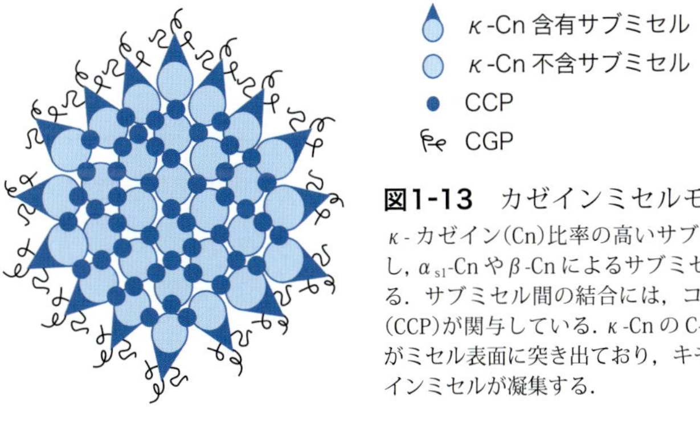

図1-13　カゼインミセルモデル

κ-カゼイン(Cn)比率の高いサブミセルがミセル表面に分布し，α_{s1}-Cnやβ-Cnによるサブミセルは，ミセル内部を構成する．サブミセル間の結合には，コロイド状リン酸カルシウム(CCP)が関与している．κ-CnのC-末端側の親水性領域(CGP)がミセル表面に突き出ており，キモシンで切断されると，カゼインミセルが凝集する．

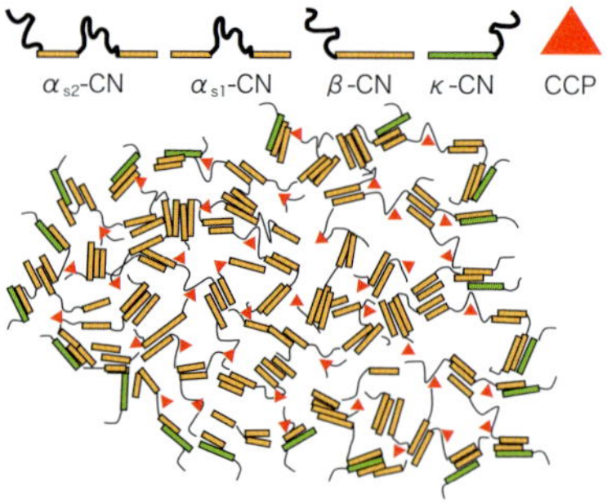

図1-14　カゼインミセルの二重結合モデル

カゼイン(Cn)同士は，アミノ酸配列の疎水性領域(▭)で結合し，親水性領域(〜〜)にあるリン酸基が，コロイド状リン酸カルシウム(CCP)クラスター(▲)を介して結合する．(Lucey, J. A. and Horne, D. S., 2009)

側の親水性領域（CGP）がミセル表面に突き出ており，この部分の負電荷がミセル同士の反発力となり，ミセル間で凝集することなく安定的に分散している．親水性領域のCGP部分がキモシンで切断されると，CMが凝集する現象も，このモデルでうまく説明できる．サブミセル単位で考えると，4種類のカゼイン構成比率は一定ではない．κ-カゼイン比率の高いサブミセルは，κ-カゼイン分子がミセル表面（外側）に分布し，α_{s1}-カゼインやβ-カゼイン分子は，サブミセルのコア部分（内側）を構成すると考えられている．サブミセルの形成には，各カゼイン成分は疎水性領域で結合し，親水性の表層領域に存在するリン酸基は，CCPクラスターを介して会合していると考えられている（図1-14）.

(2) ホエイ（乳清）たんぱく質

ホエイ（乳清）たんぱく質は，牛乳からカゼインを除いたホエイに含まれるたんぱく質であり，乳たんぱく質全体の20%を占める．チーズ製造後のホエイにはホエイたんぱく質以外にも，β-カゼインの分解物であるプロテオースペプトンやγ-カゼイン，κ-カゼインの分解物であるCGPが含まれる.

a．α-ラクトアルブミン（α-La）

牛乳中のα-ラクトアルブミン（α-La）含量は0.06～0.17g/100mlで，ホエイたんぱく質の約20%を占める．遺伝変異体にはA, B, Cの3種類があるが，ホルスタインではほとんどBである．α-LaBはアミノ酸123残基から構成され，分子量は14.2kDaである．システイン残基8個を保有するが，すべて分子内で4本のジスルフィド（S-S）結合を形成している．α-Laの一次構造はリゾチームとの相同性が高く，遺伝子構造から考えても両者は同一起源のたんぱく質であると推定されるが，リゾチームと同様のグラム陽性菌表層のペプチドグリカン溶解活性はない．α-La は，糖転移酵素ガラクトシルトランスフェラーゼ（galT I）と共同で，乳腺細胞内での乳糖の生合成に重要なBたんぱく質である（☞ 1.5）「糖質の生合成」）．

b．β-ラクトグロブリン（β-Lg）

β-ラクトグロブリン（β-Lg）は，牛乳に 0.2 ～ 0.4g/100ml の濃度で存在し，ホエイたんぱく質の約 50％，乳たんぱく質全体の 7 ～ 12％を占める．一方，人乳にはβ-Lg が全く含まれない．β-Lg の遺伝変異体は A ～ G まであるが，ホルスタインでは A または B である．どちらもアミノ酸 162 残基からなり，B 変異体は A 変異体の 64 残基目 Asp が Gly に，118 残基目 Val が Ala となり，分子量は A 変異体が 18.4kDa，B 変異体が 18.3kDa である．また，β-Lg は Cys 5 残基を有し，分子内に 2 組の S-S 結合と遊離（フリー）のスルフヒドリル（SH）基を 1 つ含み反応性に富む．この SS 結合と SH 基は，牛乳加熱の際にκ-カゼインとの結合や加熱臭にも関与している．牛乳中では二量体（ダイマー）で存在しており，分子内のβ-バレル構造の疎水性ポケット内に，レチノールのような疎水性物質を取り込み，疎水性物質の捕捉や輸送などの生理的役割を担っている．

c．免疫グロブリン（Ig）

牛の胎子には，胎盤を通じて免疫グロブリン（Ig）が移行せず，新生子牛は初乳から抗体を得なければならない（後天性免疫動物）．したがって，初乳中の Ig 含量はきわめて多く約 6g/100ml にも及ぶが，常乳では 0.05 ～ 0.1g/100ml 程度である．牛乳中の Ig のクラスおよびサブクラスは，量の多い順に IgG_1，IgG_2，IgM および IgA である．IgA は二量体で，分泌成分（SC）や J 鎖が結合した分泌型 IgA（SIgA）の形で存在する．これら Ig 成分は乳腺細胞ではなく，乳腺に移動してきた抗体産生（プラズマ）細胞によって生成されたものである．

d．ラクトフェリン（Lf）

ラクトフェリン（Lf）は，トランスフェリンファミリーに属する糖たんぱく質で，1 分子当たり 2 分子の鉄をキレート結合する．アミノ酸残基 689 個からなり，N-アセチルラクトサミン型とオリゴマンノシド型の糖鎖を各 2 本ずつ保有し，糖含量は約 11.2％である．Lf は N- および C- ローブの 2 つのドメインに，3 価の鉄イオンを重炭酸イオンとともに 1 分子ずつ保持する．鉄が結合すると，赤色を呈することも特徴である．牛乳中の Lf 濃度は泌乳期によって大きく異なり，初乳で 0.2 ～ 0.5g/100ml，常乳で 0.01 ～ 0.05g/100ml である．また，乳房炎感染時や乾乳期の牛乳には，Lf が高濃度に含まれることから，乳房における感染防御との関係が示唆されている．Lf は多機能性たんぱく質であり，鉄吸収調節作用，免疫調節作用，骨代謝調節作用，抗菌作用，抗ウイルス作用などがある．Lf がペプシンで分解されると，抗菌性の高いラクトフェリシンが誘導され，消化管内での抗菌因子としての作用が推定されている．

5）ミネラル

牛乳のミネラル含量は，灰分として約 0.7g/100ml である．牛乳のミネラル組成と濃度を表 1-9 に示す．泌乳期による濃度変化は大きく，牛乳中で最も含量の多いカリウムは，初乳では少ない．CM 形成に重要なカルシウムは，ホエイ相の可溶性カルシウム（34％）と，カゼイン相のコロイド状カルシウム（66％）として存在する．可溶性カルシウムの中で，イオン化したカルシウムは全体の10％程度である．イオン性，可溶性およびコロイド状のカルシウムは平衡状態にあり，牛乳の希釈，温度，pH などの変化に従って，各相間を移動する．カルシウムとカゼインの結合様式は，カゼインのセリン残基に結合したリン酸基や，遊離のカルボキシル基を介したものである．また，リン酸カルシウムは，遊離のアミノ基に結合することもある．一方，カゼインに結合していない不溶性カルシウムは，$CaHPO_4$，$Ca_3(PO_4)_2$，$Ca_4H(PO_4)_3$ などのリン酸カルシウムや，ハイドロキシアパタイト $Ca_5(PO_4)_3OH$ などのコロイド状リン酸カルシウムの形態で存在する．

牛乳中のリンには，有機体と無機体の２通りがある．全体の約 20％の有機リンはカゼインに結合しており，約

表 1-9　牛乳のミネラル組成と濃度

元　素	平均濃度（範囲 *）
カリウム	150（100 ～ 200） mg/100ml
ナトリウム	47（27 ～ 70）
カルシウム	121（90 ～ 140）
マグネシウム	12（5 ～ 24）
リ　ン	95（70 ～ 120）
イオウ	32（18 ～ 47）
塩　素	103（80 ～ 150）
鉄	21（13 ～ 30） μg/100ml
銅	5（3 ～ 11）
亜　鉛	420（387 ～ 556）
ス　ズ	17（4 ～ 50）
クロム	2（1 ～ 5）
モリブデン	6（1 ～ 15）
アルミニウム	81（15 ～ 201）
マンガン	3（1 ～ 7）
ホウ素	23（6 ～ 99）
フッ素	13（1 ～ 35）
ヨウ素	8（1 ～ 40）
ケイ素	260（75 ～ 700）
ヒ　素	5（2 ～ 6）

* 複数の論文から引用した測定値の範囲．

10%がリン脂質を構成している．一方，無機リンの約40%がコロイド状リン酸カルシウムの形態で，約30%がリン酸イオンとして存在している．

6）ビタミン

ビタミンは，生体内における代謝や生理機能に対して，直接的あるいは補助的に作用する物質であるが，体内では合成できないか，合成できても要求量を満たすほどではなく，食事により摂取する必要がある微量栄養素である．ビタミンは，その化学的性質から水溶性と脂溶性に大別される．表1-10に生乳（ホルスタイン種，ジャージー種），牛乳および人乳100g中に含まれるビタミン類の平均的な含量を示す．

(1) 水溶性ビタミン

水に易溶性のビタミンの総称であり，ホエイ中にはビタミンB群とビタミンC（アスコルビン酸）が含まれる．ビタミンB群には，B_1（チアミン），B_2（リボフ

表1-10　乳100g中のビタミン類の含量（μg）

ビタミン	生乳		牛乳	人乳
	ホルスタイン種	ジャージー種		
水溶性ビタミン				
ビタミンB_1（チアミン）	40	20	40	10
ビタミンB_2（リボフラビン）	150	210	150	30
ナイアシン（ビタミンB_3）	100	100	100	200
パントテン酸（ビタミンB_5）	530	240	550	500
ビタミンB_6（ピリドキシンなど）	30	30	30	Tr
ビオチン（ビタミンB_7）	2.4	2	1.8	0.5
葉酸（ビタミンB_9）	5	3	5	Tr
ビタミンB_{12}（シアノコバラミン相当量）	0.3	0.4	0.3	Tr
ビタミンC（アスコルビン酸）	1,000	1,000	1,000	5,000
脂溶性ビタミン				
ビタミンA				
レチノール（ビタミンA1）当量	37	51	38	46
β-カロテン（プロビタミンA）当量	6	6	6	12
ビタミンD（カルシフェロール）	Tr	0.1	0.3	0.3
ビタミンE				
α-トコフェロール	100	100	100	400
γ-トコフェロール	0	Tr	0	100
ビタミンK（ナフトキノン誘導体）	1	1	2	1

Tr：微量．
（文部科学省：日本食品標準成分表2010より抜粋）

ラビン)，ナイアシン（B_3)，パントテン酸（B_5)，B_6（ピリドキシン)，ビオチン（B_7)，葉酸（B_9)，B_{12}（シアノコバラミンなど）がある．その他，多くのビタミン様物質として，オロット酸（ビタミン B_{13}）やコリン（ビタミン B_P）が比較的多く含まれる．ビタミンCは熱安定性が低い．次いで含量が多いのはパントテン酸で，B_2，ナイアシン，B_1，B_6 の順に続く．牛乳には人乳に比べ，ビタミン B_1（4倍)，B_2（5倍)，パントテン酸（1.1倍)，B_6，ビオチン（3.6倍)，葉酸および B_{12} を多く含む．牛の品種による含有量に差異もあり，ビタミン B_1，パントテン酸，ビオチン，葉酸は，ホルスタイン種の方がジャージー種よりも多く，逆に B_2 および B_{12} は少ない．

a．ビタミン B_1（チアミン）

1910年，鈴木梅太郎によって米糠（こめぬか）から脚気（かっけ）の治療に有効なオリザニンが発見された．1911年，カシミール・フランクにより同成分が再発見され「ビタミン」と命名された．牛乳中では量が多い順に，遊離型，リン酸結合型，たんぱく結合型で存在する．熱に不安定であり，乳からの実質的な摂取量は半分程度である．生体内においてチアミン二リン酸は，TCAサイクルでピルビン酸の脱炭酸反応における補酵素として働き重要である．

b．ビタミン B_2（リボフラビン）

生体内においてリボフラビンキナーゼおよびFADピロホスホリラーゼにより，フラビンモノヌクレオチド(FMN)およびフラビンアデニンジヌクレオチド(FAD)の補酵素型に変換される．牛乳中ではリボフラビンが80%，補酵素型は20%で存在する．FMNおよびFDAは，糖質，脂質，たんぱく質の中間代謝や酸化的リン酸化など,生体内における酸化還元反応に重要なフラビン酵素の補酵素である．牛乳中に多く含まれるため，乳および乳製品がよい供給源とされ，ヒトの摂取量（1.2mg/成人男性の1日の所要量）の約30%を占める．熱安定性であるが光には不安定であるため，包装素材に影響される．蛍光性が強いため，紫外線によりホエイが黄緑色を呈する原因である．反芻動物のルーメン微生物によって合成されるが，それ以外の動物では，大腸に存在するビフィズス菌によってわずかに合成されるものの，食物からの摂取が必要となる．

c．パントテン酸（ビタミン B_5）

多くの食材に含まれることから，食生活で不足することはほとんどない．コエンザイムAを構成する成分であり，細胞成長や中枢神経の発達を促し，脂肪，コレステロールや各種ホルモンの合成に関わる．

d．ビタミンB_{12}

シアノコバラミン，メチルコバラミン，アデノシルコバラミン，ヒドロキソコバラミンなどの化合物の総称で，核酸や脂肪酸の代謝に関与する他，体内で葉酸の再生産に利用される．欠乏により，脳と神経に障害などが起こる．

(2) 脂溶性ビタミン

水に難溶性で，油に易溶性のビタミンの総称．脂肪球に局在するため，低脂肪乳や脱脂乳では失われやすい．含量は多い順にビタミンE，A，K，Dの順であるが，ビタミンDはごく微量である．

a．ビタミンA

レチノール（アルコール型），レチナール（アルデヒド型）およびレチノイン酸（カルボン酸型）のA1とその3-デヒドロ体であるA2がある．一般にビタミンAはレチノールA1を指す．動物のみに存在するが，β-カロテンのように生体内で小腸吸収上皮細胞，肝臓あるいは腎臓において分解され，ビタミンAに変換されるプロビタミンA（ビタミンA前駆体）もある．牛乳には，レチノール（パルミチン酸エステル態）とβ-カロテンが含まれる．β-カロテン含量は，牛の飼料と密接な関係があり，夏期に高く，冬期に低い．

乳中でたんぱく質結合型のエマルションとして存在し，生体への吸収がよいことから，牛乳はビタミンAのよい栄養源となる．ビタミンAは視細胞における視色素のロドプシンの構成成分となることから，欠乏すると極端な場合，視覚障害を起こす危険性がある．

b．ビタミンD

乳中では，エルゴカルシフェロール（ビタミンD_2）とコレカルシフェロール（ビタミンD_3）の形で存在し，D_2は飼料由来である．小腸におけるカルシウムやリンの吸収促進，カルシウムの血中から尿への排出抑制や骨から血中への放出促進作用がある．さらに，免疫調節作用，がん予防，循環器疾患などと関連性が認められつつあり，米国ではビタミンD強化乳が広く普及している．

c．ビタミンE

トコフェロールとも呼ばれ，天然の同族体には，メチル基の位置により8種類がある．これら同族体は，側鎖の飽和，不飽和の違いによりトコフェロールとトコトリエノールがある．さらに，メチル基の位置と数により α（3個），β（R1，3の2個），γ（R2，3の2個），δ（R3の1個）の4種類がある．牛乳中は α-トコフェロールが主であり，ジャージー種でわずかに γ-トコフェロールが検出される．人乳では，どちらも牛乳より多く存在する．飼料に影響を受けやすく，生草に多く含まれるため，放牧牛乳で多い．

d．ビタミンK

天然には，フィロキノンまたはフィトメナジオン（2-メチル-3-フィチル-1,4-ナフトキノン，K1）とメナキノンまたはファルノキノン（2-ファルネシル-3-メチル-1,4-ナフトキノン，K2）がある．K1は飼料由来で，K2はルーメンや腸内細菌により生成され，側鎖のイソプレニル基の数（n）によりメナキノン-nと呼んでいる．牛乳にはK1とK2がともに含まれるが，比較的K2が多く，主成分はメナキノン-4で，メナキノン-6も若干検出される．K1とK2の生理活性は同様であり，血液凝固因子として作用する他，骨の石灰化調節因子としての働きもある．

3．牛乳および乳製品の検査法と安全性確保

1）理化学検査

(1) 試験および検査について

牛乳・乳製品に限らず，分析は「試験」と「検査」に大別される．「試験」と呼ぶ場合には方法が決まっており，結果が出るまでで完結する分析である．これに対し「検査」は，試験同様に方法が決まっていることに加え，結果に対する判定基準が存在する．判定基準の具体例は，食品衛生法や「乳及び乳製品の成分規格等に関する省令」（以下，乳等省令）の規格基準，または社内基準などである．すなわち，「検査」は分析だけでなく結果，合格/不合格の判定を行って完了するものである．

(2) 試料の採取

検査を開始する前には，試料の採取に留意しなければならない．採取された試料が全体を代表するものでなければ，検査結果は不正確になってしまう．特に，生乳のようにクリームが上層に浮く不均一な試料については，十分な混合を行い，試料全体を代表する均質なサンプルを採用する必要がある．また，チーズなどの場合，果肉や香辛料などが含まれることがあるが，チーズ成分のみを検査する場合は取り除く必要があり，全体を分析する場合にはホモジナイズ（均質化）などの処理を行ってから採取を行う必要がある．

(3) 検査法の種類

牛乳・乳製品の検査は，公定法，標準法，変法，迅速法の4種に区分され，それぞれ異なる用途で実施される．

「公定法」は食品衛生法または乳等省令に定められる方法であり，これらを一言一句違わず実施する必要があり，主に検疫所や保健所などの衛生行政機関が法令への規格適合性を判断するために実施する．これに対し，「標準法」は国際規格であるISO/IEC（International Organization for Standardization/International Electrotechnical Commission）や国際酪農連盟（International Dairy Federation, IDF）で定められた検査法，または行政機関の承認のもと，各品目別に定められている公正取引規約に定められた検査法や乳業界の自主基準のための検査法などである．また，「変法」は公定法や標準法の操作の一部を省略改良した手法である．変法を採用する場合の注意点として，採用する試験施設自らが公定法または標準法との同等性評価を行い，同等性を確保する必要が生じる．また，「迅速法」は標準法などの検査員が操作する分析と異なり，機器や迅速測定キットなどによる分析手法である．生乳および牛乳の場合には，赤外線吸収スペクトルを利用した成分測定を行っており，FOSS社の「ミルコスキャン」が代表的な迅速測定機器である．標準法などが存在するものについては，必ず自らが同等性確保を行わなければならない．

a．公　定　法

牛乳・乳製品の公定法は乳等省令に則った方法であり，種類別に規格が設定されているものに対応して検査法が規定されている．理化学試験における検査法は，生乳については比重（比重計），酸度（中和滴定）であり，牛乳の場合には無脂乳固形分（全固形分，常圧乾燥法－乳脂肪分），乳脂肪分（ゲルベル法），比重（比重計），酸度（中和滴定）である．また，乳製品である脱脂粉乳については乳固形分および水分（常圧乾燥法），発酵乳の場合には無脂乳固形分（たんぱく質×2.82）など，種類別規格に対応した検査法を採用し，一言一句違わず実施し，乳等省令への規格適合性を判定する．

b．標　準　法

牛乳・乳製品の公定法が主に衛生行政機関が実施するのに対し，標準法は一般的な手法として企業などで採用される．原則として公定法と同等性があるとされており，国際規格や乳業界の自主基準，さらに生乳取引検査などに採用されている．乳糖の場合，公定法はレイン・エイノン法であるが，ISO/IEC・IDF の国際規格では高速液体クロマトグラフィー（HPLC）法が第 1 選択とされる．また，牛乳の乳脂肪分の場合，公定法はゲルベル法であるが，ISO/IEC・IDF ではレーゼ・ゴットリーブ法（重量法）が採用され，公定法と異なる場合もある．

標準法を別途設定する理由としては，①公定法に定めのない規格，②公定法が技術的困難な場合，③公定法の制定は古く，その間に試薬純度や機器の性能が向上したことによる真値からの誤差を考慮する必要性があげられる．実施時には，検査法の選択が目的（規格適合性，国際基準，品質管理，取引基準）に合致しているかを確認して行うことが重要である．

c．迅速法（赤外線吸収スペクトルを利用した分析機器）

生乳や牛乳などの取引きや品質管理を目的として，迅速測定器が検査に使用されている（図 1-18 右側ユニット）．標準法では 1 日で数十検体の検査が限界であるのに対し，迅速測定器の利点は 1 日に数百検体を検査する高い能力にあり，生乳取引きや品質管理を迅速に行うことが可能である．運用上の注意点として，機器を導入するだけでは正確な検査結果が得られないため，標準法との同等性を確保するため「校正」を実施する必要がある．校正とは標準法により測定した標準試料を迅速測定器で測定し，迅速測定器の測定値を調整して真値に合わせることである．わが国では，(財)日本乳業技術協会より成分値の異なる標準試料が有償で販売されており，迅速測定器の校正用に利用されている．

2）微生物検査

乳や乳製品は栄養成分に富むことから，一般的に微生物がきわめて増殖しやすい．このため，製造工程では二次汚染防御を含めた厳しい衛生管理が行われている．これら製品の成分と微生物の規格は「食品衛生法」，「乳等省令」によって法的に規定されており，生乳（未殺菌乳）については細菌数（生菌（せいきん）＋死菌）が，牛乳，加工乳，乳飲料，乳製品については細菌数（生菌数）および大腸菌群が，発酵乳および乳酸菌飲料については乳酸菌数または酵母数と大腸菌群の検査法が定められている．

生乳の細菌数測定の公定法は，「直接個体鏡検法」であり，基本的操作はブリード法と同様である．本法は，よく撹拌した生乳を牛乳細菌用ミクロピペットで正確に 0.01ml を誘導板上のスライドグラス上に採り，速やかに塗抹針で 1cm^2 の面積に一様に塗抹する．これを 40 ～ 45℃の乾燥板上で 5 分以内に乾燥させたあと，ニューマン染色液に瞬間浸せきし，水洗して再び乾燥し標本とする．対物ミクロメーターで視野の直径を 0.206mm に調節した油浸レンズ装着の顕微鏡で，16 視野以上の代表的視野の青く染色された細菌の数を個々に測定し，1 視野に対する平均数を求める．これに顕微鏡係数（試料の塗抹面積と顕微鏡視野の面積比）30 万をかけた数値の上位 2 桁を有効数字として丸め，生乳 1ml 当たりの細菌数（生菌＋死菌）とする．

菌数を測定するには個体法と菌塊法とがある．個体法は視野に出現した細菌が菌塊を形成している場合でも，形成している細菌を個々に数える方法であり，菌塊法は視野に出現した細菌が菌塊を形成している場合には 1 つの塊を 1 個として数える方法である．

牛乳や乳製品の細菌数測定の公定法は，標準寒天培地を用いる「標準平板培養法」である．本法は，0.85％生理食塩水を用いて検体を 10 倍段階希釈し，ペトリ皿内でその希釈試料 1ml と標準寒天培地約 15ml を混合し冷却凝固したのち，32 ～ 35℃で 48 ± 3 時間培養し，発生した集落数をコロニーカウンターなどで計測する．培養法の特徴として，培養条件に適した細菌しか補足できず，たとえ試料中に存在していたとしても集落（コロニー）を形成しない細菌は見かけ上計測されないので注意が必要である．

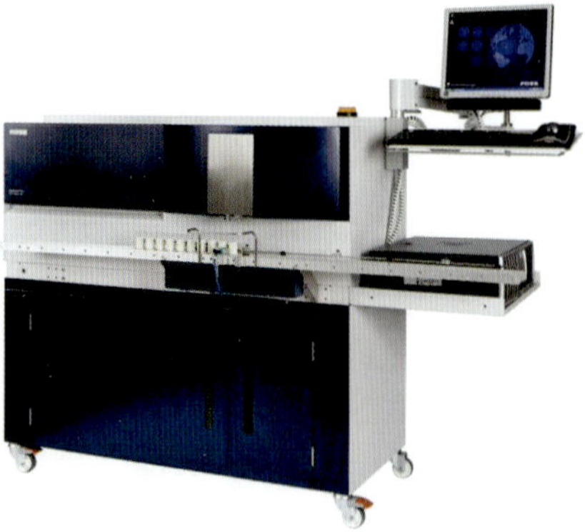

図 1-15　バクトスキャン
（写真提供：フォスジャパン（株），Bactscan FC）

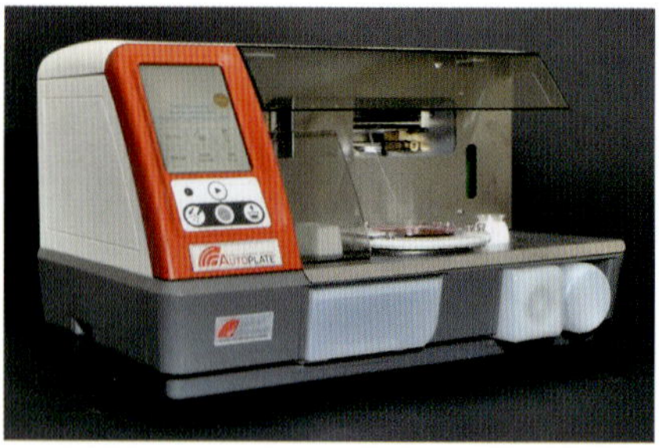

図 1-16　スパイラルプレーティングシステム
（写真提供：マイルストーンゼネラル（株），Autoplate）

細菌数の測定には簡易迅速自動化分析機器が開発されており，蛍光光学式細菌数測定装置（FOSS 社のバクトスキャン，図 1-15）とスパイラルプレーティングシステムが普及している．バクトスキャンは，生乳中の測定妨害因子を化学的および熱的に処理し，酵素により 1 細胞ずつに近い状態になった細菌の核をエチジウムブロマイドで蛍光染色して，染色細胞がフローセルの中を通過する際に青色レーザーで赤く蛍光する回数を自動計測し，総菌数または生菌数を求める（フローサイトメトリー測定法）．一方，スパイラルプレーティングシステム（図 1-16）は，試料をスパイラルプレーターにより 1 枚の寒天平板培地表面に自動的に面積当たりの濃度勾配を付けながら螺旋状に塗抹し，一定の培養条件で生じた集落数をレーザーコロニーカウンターとデータプロセッサーを用いて自動計測する方法である．この方法では希釈操作なしに 10^6 程度までの菌数を計測でき，APHA と AOAC でも公認されており，FDA の検査法にも記載され，日本でも食品衛生検査指針に収載されている．

3）抗生物質検査法

食品中に残留する抗生物質については，農薬や他の動物用医薬品と同様に国の定めるポジティブリスト制度によって規制されている．このポジティブリスト制度では個々の抗生物質についての残留基準値および分析方法が設けられており，分析法のほとんどはガスクロマトグラフィー（GC）/ 質量分析法（MS）や液体クロマトグラフィー（LC）/MSのような機器分析で行うこととされている．各抗生物質の残留を検査する場合，日常の取引検査の中で機器分析を行うことはほとんどなく，実際に用いられている代替法は，微生物を使用したバイオアッセイとイムノクロマトグラムを利用した理化学的手法である．

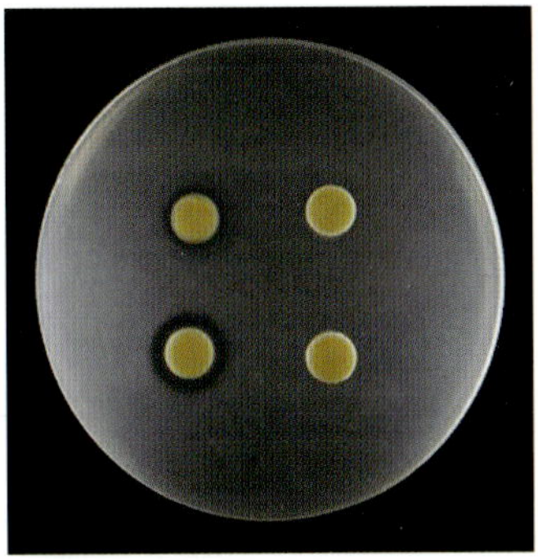

図 1-17　ペニシリンによる阻止円形成の例
（写真提供：日本乳業技術協会）

バイオアッセイ法の代表的な検査法は，国際酪農連盟（IDF STANDARD）で規定されている「ペーパーディスク法」である．本法ではまず，*Geobacillus stearothermophilus* B469 NIZO株を液体培地中で純培養させ，寒天培地と混釈して菌株の含まれた試験用平板を作成する．その上に供試サンプルを染み込ませた直径8mmのペーパーディスクを置き培養する．抗生物質が存在すると菌株の発育は抑制されてディスクの周囲に阻止円が形成され，抗生物質の濃度に比例して径が変化する（図1-17）．本法では，培養開始から3～5時間で明瞭な阻止円を形成する．しかし，本法の特徴として，特定の抗生物質にのみ反応するわけではないので，必要に応じて追試験を行う必要がある．ペニシリンを例にとると，阻止円の形成された陽性試料にペニシリナーゼを反応させ，再びペーパーディスク法によって検査する．このとき，阻止円が消失した場合は，検査試料にはペニシリンが存在していたと推定される．現在では，本法はIDF STANDARDから削除されているが，検査現場で未だに広く用いられている．

理化学的検査法には，抗原抗体反応を利用したイムノクロマトグラム法があり，検査キットが数種類実用化され，検査現場で広く用いられている．キット中にはあらかじめ2種類の抗生物質抗原（a，b）と反応する標識抗体が含まれている．試料中に抗生物質（抗原a）が存在すると，キット中の抗体のA側と結合した状態で反応膜を通過していく．この反応膜にはあらかじめ2種類の固相化抗原（a，b）が塗抹されているが，第1の抗原aに結合できずに通過し，第2の抗原bと結合する．標識抗体にはあらかじめ標識色素が含まれているため，第1ラインより第2ラインが強く発色することになる．このように，試料中の抗生物質の存在によりそれぞれのラインの発色比が変化し，視覚的に認識できる仕組みである．本法の特徴は，バイオアッセイ法が抗菌性物質すべてに反応するのに対し，標的抗生物質に特異的である．抗生物質の種類ごとにキットを選択する必要があるが，中には数種類の抗生物質を同時に検査できるキットも存在する．

4）体細胞数測定法

乳に存在する体細胞は，血液由来の多核白血球やマクロファージあるいは乳房内の乳腺細胞組織から剥離した上皮細胞が主なもので，健康な状態の生乳でも1ml当たり10万個程度存在している．乳房炎に罹患すると体細胞数が増加するため，罹患状況を把握する手がかりとなる．通常，50万個/ml以上の生乳は乳房炎乳の疑いがある．乳房炎に罹患した乳牛は搾乳量が低下し，乳質も落ちるため，早急に適切な措置を施すうえで体細胞数の確認は重要な検査である．

測定法には，スライドグラスに塗抹した試料を顕微鏡で観察する「直接個体鏡検法」や，蛍光色素で染色した試料液に光源を当て，反射した蛍光を補足する「蛍光光学式体細胞数測定法」がある．

直接個体鏡検法はブリード法とも呼ばれ，生乳試料0.01mlをスライドグラス上に滴下し，塗抹針で正確に1cm^{2}の正方形に塗り広げ，ニューマン染色液により染色する．染色標本を500～1,000倍程度の倍率の光学顕微鏡により観察し，1視野当たりの平均体細胞数を求め，これにあらかじめ算出しておいた顕微鏡係数を乗じて1ml当たりの体細胞数を算出する．顕微鏡係数とは染色した標本の面積（100mm^2）を顕微鏡の視野の面積で除したもので，標本の面積が顕微鏡の視野の何視野分に相当するかを表した係数である．顕微鏡係数は25万～45万程度であることが多く，視野の直径が0.206mmであった場合，約30万となる．本法では，標本中に分散している体細胞数が少なくなればなるほど検査精度が落ち正確性を欠くことになるので，必然的に観察すべき視野数は増えることになる．

蛍光光学式体細胞数測定法は，エチジウムブロマイドなどの蛍光色素で体細胞の核を染色し，キセノンランプを照射して発光した光パルスをカウントする方法で，染色から光源の照射，光パルスの測定を自動化した測定機も存在する．ガラス製のセルの中に試料液を流して光を当てるフローサイトメトリー法や，固定されたキュベットに試料液を充填しCCDカメラによって光パルスを計測する仕組みである.特に,フローサイトメトリー法は多検体の処理に向いており，1時間当たり500検体もの乳試料分析が可能である．なお，図1-18は生乳成分と体細胞数測定を一体化したコンビタイプを示した．本法は分析にかかる時間や再現性において直接個体鏡検法を大きく上回る性能を有しているが,日々のメンテナンスと機器の校正を十分行う必要がある．そのため，迅速測定機を運用する事業所においては，標準値の明記された試料乳を入手して校正を行うか，校正時に用いる標準値を独自で算出できる技術（ブリード法による正確な数値の算出）を習得する必要がある.

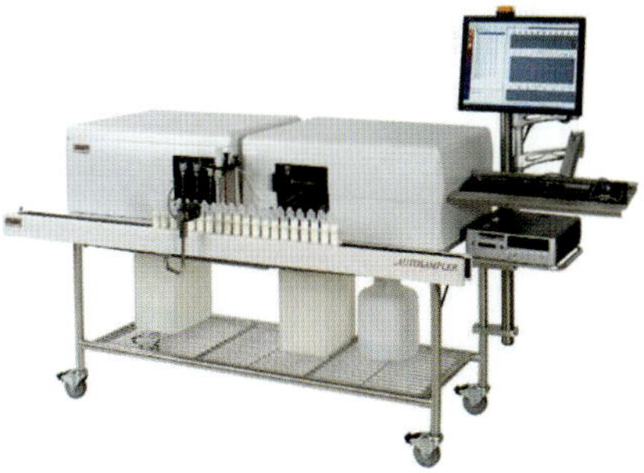

図 1-18　生乳成分・体細胞数測定機
（写真提供：富士平工業(株)，Bentley FTS Combi）

5）乳および乳製品の安全性確保と総合衛生管理製造過程承認制度（HACCP）によるリスク管理

乳および乳製品に対する安全性確保のための規制は，他の食品に比べ非常に細かく定められている．わが国の省令としては，食品衛生法に基づく食品の成分規格等はほとんどの食品が同法に基づく「食品,添加物等の規格基準(厚生省告示)」に規定されているのに対し，乳，乳製品およびこれらを主要原料とする食品については「乳等省令」として独立した省令で規定されている．また，近年の乳，乳製品の製造技術の多様化および国際基準との整合性の立場から，乳，乳製品に関する国際的機関であるIDFで作成，勧告された規格や規範が，乳，乳製品に関する安全性，品質向上に大きな役割を果たしている.

IDFは，国際的立場から消費者の健康を守り，食品貿易の公正を保障するために食品の規格および衛生規範を作成しているコーデックス委員会（FAO/WHO合同食品規格計画委員会）における乳，乳製品関係の業務にきわめて大きな影響力を持っている．1993年にコーデックス委員会が「HACCP適用のためのガイドライン」を採択し，各国にHACCPシステムの導入を勧告したことからHACCPシステムの世界的な導入機運が高まった．HACCPシステムとは，原料乳から最終製品までの一連の工程の中で，危害防止につながる重要管理点をリアルタイムで監視し，記録することにより，すべての製品が安全であることを確保しようとするものである．1995年，HACCPシステムによる食品衛生を基礎とした「総合衛生管理製造過程の承認制度（法第7条3項）」を創設し，乳，乳製品を製造する関連施設が任意の認証対象となった．従来の衛生管理は，最終製品から抜取り検査を行い安全性の確認を行っていたが，本認証制度では，乳，乳製品のリスク要因はHACCPシステムの原則に基づき管理される．

また，自治体や民間企業などでは，食の安全や安心を求める消費者の声を反映し，乳，乳製品の安全性を消費者に訴えるための取組みとして，トレーサビリティーシステムを導入し，安全性確保の開示を行う取組みも進んでいる．これは，生産，加工，流通，販売に至るまでのすべての履歴を 追跡可能にすることで，それを消費者などが必要に応じて検索できるシステムであり，これにより食品事故発生時の早期原因究明や生産者と消費者の信頼関係の構築が確保される．

4．飲用乳と乳製品の製造技術

1）飲　用　乳

飲用乳とは，牛乳，特別牛乳，成分調整牛乳，低脂肪牛乳，無脂肪牛乳，加工乳及び乳飲料の7種類のことをいう．飲用乳に関わる法令として，食品衛生法に基づく「乳及び乳製品の成分規格等に関する省令（以下，乳等省令）」と不当

表1-11　飲用乳の成分規格

種類別名称	使用割合	成分規格		衛生基準	
		無脂乳固形分	乳脂肪分	細菌数（1ml中）	大腸菌群
牛　乳	生乳100%	8.0%以上	3.0%以上	5万以下	陰　性
特別牛乳	生乳100%	8.5%以上	3.3%以上	3万以下	陰　性
成分調整牛乳	生乳100%	8.0%以上	—	5万以下	陰　性
低脂肪牛乳	生乳100%	8.0%以上	0.5%以上 1.5%以下	5万以下	陰　性
無脂肪牛乳	生乳100%	8.0%以上	0.5%未満	5万以下	陰　性
加工乳	—	8.0%以上	—	5万以下	陰　性
乳飲料	—	＊乳固形分3.0%以上		3万以下	陰　性

＊乳飲料は公正競争規約による．

景品類及び不当表示防止法に基づく「飲用乳の表示に関する公正競争規約」がある．乳等省令で乳，乳製品の定義，成分規格，製造や保存の方法，乳成分の試験方法および容器包装の規格基準を，公正競争規約で容器，パンフレットなどに表示する内容の規制に関わる事項をそれぞれ定めている．

牛乳は生乳(せいにゅう)だけを原料としたものであり，加工乳は決められた乳（生乳，牛乳，低脂肪牛乳など），乳製品（脱脂粉乳，クリーム，バターなど）を，乳飲料は乳，乳製品に加えてコーヒー，果汁，糖類，ビタミン，ミネラル，安定剤，乳化剤および香料などを使用したものをいう．飲用乳の成分規格の概要を表 1-11 に示す．

(1) 飲用乳の製造工程

飲用乳製造工程の概略を図 1-19 に示す．主要工程の概要は次の通りである．

a．受　　乳

生乳の乳質は飲用乳の品質に大きく影響するため，きわめて重要である．適切に飼育管理された健康な乳牛より衛生的に搾乳され，風味などの乳質が正常な生乳を受け入れる．工場にはローリーで運ばれ，受乳時に乳温，外観，風味，セジメントテスト，アルコールテスト，比重，酸度，乳脂肪分，無脂乳固形分，細菌数および抗生物質を検査し，合格した生乳をろ過，冷却後，貯液する．

b．仕込み，調乳

加工乳は定められた乳および乳製品を，乳飲料は乳および乳製品の他に糖類などの原料を，それぞれ適切な条件で溶解，混合，ろ過，調乳し，製品規格に適合

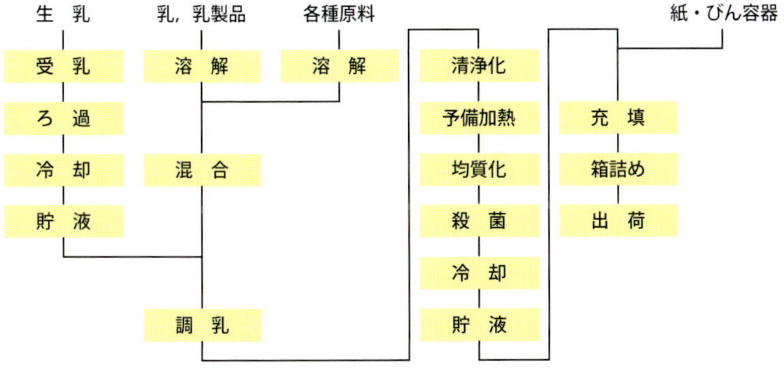

図 1-19　牛乳，加工乳，乳飲料の製造工程

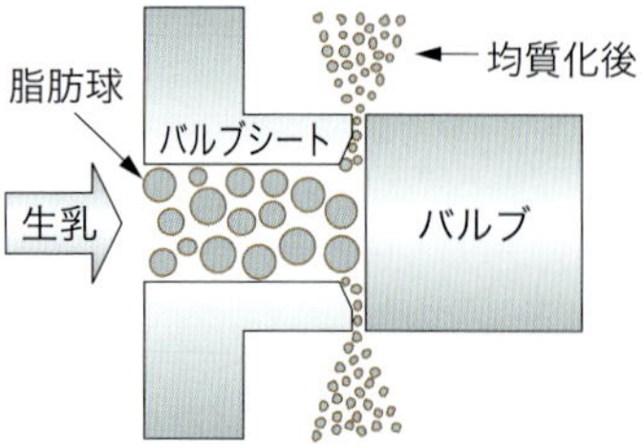

図1-20　乳の均質化の原理

しているか検査する．この工程において，安定した品質の製品を作るうえで原料の溶解条件（温度，濃度）と混合順序が重要となる．

c．清　浄　化

受乳時および原料溶解後のろ過工程で除去できない微細な異物，塵埃や生乳中の白血球，細胞を遠心分離機（クラリファイアー）で除去する．複数枚の円錐型のディスクが高速回転する遠心分離機内へ生乳あるいは調乳液が送られ分離板の間隙を上昇する．この間に微細な固形物は遠心作用により分離され側面の固形物堆積部に蓄積し，一定間隔で自動的に排出される．遠心分離機は後述するクリーム分離用セパレーターと同様の構造（☞ 図1-24）である．

d．均　質　化

均質化（ホモジナイズ）は，脂肪球浮上によるクリーム層形成の防止と牛乳の消化吸収改善を目的に均質機（ホモゲナイザー）を用いて行う（図1-20）．均質効率をあげるため60～85℃に予備加熱（図1-21の④）し，10～25MPaの圧力で狭隘な均質バルブの隙間を通過する際の剪断力により，生乳中の1～15μmの脂肪球がほぼ1μm以下に微細化される．通常は，殺菌工程の途中で行われる（図1-21の⑥）．一方，無菌（アセプティック）製品や直接加熱法の均質化はアセプティック仕様の均質機を用いて殺菌後に行う．

e．殺　　菌

殺菌はヒトの健康に害を与える病原性微生物を死滅させ衛生学的な安全性の確保と，一般細菌の殺菌や酵素の失活により保存性を向上させ商品価値を高めることを目的に行う．牛乳の殺菌条件は，牛乳に混入の恐れがある病原菌の中で最も耐熱性が高い結核菌（*Mycobacterium tuberculosis*）を死滅させることを目標に開発され，62～65℃の間で少なくとも30分間保持する低温保持殺菌法（low temperature long time pasteurization，LTLT法）が確立された．わが国では1933年に牛乳営業取締規則（改正）で初めて牛乳の殺菌が義務付けられた．1951年に乳等省令公布後改正を重ね，2002年にQ熱病原体（*Coxiella burnetii*）の耐熱性に関する知見が得られ，乳等省令の一部が「保持式により摂氏63℃で30分間加熱殺菌するか，またはこれと同等以上の殺菌効果を有する方法で加熱殺菌すること」に改正され現在に至っている．

この同等以上の殺菌効果として，72～75℃で15秒間加熱殺菌する高温短時間殺菌法（high temperature short time pasteurization，HTST法），120～150℃で1～3秒間加熱殺菌する超高温瞬間殺菌法（ultra high temperature heating process，UHT法）がある．1952年にHTST法，1957年には保存性をさらに向上させる目的でUHT法が導入された．一般に，温度が10℃上昇するごとに化学反応速度は2～3倍となるのに対して，微生物の破壊速度は8～10倍に上昇する．このため，より高い加熱温度で，加熱時間をより短くすると，風味，外観および栄養価などの品質の変化を抑え，より高い殺菌効果が得られることから，現在，わが国ではUHT法による加熱処理が牛乳の殺菌法の主流となっている．UHT法には間接加熱法と直接加熱法がある．間接加熱法は加熱媒体の温湯と牛乳が伝熱壁（プレート）を隔てて熱交換される方法で，プレート式，チューブラ式，かきとり式がある．直接加熱法は牛乳を高圧の飽和水蒸気と直接接触させることにより瞬時に殺菌温度まで加熱し，その後減圧工程で蒸気凝縮水による増分を蒸発させることにより瞬間冷却する方法である．このタイプに，蒸気で満たされた加圧タンクに牛乳を吹き込むスチームインフュージョン式殺菌機と牛乳に蒸気を吹き込むスチームインジェクション式殺菌機がある．プレート式殺菌機（間接加熱法）の工程を図1-21，スチームインフュージョン式殺菌機（直接加熱法）の工程を図1-22に示す．製品の熱履歴は直接加熱法の方が小さくなるが，殺菌

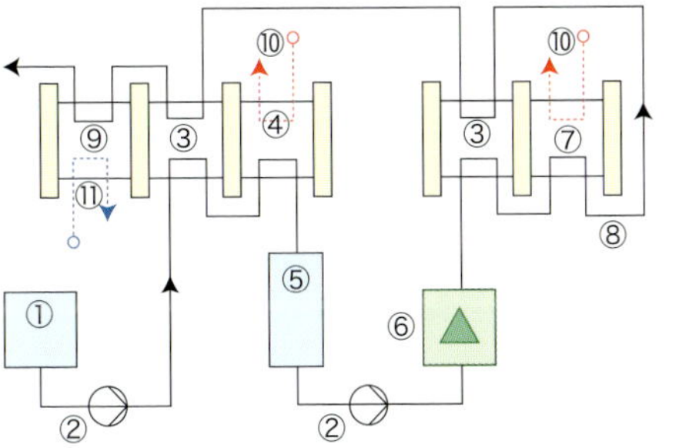

図1-21　プレート式UHT殺菌機の工程概略図
①バランスタンク，②ポンプ，③熱交換部，④予備加熱部，⑤保持タンク，⑥均質機，⑦最終加熱部，⑧保持管，⑨冷却部，⑩加熱媒体，⑪冷却水．

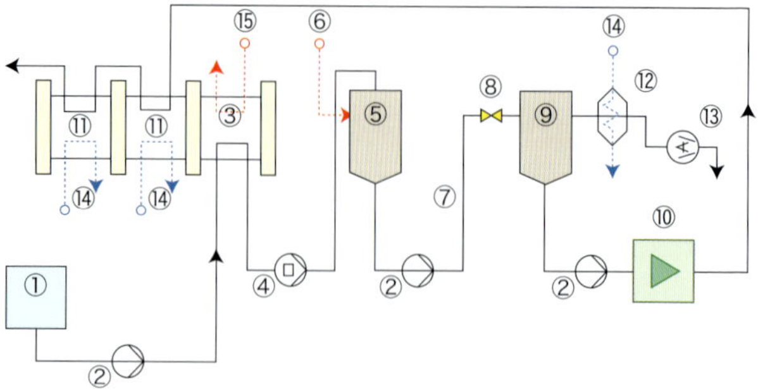

図1-22　スチームインフュージョン式UHT殺菌機の工程概略図
①バランスタンク，②ポンプ，③熱交換部，④定量ポンプ，⑤インフュージョンチャンバー，⑥蒸気，⑦保持管，⑧背圧弁，⑨エキスパンジョンベッセル，⑩均質機，⑪冷却部，⑫コンデンサー，⑬真空ポンプ，⑭冷却水，⑮加熱媒体.

後の減圧工程で香気が散逸しやすい．現在，飲用乳の殺菌には，間接加熱法のUHT殺菌機が主として使用されている．

f．冷却，貯液

殺菌機に組み込まれた冷却工程で直ちに5℃以下に冷却され，滅菌タンクに貯液し冷却保持する．充填前に各製品の特性値に適合しているか検査する．

g．充　　填

一般市場で飲用乳の容器としては紙容器（ゲーブルトップ型，ブリック型），ガラスびん，プラスチック容器などがあるが，紙容器が主流になっている．紙容器は軽量による流通や消費者へのメリットおよびびん回収，洗びん，びん保管スペースを省けるなどのメリットがあるが，容器の変形，漏れ，移り香などの問題もある．ガラスびんは主に再利用されるため，洗びん機で洗浄・殺菌後，機械や目視による検査で破損びん，傷びん，擦れびんを除去したうえで製品を充填する．その後，樹脂キャップあるいは紙栓を打栓してシュリンクフードでびん口を封かんする．最近ではびんの軽量化や強度強化も進んでいる．

容器を過酸化水素により滅菌後，無菌下で充填する無菌充填機とUHT殺菌法を組み合わせた常温保存可能品（ロングライフ製品，LL牛乳）や，近年，チルド流通のUHT牛乳の賞味期限延長を目的に各製造工程で二次汚染を減らして製造したESL（extended shelf life）牛乳も市販されている．LL牛乳は1985年の乳等省令の一部改正により認可された．

(2) 殺菌牛乳の風味と成分変化

a．風　　味

殺菌牛乳の風味には，生乳の組成（主に乳脂肪分と無脂乳固形分）や乳質，均質化や殺菌などの製造条件および製造後の保管温度や日数などの保管状況が影響する．生乳の風味は品種，個体差，飼料，季節，搾乳環境，搾乳後製造工場に搬入されるまでの保管状況により影響を受ける．一般に，UHT 牛乳はミルク感，濃厚感があり，飲み慣れた自然な風味と評価され，LTLT 牛乳および HTST 牛乳はコクが少なく，匂いと後味にくせが強い傾向にある．また，UHT 牛乳で間接加熱法の牛乳はミルク感，濃厚感が強く，直接加熱法の牛乳はさっぱり感が強くなる．牛乳の加熱殺菌で生成する風味を加熱臭といい，その強さは加熱温度，加熱時間および加熱方式により異なる．殺菌牛乳の風味は主に加熱臭の性質や強さが影響する．

b．たんぱく質の変化

ホエイたんぱく質は熱による変化を受けやすく，主成分の β-ラクトグロブリン（β-Lg）は 60℃以上の加熱で変性を始める．その結果，β-Lg 中のジスルフィド結合の分解による -SH 基（チオール）や加熱臭の主体となる含硫化合物の生成や κ-カゼインと複合体形成によるレンネット凝固の遅延をもたらす．ホエイたんぱく質の変性率は LTLT 牛乳，HTST 牛乳で 10 ～ 20％程度であるが，UHT 牛乳では 70 ～ 90％程度となり，加熱臭の原因となる．一方，カゼインは UHT 殺菌レベルでも変性することはない．たんぱく質の栄養価は加熱殺菌による損失がなく，加熱の程度の違いによる影響も受けない．

c．ビタミン，ミネラルの変化

牛乳に期待されるビタミンは A と B_2 であり，これらは加熱処理および保存中に減少することは少ない．また，牛乳はカルシウムが豊富であり，その 2/3 はコロイド相に存在し，1/3 は溶解相に存在する．加熱により溶解相のカルシウムがコロイド相に移行するが，その後，冷蔵保存中に一部戻る．胃内でカルシウムは可溶性になるため，吸収性に影響を及ぼすことはない．

(3) 新たな製法

自然な風味をコンセプトに，製法を工夫した牛乳類が市販されている．例えば，加熱による酸化を防ぐために，あらかじめ生乳中の溶存酸素を減らしてから加熱殺菌する方法がある．また，乳製品への加熱の影響を減らすために直接加熱法や精密ろ過（MF）膜による除菌と加熱殺菌を組み合わせた新しい製法による牛乳も市販されている．

2）クリーム

(1) クリームの定義と成分規格

牛乳中の脂肪は他の乳成分より軽く，搾乳したままの牛の乳を静置すると上部に乳脂肪分の多いクリーム層ができる．現在では遠心分離機（セパレーター）を用いて，牛乳中の成分の比重差を利用してクリームを分別する方法が広く行われている．乳等省令によるクリームの定義と規格を表1-12に示す．一般的に「生クリーム」とは，液状のクリーム製品に対する総称であり，「クリーム」とは厳密には乳等省令に定義付けられた物のみをいう．それ以外の植物油脂を配合したものや，乳化剤，安定剤などの添加物を混合した液状のクリーム製品は，「乳又は乳製品を主要原料とする食品」（以下，乳主原）として取り扱われることが多い．また，クリーム製品は用途によりホイップ用とコーヒー用に大別される．ホイップ用は脂肪率35～47％，コーヒー用は脂肪率20～35％が一般的に用いられる．その他のクリーム製品としては，クリームを乳酸発酵した発酵クリームや取扱い

表1-12　クリームの定義と成分規格（乳等省令）

定　義	「クリーム」とは，生乳，牛乳又は特別牛乳から乳脂肪分以外の成分を除去したもの．	
成分規格	乳脂肪分	18.0％以上
	酸度（乳酸として）	0.20％以下
	細菌数（標準平板培養法で1ml当たり）	100,000以下
	大腸菌群	陰　性
製造の方法の基準	保持式により摂氏63℃で30分間加熱殺菌するか，又はこれと同等以上の殺菌効果を有する方法で加熱殺菌すること．	
保存の方法の基準	殺菌後，直ちに摂氏10℃以下に冷却して保存すること．ただし，保存性のある容器に入れ，かつ，殺菌したものは，この限りでない．	

が簡便なホイップ済みクリームなどがあげられる．

(2) クリームの製造工程

クリームの製造工程を図1-23に示す．クリームの分離には一般的にディスク型の遠心分離機（図1-24）が用いられ，脂肪球と脱脂乳部分の比重差を利用し，遠心力により乳脂肪分の多いクリームと，乳脂肪分のほとんどない脱脂乳とに分離する．分離したクリームを加熱殺菌，均質化し，冷却したのち，タンクでエージング（熟成）を行う．これはクリームを冷却する過程でクリーム中の脂肪が結晶化（固体脂化）するに伴い発生する結晶化熱を取り除き，安定な脂肪球を生成する工程である．乳主原や一般食品に属するクリーム類の製造工程を図1-25に示す．水と水溶性原料を混合した水溶液と，油脂と油溶性原料を混合した溶液を予備乳化し，次いで，殺菌，均質化，冷却，エージングののち，充填，包装する．これらのクリーム類は油脂，乳化剤，その他添加

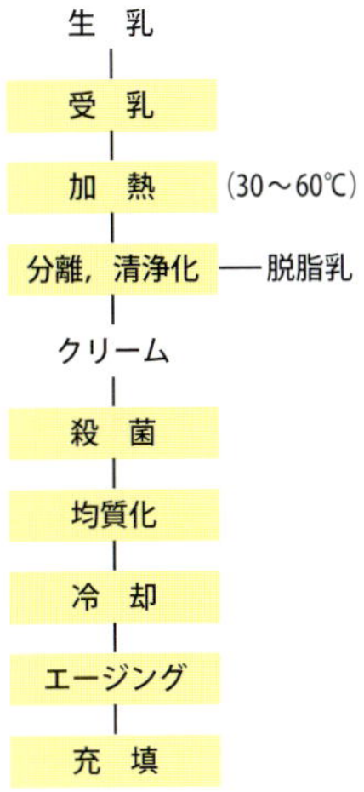

図1-23　クリームの製造工程

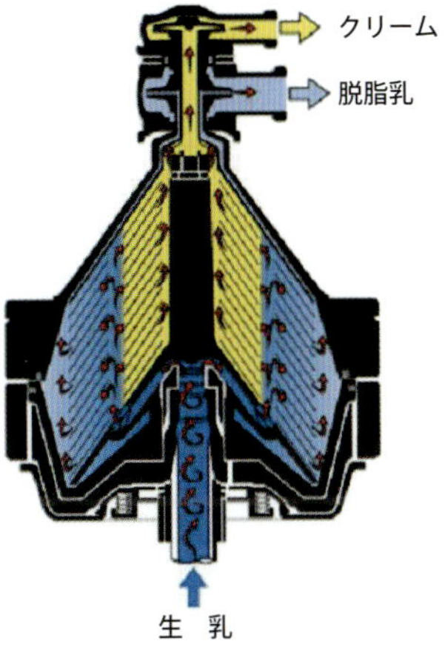

図1-24　遠心分離機（セパレーター）
（日本テトラパック株式会社，Dairy Processing Handbook より）

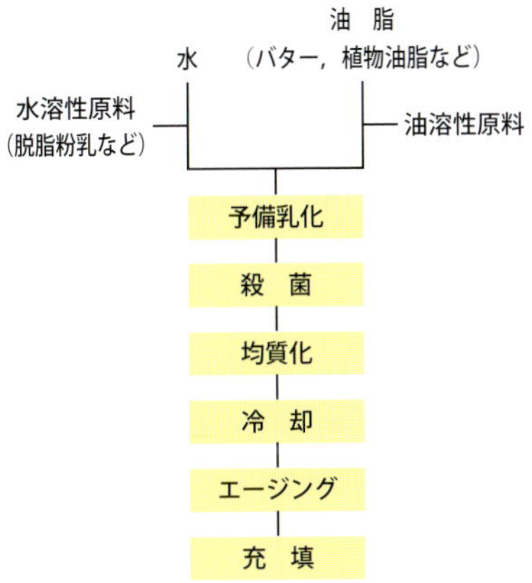

図1-25　乳主原や一般食品に属するクリーム類の製造工程

物などの添加および製造工程の条件などを選択することによってさまざまな物性や特性を得ることができる.

3）バ　タ　ー

(1) バターの定義と規格

バターとは「生乳，牛乳または特別牛乳から得られた脂肪粒を練圧したもの」であり,「乳脂肪分 80.0％以上, 水分 17.0％以下」の成分規格と「大腸菌群　陰性」が定められている（乳等省令).

(2) バターの組織

バターは乳脂肪の中に水滴が分散している油中水型乳化物（W/O 型エマルション）である．温度によって硬さが変化し，冷凍，冷蔵下では硬く，常温では軟らかくなる．これはバターの主要成分である乳脂肪が，温度の上昇とともに固体から液体になることで徐々に流動性が生じるためである．良好なバターは組織が滑らかで展延性に優れている．これは分散相の水滴が細かく均一に分散しており，細かい脂肪の結晶を多く含むことが主要因である．水滴の分散が不均一なものや粗大結晶が生じたものは組織不良とされ，離水を生じたり，脆くざらついた組織となる.

(3) バターの種類

バターは用途に応じて大きく３つのタイプに分かれる.

①加塩バター…食味を整えるために食塩（通常 1.0 ～ 2.0％程度）を添加したもの.

②発酵バター…乳酸菌で発酵風味を付与したもの．製造に使用するクリームを乳酸菌で事前に発酵させてからバターにする方法と，クリームからバターを製造する際に乳酸菌の発酵液をバターに混入する方法がある.

③食塩無添加バター…発酵や，食塩の添加がされていないもので，製菓，製パンなどでの使用が多い.

(4) バターの製造工程

a．原料クリーム

原料のクリームは脂肪率を40％前後に調整する．脂肪率が高いとバターミルクとして流出する脂肪分が増加し，脂肪率が低いとチャーニングに時間がかかり製造効率が低下する．原料クリームは，エージング工程で脂肪球を十分に結晶化させることでバターの製造工程や組織が安定化する．エージング温度は，不飽和脂肪酸が増え脂肪の融点の下がる夏場は低めの温度（8～10℃）とし，不飽和脂肪酸が少なく脂肪の融点の上がる冬場は高めの温度（11～13℃）に調整される．

b．チャーニング

エージングされたクリームを8～13℃前後の温度に調温し，バターチャーンという回転機器（図1-26左）を用いて物理的な衝撃を与えて脂肪球皮膜を破壊し脂肪凝集を起こし，脂肪粒を作り出す．クリームは脂肪分の多い脂肪粒の固体部分と脂肪分が少ない液状のバターミルクとに分かれる．脂肪粒のサイズはチャーニングが進むに従い，米粒大，コムギ粒大，ダイズ粒大，だんご状へと大きくなるが，一般的にはダイズ粒大程度のサイズに調整される．

c．水　洗

チャーニング後のバター粒を冷水で洗浄する．この目的は，バター粒を冷却してバター粒の組織を硬くし，バター中の臭気を取り除くために実施される．冷水

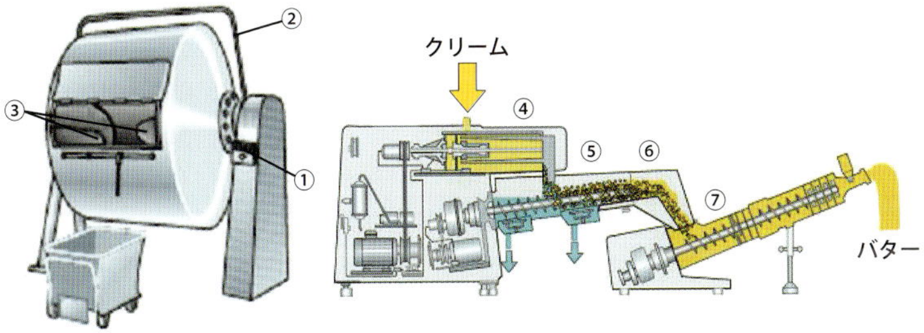

図1-26　バターチャーン（左）と連続バターマシン（右）
①コントロールパネル，②緊急停止バー，③衝撃調整板，④チャーニングシリンダー，⑤分離セクション，⑥脱水セクション，⑦ワーキングセクション．（日本テトラパック株式会社，Dairy Processing Handbook より）

のかわりに冷却したバターミルクを使うこともある．

d．ワーキング

バター粒を練り上げて余分な水分を排出させ，組織を滑らかにする工程．加塩バターではこの工程で食塩や食塩水を混合する．なお，チャーニング工程とワーキング工程では，チャーンと呼ばれる装置にクリームを入れて回転させ激しく撹拌するバッチ式の方法（図 1-26 左）と，回転ドラムの中でクリームを連続的に投入して撹拌し，その後スクリュー羽根のついたトンネル状の装置を通して錬圧する連続式の方法（図 1-26 右）がある．

e．充　　填

ワーキングの終了したバターは充填される．代表的な形状は，450g の直方体に成型しアルミ / パーチメント紙にて包装されるポンドバター，10 ～ 20kg の大型容器（ポリ内袋のある段ボール）に充填するバルクバターがある．

4）練　　乳

(1) 練乳の定義と分類

練乳とは原料乳中の水分を蒸発させ濃縮した液状乳製品であり，工業的に製造された最初の乳製品である．大別すると，しょ糖を添加し低い水分活性（Aw）にすることにより品質を維持する加糖練乳と，滅菌により品質を維持する無糖練乳に分けられ，それぞれ全脂および脱脂タイプに分類される．一般に加糖練乳をコンデンスミルク，無糖練乳をエバミルクと呼ぶ．表 1-13 に示す通り，乳等省令

表 1-13　練乳の定義と成分規格（乳等省令）

種類	定義	乳固形分	無脂乳固形分	乳脂肪分	水分	糖分[*1]	細菌数[*2]	大腸菌群	殺菌方法
加糖練乳	生乳，牛乳又は特別牛乳にしょ糖を加えて濃縮したものをいう．	28.0 % 以上		8.0 % 以上	27.0 % 以下	58.0 % 以下	5 万以下	陰性	
加糖脱脂練乳	生乳，牛乳又は特別牛乳の乳脂肪分を除去したものにしょ糖を加えて濃縮したものをいう．	25.0 % 以上			29.0 % 以下	58.0 % 以下	5 万以下	陰性	
無糖練乳	濃縮乳であって直接飲用に供する目的で販売するものをいう．	25.0 % 以上		7.5 % 以上			0		*3
無糖脱脂練乳	脱脂濃縮乳であって直接飲用に供する目的で販売するものをいう．		18.5 % 以上				0		*3

*1 乳糖を含む．*2 標準平板培養法で，1g 当たり．*3 容器に入れた後に摂氏 115℃以上で 15 分間以上加熱殺菌すること．

により定義と成分規格が規定されている．

(2) 練乳の製造工程

加糖練乳と無糖練乳の一般的な製造工程を以下に示す（図 1-27）．

a．加糖練乳（コンデンスミルク）

①受乳…1)「飲用乳」の製造工程に同じ．

②標準化…製品設計に合わせて，原料乳の脂肪と無脂乳固形分の比率を調整する．

③しょ糖添加…甘味の付与に加え，製品の水分活性を低下させる（0.85 ～ 0.87）ことで微生物増殖を抑制し，保存性を向上させる．

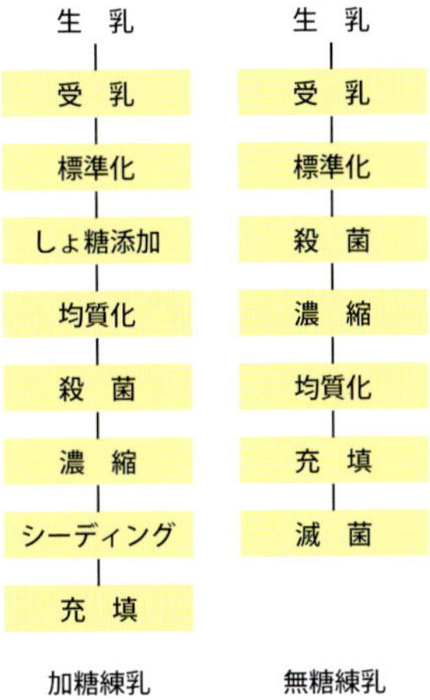

図 1-27　練乳の製造工程

④均質化…保存中の脂肪浮上を抑制するため，均質機を用いて均質化を行う．均質圧力が高すぎると濃厚化（長期保管中に次第に粘度が上昇し，流動性を失ってゲル状に凝固する欠陥）の傾向が認められるため，適正な条件設定が必要である．

⑤殺菌（荒煮）…練乳製造では，濃縮前に加熱殺菌する工程を「荒煮」と呼ぶ．目的は，細菌，カビ，酵母の死滅，酵素の失活，製造直後の粘度および保存中の濃厚化の制御，濃縮時の加熱面への焦げ付き防止である．

⑥濃縮…真空減圧下で低温蒸発させることにより，製品の加熱変性を抑制しつつ，固形分濃度を高める．

⑦シーディング…濃縮後は乳糖が過飽和状態で溶解しており，このままでは徐々に結晶化が進み，結晶サイズが 15 μm 以上になると食感のザラツキ（砂状，sandy）や結晶の沈殿（糖沈）など品質に影響を与える．これらを抑制するため，結晶化する乳糖の大きさを制御するシーディングを行う．微粉砕し乾熱滅菌した乳糖粉末を 30℃前後で濃縮乳に添加後強制撹拌し，20℃前後に急速冷却し静置することで微細結晶を発生させる．

⑧充填…シーディング後の練乳は，乳糖結晶安定化および脱気のため静置してから充填する．加糖練乳は水分活性で製品品質を維持しているが，酸素存在下ではカビ，酵母が増殖する可能性があるため，空気が混入しないように充填するこ

とが重要である．カビは水分活性 0.85 前後でも常温酸素存在下で増殖可能であり，主として *Aspergillus repens* が増殖し，「ボタン」と呼ばれる褐色あるいは黄色の塊をヘッドスペースのある液面に形成することがある．

b．無糖練乳（エバミルク）

①受乳…加糖練乳と同様．

②標準化…加糖練乳と同様．

③殺菌（荒煮）…目的は殺菌の他に，滅菌工程での製品の熱安定性を高め，さらに適度な粘性を付与することにある．

④濃縮…加糖練乳と同様．

⑤均質化…製品中の脂肪分離を抑制するため，微細な脂肪球にして乳化安定を促進し，さらに適度な粘性を与えるために行う．均質化後は 10℃以下に冷却する．

⑥充填…加糖練乳の場合と異なり，缶の中に適当な空気量を残し，滅菌時の膨張による破裂を防ぐ．

⑦滅菌…乳等省令では 115℃以上 15 分間以上の加熱が規定されている．加熱によるアミノカルボニル反応により製品は多少褐色に着色し，粘度もやや上昇する．滅菌後は直ちに冷却する．

5）粉　　乳

a．粉乳の定義と分類

粉乳とは，牛乳などからほとんどすべての水分を取り除いて粉末状に乾燥した食品の総称である．水分を除去することにより，微生物の増殖や化学的変化を抑制できるため保存性が液状乳と比較して著しく良好であること，重量，容量が低減できるため輸送や貯蔵の効率がよいこと，必要に応じて濃度を調整できることなどの利点がある．乳等省令における粉乳は，全粉乳，脱脂粉乳，クリームパウダー，ホエイパウダー，バターミルクパウダー，加糖粉乳，調製粉乳，たんぱく質濃縮ホエイパウダーの 8 種類である．全粉乳は生乳を粉末にしたものであり，脱脂粉乳は生乳からクリームを除去した脱脂乳を粉末化したもの，クリームパウダーはクリームを粉末化したものである．ホエイパウダーは主にチーズ製造時の副産物であるホエイを，バターミルクパウダーはバター製造時の副産物であるバターミルクを粉末化したものである．加糖粉乳は生乳にしょ糖を加えて粉末化したもの，あるいは全粉乳にしょ糖を加えたものである．調製粉乳は乳原料などを配合して乳幼児に必要な栄養素を加えた育児用の粉乳である．たんぱく質濃縮ホエイパウダーは，ホエイから乳糖を除去することによってたんぱく質の比率を高め粉末化したものである．

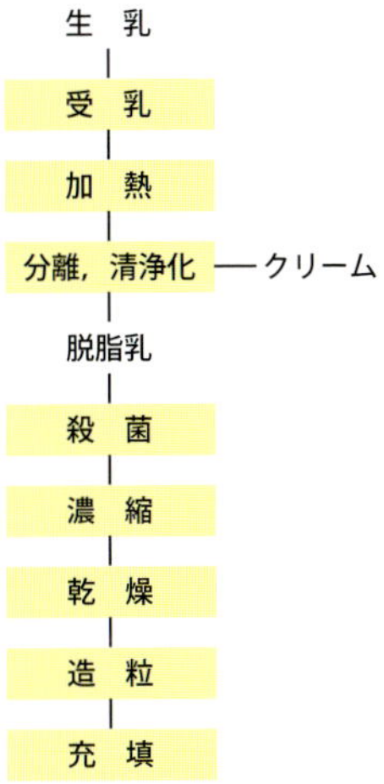

図 1-28　脱脂粉乳の製造工程

b．粉乳の製造工程

粉乳の製造法はその製品特性に適合させる必要があり，各工程における装置や製造条件は異なるが，共通する部分が多い．ここでは，代表として脱脂粉乳の製造工程の概要を示す（図 1-28）．

①**受乳**…1)「飲用乳」の製造工程に同じ．

②**分離**…2)「クリーム」の製造工程に同じ．

③**清浄化**…1)「飲用乳」の製造工程に同じ．

④**殺菌**…1)「飲用乳」の製造工程に同じ．

⑤**濃縮**…乾燥工程と比較して濃縮工程の方が水分の蒸発効率が高いことから，最適な濃度まで濃縮を行う．脱脂乳の場合は約 5 倍に濃縮し，固形分濃度を 40 ～ 50％前後とする．濃縮には真空減圧下での低温蒸発法が用いられる．

⑥**乾燥**…脱脂乳などを乾燥して粉末化する方法として，一般的には噴霧乾燥法（スプレードライ）が用いられる．噴霧乾燥法は液状の原料を圧力ノズルや回転ディスクでスプレーし，熱風との熱交換により短時間で乾燥させる方法である．濃縮された脱脂乳などの液状原料は 60 ～ 70℃に加熱され，微細化されて液滴となり，

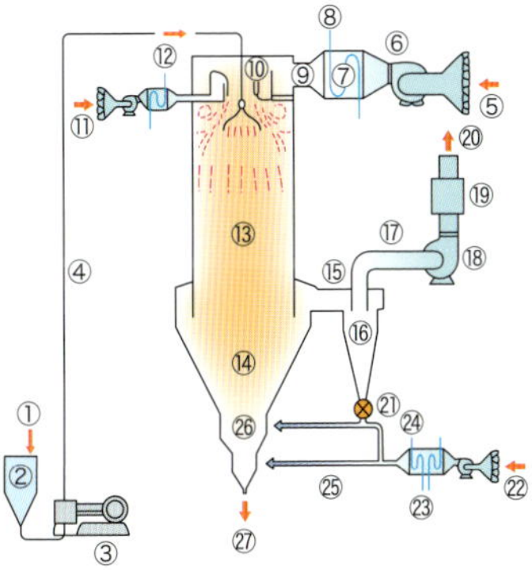

図1-29　MD ドライヤー概略図
①濃縮液，②ホールディングタンク，③高圧ポンプ，④高圧パイプ，⑤大気，⑥送風機，⑦スチーム，エアヒーターまたは間接加熱式油燃ヒーター，⑧蒸気，⑨熱風ダクト，⑩熱風分配器，⑪大気，⑫蒸気，⑬乾燥室，⑭分離室，⑮ダクト，⑯サイクロン，⑰ダクト，⑱排風機，⑲サイレンサー，⑳排風，㉑ロータリーバルブ，㉒大気，㉓冷水または冷媒，㉔蒸気，㉕調湿冷風，㉖冷却室，㉗製品．

130 ～ 200℃の熱風と接触して乾燥される．液滴の温度は気化熱が奪われるために 60 ～ 70℃程度であり，熱による品質への影響は比較的少ない．噴霧乾燥装置の一例を図 1-29 に示す．

⑦造粒…溶解性は粉乳の重要な物性の 1 つであり，特に市販品では使用時（溶解時）の利便性から高い溶解性が要求される．粉乳の溶解性を向上させる方法として，「造粒（インスタント化）」が用いられる．一般的な造粒は粒子に水（バインダー）をスプレーすることで粒子同士を付着させ，房状の粒子形態とする方法である．これによって，溶解時に毛細管現象による水の浸透を促進させ，高い溶解性を得ることができる．

6）アイスクリーム

(1) アイスクリームの種類

「アイスクリーム類とは，乳・乳製品を主要原料として凍結させたもので乳固形分を 3.0％以上含むもの（発酵乳を除く）」であり，乳脂肪分と乳固形分の比率によって，アイスクリーム，アイスミルク，ラクトアイスの 3 種類に分類される（表 1-14）．一方，乳固形分が 3.0％未満のものは「氷菓」と呼ばれ，食品衛生法の規定に基づく「食品，添加物等の規格基準」が適用される．

(2) アイスクリーム類の原料

a．脂　肪　分

アイスクリームに独特のボディと滑らかな組織を付与する乳脂肪原料には，乳やバター，クリームなどが用いられる．また，乳脂肪の代替品として使用される

表 1-14　アイスクリーム類及び氷菓の定義と成分規格（乳等省令）

製品区分及び名称	種類別	成分規格			
		乳固形分	乳脂肪分	大腸菌群	細菌数 *
乳製品 アイスクリーム類	アイスクリーム	15％以上	8％以上	陰　性	10 万以下 /g
	アイスミルク	10％以上	3％以上	陰　性	5 万以下 /g
	ラクトアイス	3％以上	－	陰　性	5 万以下 /g
食品，添加物等の規格基準					
一般食品	氷　菓	上記以外のもの		陰　性	1 万以下 /ml

* ただし，発酵乳又は乳酸菌飲料を原料として使用したものにあっては，乳酸菌又は酵母以外の細菌数をいう．

植物性脂肪には，ヤシ油やパーム油などが使用されるが，種類別アイスクリームには乳脂肪のみが使用される．

b．無脂乳固形分

乳や濃縮乳，脱脂粉乳など，アイスクリーム類の豊富な栄養素の供給源となり，上質なミルク風味やコク，滑らかな組織を作る．しかし，過度の添加は保存状態によっては乳糖が結晶化し，砂状のざらついた食感（砂状，sandy）になる．

c．糖　　類

グラニュー糖や上白糖(しょ糖)，果糖(フラクトース)やぶどう糖(グルコース)，異性化液糖，水あめなどがあり，質の異なる甘味を付与する．また，固形分を増やし組織を滑らかにする役割も持つ．

d．乳 化 剤

脂肪分を均一に分散させ，脂肪の乳化とフリージングにおける起泡性改善のために使用される界面活性剤である．グリセリン脂肪酸エステルやしょ糖脂肪酸エステル，レシチンなどが使用されることが多い．

e．安 定 剤

成分の均一な分散や食感改良，保存中における品質劣化の抑制のために使用される．ローカストビーンガムやグアーガム，カラギナン，ペクチンなどが用いられる．

f．そ の 他

着香料や着色料などの他，風味の種類によってナッツやチョコレート，卵，抹茶，フルーツなど，さまざまな原料が加えられる．

(3) アイスクリームの製造工程（図1-30）

a．原料の溶解，混合

アイスクリーム類は，濃縮乳や練乳，粉乳，バターなどの乳製品，砂糖や水あめなどの糖類，安定剤や乳化剤などの添加物，水などから構成される．これらの原料を50～70℃程度で溶解することで，アイスクリームミックス（以下，ミックス）を得る．

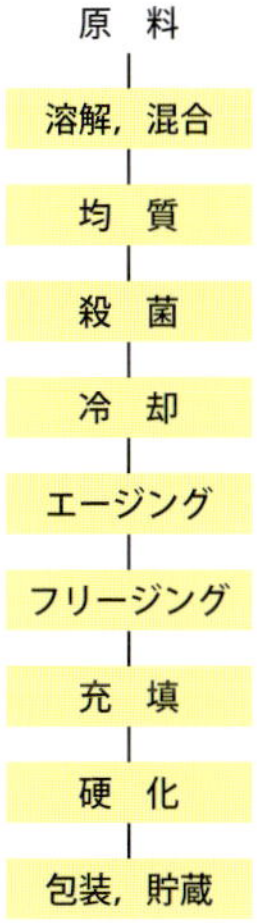

図1-30　アイスクリームの製造工程

b．均　質　化

ミックスは脂肪が含まれているため，均質機によって脂肪分を微細化させ，乳化状態を安定させる．同時に,脂肪分以外の成分も均一に分散させる効果も持つ．

c．殺菌，冷却

原料由来の病原菌の死滅や酵素類の失活を目的として殺菌が行われる．摂氏68℃で30分間加熱殺菌するか，又はこれと同等以上の殺菌効果を有する方法で殺菌しなければならない．一般的には，連続的に高温短時間で殺菌可能なHTST殺菌やUHT殺菌が用いられる．

d．エージング

殺菌したミックスを5℃以下で一定時間貯蔵することで，脂肪の結晶化，乳たんぱく質や安定剤の水和を促す．4時間～1昼夜の貯蔵がなされる．

e．フリージング

本工程はアイスクリームの品質を大きく左右する製造の要である．フリーザーを用いてミックスを冷却しながら撹拌によって空気を混入させ，気泡をつくる．混入した空気の割合は「オーバーラン」と呼ばれ，ミックスの容量をA，アイスクリームの容量をBとすると,オーバーラン(%)＝100×(B－A)/Aで表される．通常は40～100%のオーバーランに設定される．また，冷却によって水分が凍結することで氷結晶が生成される．同時に，ミックス中の脂肪球は解乳化を起こす．これらの変化が適切になされることで滑らかなアイスクリーム組織となる．

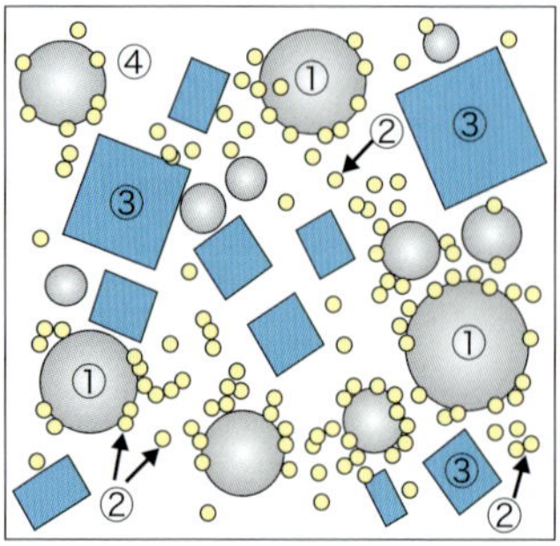

図1-31　アイスクリームの構造

①気泡，②脂肪球および脂肪凝集体，③氷結晶，④未凍結相．

f．充填，包装，硬化

フリーザーから出てきたばかりのアイスクリームは，一部の水分しか凍結していない．そこで，充填されたアイスクリーム類を－30℃以下の硬化室で冷却することで未凍結水をさらに減少させ，品質を安定化させる．凍結したこの状態はハードアイスとも呼ばれ，一般的なアイスクリームを指す．

(4) アイスクリームの組織

アイスクリームの組織は気泡，凝集や部分的に会合した脂肪球，氷結晶が分散し，これらが糖類やたんぱく質，ミネラル，水からなる未凍結相に覆われることで構成される（図1-31）．氷結晶はおよそ直径1～150 μm，脂肪球は2 μm前後，気泡は20～50 μmといわれる．この組織要素が互いに影響を及ぼし，食感や味，香り，外観などに作用する．氷結晶が50 μm以下では滑らかになり，100 μm以上で氷っぽい食感となる．

7）ホエイ（乳清）とその加工品

(1) ホ　エ　イ

ホエイは乳清とも呼ばれる牛乳の水溶性画分で，主に乳糖，ホエイたんぱく質，灰分を含有する水溶液である．身近な例では，プレーンヨーグルトを静置すると生じる半透明で黄緑色の液体がホエイ（厳密には酸ホエイ）である．工業的には，チーズやカゼインの製造時など，カゼインたんぱく質を凝固させる製品の製造時に副産物として発生する．ホエイは製造の違いにより次の2種類に大別される．

a．スイートホエイ

レンネットなどの凝乳酵素を用いてカゼインを凝固させた際に得られるpH 6.0程度のホエイで，乳糖由来の甘味があり酸味は少ない．ゴーダやチェダーなどの熟成チーズや，モッツァレラなどの一部フレッシュチーズ，レンネットカゼインの製造で生じる．

b．酸 ホ エ イ

乳のpHをカゼインの等電点（pH4.6）付近まで下げ，酸凝固させることで得られるpH4.0～4.8程度の酸味のあるホエイをいう．スイートホエイと比較して灰分と有機酸含量が高い．クリームチーズやカッテージチーズなどの酸凝固を利用したチーズや，酸カゼインの製造工程で生じる．

(2) ホエイの利用とホエイ加工品

副産物であるホエイは，以前は廃棄されることも多かったが，環境意識の高まりや，資源の有効利用の目的から，またホエイ成分の有用性への認識が広まったことなどにより，近年その利用がきわめて進んでいる．

分離したホエイは，一般的にはホエイパウダー，ホエイたんぱく質素材，乳糖などに利用される場合が多い．この他，リコッタチーズへの利用，ホエイドリン

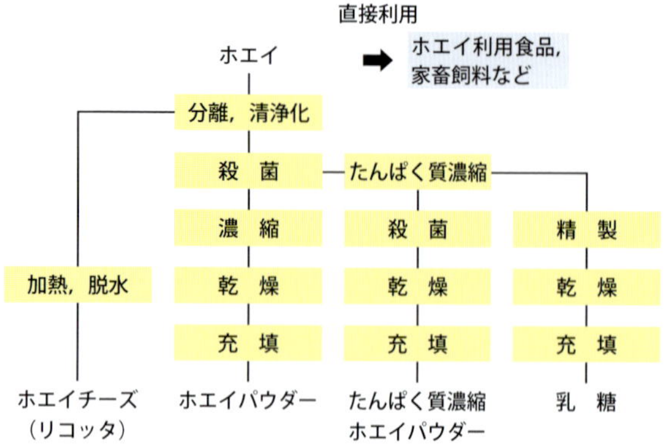

図 1-32　ホエイ加工品の一般的な製造工程

表 1-15　ホエイ加工品の一般的な成分

種　類	脂　肪	たんぱく質	乳　糖	灰　分	水　分
ホエイパウダー	1.0%	12.9%	76.7%	5.4%	4.0%
たんぱく質濃縮ホエイパウダー（WPC34）	2.5%	34.0%	55.0%	4.5%	4.0%
ホエイチーズ	14.0%	6.5%	5.5%	1.5%	72.5%

クなどのホエイ利用食品や，ホエイ豚などに代表される家畜の飼料などとしても利用されている．

ホエイ加工品の一般的な製造工程を図 1-32 に，その成分を表 1-15 に示した．

a．ホエイパウダー

ホエイパウダーは，ホエイ（乳清）をそのまま粉末化したもので，アイスクリームや製菓，製パンなどの原料として使用される．原料のホエイによりスイートホエイパウダーと酸ホエイパウダーに分類されるが，酸ホエイパウダーはほとんど流通していない．また，乳糖とミネラル含量が高いため，用途に応じて乳糖の結晶化や，脱塩処理が行われることも多い．

b．ホエイたんぱく質素材

ホエイ中の乳糖を除去することでたんぱく質を濃縮して粉末化したホエイたんぱく質素材がある．たんぱく質含有量によりホエイたんぱく質濃縮物（whey protein concentrate, WPC）および分離ホエイたんぱく質（whey protein isolate, WPI）に分けられる．WPC はたんぱく質含量が 15 ～ 80%程度で，特に約 34%

のWPC34は脱脂粉乳の代替品として使用されることが多い．WPIはWPCよりさらにたんぱく質含量を高めたもので，また約90％のWPI90は卵白の代替品として使用される．WPIは起泡性や乳化性，ゲル化能に優れ，ハムやソーセージなどの結着やドレッシング類に，また医療食やスポーツプロテインとして有効なエネルギー源や筋肉増強目的にも広く使用されている．

c．乳　　糖

ホエイのたんぱく質の濃縮時に得られる粗乳糖液から乳糖を結晶化して得られる．食品原料として利用される他にも，高度に精製されたものは医薬品の打錠用コーティング剤としても使用されている．

d．ホエイチーズ

チーズ製造時に発生したホエイに乳やクリームを加えたのち，さらに酸性にし，再加熱することで，ホエイ中のたんぱく質を熱凝固させて回収するホエイチーズがあり，イタリアなどではリコッタチーズという名称で昔から親しまれている．

5．発酵乳（ヨーグルト）の製造技術

1）発酵乳の種類と使用される乳酸菌

(1) 乳酸菌とは

乳酸菌とは，糖類を発酵してエネルギーを獲得し，多量の乳酸を生成する細菌の総称である．乳酸菌は，グラム陽性の球菌または桿菌で，カタラーゼは陰性，運動性がなく胞子を作らない．酸素の少ない環境を好んで生育し，生育に多くの栄養素を必要とする．乳酸菌は，発酵食品，植物，ヒトや動物の消化管など自然界に広く分布しており，食品の風味や保存性を高めたり，ヒトや動物の健康に寄与することが知られている．

1980年頃までは，乳酸菌は *Lactobacillus*，*Streptococcus*，*Leuconostoc* および *Pediococcus* の4つの属で構成されていた．その後DNA相同性試験および16S rDNA塩基配列による系統分類が導入され，遺伝子レベルで乳酸菌の分類体系が再構築されたことや新たな乳酸菌の発見により，乳酸菌の属および菌種数が大幅に増加した．現在では，乳酸菌には30以上の属が報告されているが，発酵乳などの発酵食品には前記4属および *Streptococcus* から独立した *Lactococcus* と *Enterococcus* が主に用いられている．

乳酸菌の発酵形式は，グルコースからほぼ100％に近い収率で乳酸を生成するホモ乳酸発酵（$C_6H_{12}O_6 \rightarrow 2C_3H_6O_3$）と，乳酸以外にエタノールと二酸化炭素を生成するヘテロ乳酸発酵（$C_6H_{12}O_6 \rightarrow C_3H_6O_3 + C_2H_5OH + CO_2$）に大別される．人類は古くから経験的に乳酸菌をさまざまな発酵食品の製造に利用してきたが，現代では，優良な特性を有する乳酸菌を選抜して発酵食品の製造に積極的に利用する技術が確立されている．

（2）発酵乳の歴史と種類

発酵乳の歴史は人類による乳用家畜の利用とともに始まり，紀元前数千年にさかのぼると考えられている．元来，発酵乳は人間が意識的に生み出したものではなく，乳に含まれていた乳酸菌の作用によって乳が偶然に乳酸発酵してできたものであろう．やがて，乳を自然発酵させる方法は技術となり，それが継承，伝播されて世界各地の気候および風土に適した多種多様な発酵乳製品が作り出されていった．

世界の代表的な発酵乳には，バルカン地方のヨーグルト（Yogurt）をはじめとして，旧ソ連・コーカサス地方原産のアルコール含有発酵乳ケフィア（Kefir），馬乳を原料として製造される中央アジアのクーミス（Koumiss），スカンジナビア半島の粘性発酵乳ヴィリ（Viili），インド・ネパールのダヒ（Dahi）などがあげられる．

今日，世界中で最も消費量の多い発酵乳はヨーグルトである．20世紀初頭にMechinikoffによって，ヨーグルトが「不老長寿の妙薬」として紹介されたことがきっかけとなり，ヨーグルトは世界中に広まった．FAO（国連食糧農業機関）とWHO（世界保健機関）により設立された「コーデックス委員会」で，発酵乳の国際規格「コーデックス規格」が討議されている．2003年に採択された発酵乳改正規格案によると，ヨーグルトは *Streptococcus*（*Stc.*） *thermophilus* および *Lactobacillus*（*Lb.*） *delbrueckii* subsp. *bulgaricus* の2菌種を使用したものとなっている．

一方，日本ではヨーグルトという名称は一般名称であり，「乳及び乳製品の成分規格等に関する省令（乳等省令）」および「発酵乳，乳酸菌飲料の表示に関する公正競争規約」の「発酵乳」がこれに該当する．表1-16に乳等省令における「発酵乳」および「乳酸菌飲料」の規格を示した．

日本のヨーグルトはプレーン，ハード，ソフト，ドリンク，フローズンの5タイプに分類され，製造方法からは後発酵タイプと前発酵タイプに区分けされる．プレーン，ハードヨーグルトは「後発酵タイプ」と呼ばれ，乳原料ベースを小売容器に充填後，発酵室で静置したままで発酵して製造される．一方，ソフト，ドリンク，フローズンヨーグルトは「前発酵タイプ」と呼ばれ，あらかじめタンク内で乳酸発酵させ生じたカード（カゼインの等電点沈殿ゲル）を破砕し，これに砂糖，香料，果汁，果肉などを混合してから，小売容器に充填して製造される．前者の方法で製造したヨーグルトを静置型（セット）ヨーグルト，後者の方法によるものを撹拌型ヨーグルトと表現する場合もある．表1-17に製造法によるヨーグルトの分類を整理した．

表1-16　乳等省令における「発酵乳」および「乳酸菌飲料」に関する成分規格

種類別	定　義	成分規格		
		無脂乳固形分	乳酸菌数又は酵母菌数	大腸菌群
発酵乳（乳製品）	乳またはこれと同等以上の無脂乳固形分を含む乳等を乳酸菌または酵母で発酵させ，糊状または液状にしたもの，または凍結したもの	8.0%以上	1,000万/ml以上	陰　性
乳製品乳酸菌飲料（乳製品）	乳等を乳酸菌，または酵母で発酵させたものを加工し，または主要原料とした飲料	3.0%以上	1,000万/ml以上[注)]（生菌タイプ）	陰　性
乳酸菌飲料（乳等を主原料とする食品）	同　上	3.0%未満	100万/ml以上	陰　性

[注)] ただし，発酵後において75℃以上で15分間殺菌するか，またはこれと同等以上の殺菌効果を有する方法で殺菌したものは，この限りではない（殺菌タイプ）．

表1-17　製造法によるヨーグルトの分類

種　類	形　状	製造法	安定剤
プレーン	固　形	後発酵型（静置型）	−
ハード	固　形	後発酵型（静置型）	±
ソフト	固　形	前発酵（撹拌型）	±
ドリンク	液　状	前発酵型	±
フローズン	凍結固形	前発酵型	+

(3) 発酵乳用乳酸菌の種類と特徴

発酵乳製造に使用される主な乳酸菌を表 1-18 に示した．乳酸菌は，発酵乳の風味および物性，培養特性，健康機能などに大きく影響するため，発酵乳製造において使用する乳酸菌の菌種および菌株の選抜は非常に重要である．ヘテロ乳酸発酵型の乳酸菌を用いて発酵乳製品を製造すると，産生された二酸化炭素のために容器が膨張することが懸念されるため，工業的な発酵乳製造ではホモ乳酸発酵型の乳酸菌が主に用いられている．

今日，発酵乳には多くの菌種がさまざまな目的で用いられているが，乳を発酵する能力に最も優れている菌種は *Stc. thermophilus*（サーモフィルス菌）および *Lb. delbrueckii* subsp. *bulgaricus*（ブルガリア菌）であり，ほとんどの発酵乳製造にこれら 2 菌種の両方，あるいは一方が使用されている．これらの乳酸菌は，発酵中に迅速に乳酸を産生し pH を低下させ，発酵乳のカード形成に寄与するだけでなく，アセトアルデヒドなどの香気物質を産生し発酵乳に良好な風味を付与したり，菌体外多糖を産生し発酵乳の物性を滑らかにするなど，発酵乳の風味および物性に大きく関与している．

また，これら 2 菌種は共生関係にあり，それぞれを単独で乳を発酵させたときよりも，共生させたときの方が発酵が促進される．*Stc. thermophilus* は発酵の初期に顕著に増殖し，酸度の上昇に伴い pH が 5.0 ～ 5.5 に低下すると発育

表 1-18　発酵乳製造に使用される主な乳酸菌

Lactobacillus 属	*Lactococcus* 属
Lb. delbrueckii subsp. *bulgaricus*	*Lc. lactis* subsp. *lactis*
Lb. delbrueckii subsp. *lactis*	*Lc. lactis* subsp. *cremoris*
Lb. helveticus	*Leuconostoc* 属
Lb. casei	*Leuc. mesenteroides* subsp. *cremoris*
Lb. gasseri	*Leuc. lactis*
Lb. acidophilus	*Bifidobacterium* 属
Lb. johnsonii	*Bif. longum* subsp. *longum*
Lb. rhamnosus	*Bif. longum* subsp. *infantis*
Lb. reuteri	*Bif. breve*
Lb. plantarum	*Bif. bifidum*
Lb. brevis	*Bif. animalis* subsp. *lactis*
Streptococcus 属	
Stc. thermophilus	

が緩慢となり，その後，*Lb. delbrueckii* subsp. *bulgaricus* の発育が旺盛となる．*Stc. thermophilus* は，ギ酸および二酸化炭素を生成し，これらの物質が *Lb. delbrueckii* subsp. *bulgaricus* の発育を促進する．一方，*Lb. delbrueckii* subsp. *bulgaricus* は乳たんぱく質を分解し，生じたペプチドと遊離アミノ酸が *Stc. thermophilus* の発育を促進する．このような共生作用の程度は組み合わせる菌株によって異なるため，共生作用の強い菌種の組合せを選択することが発酵時間の短縮に有効である．

日本では，*Lactococcus* を使用した発酵乳は主流ではないが，北欧の発酵乳ヴィリなどには，*Lc. lactis* subsp. *cremoris* や *Lc. lactis* subsp. *lactis* が使用されている．これらの乳酸菌の中には菌体外に粘性多糖を産生するものもあり，発酵乳は糸を引くような特徴的な粘性のある物性を示す．

また近年では，乳酸菌や *Bifidobacterium*（ビフィズス菌）の保健機能に関する研究が盛んに行われており，さまざまな機能性を指標に選択された「プロバイオティクス」を添加した発酵乳が開発されている．一般的にプロバイオティクスは乳を発酵する作用が弱いため，単独でヨーグルトを製造することは難しい．そこで，通常は *Stc. thermophilus* および *Lb. delbrueckii* subsp. *bulgaricus* と併用して発酵乳を製造する場合がほとんどである．また，発酵中にプロバイオティクスはほとんど増殖しないため，あらかじめそれぞれの菌株の凍結濃縮菌を調製しておき，生理機能を発揮するために必要な菌濃度以上となるように発酵乳用スタースターとともに添加する必要がある．

2）発酵乳（ヨーグルト）の製造法

ヨーグルトと乳酸菌飲料の製造法には共通部分が多く，基本的には乳の殺菌，乳酸菌の接種，発酵，冷却といった工程からなっている．ここでは，品質に影響する主要な製造工程因子および各カテゴリーごとの製造法について解説する．

(1) スターター乳酸菌の培養と選定

スターター乳酸菌の調製は，発酵乳類製造における最も重要な工程の１つである．スターターは試験管培養レベルのストックカルチャー（シードカルチャー）から，マザースターターを経て段階的に活性が高められ，最終的に製品に添加す

表 1-19　フレッシュカルチャー法と高濃度カルチャー法の比較

	フレッシュカルチャー法	高濃度カルチャー法
長　所	活力の高いスターター調製が可能 独自性のある乳酸菌の利用	煩雑な乳酸菌管理の省略 継代培養による特性変化の回避 難培養菌の実用化 雑菌・ファージ汚染の防止 培養などに伴う付帯設備が不要
短　所	煩雑な乳酸菌管理（時間，労力） 技能と熟練が必要 雑菌の混入やファージ汚染の危険性	活性維持のための厳密な温度管理 自社製造しない場合，独自性の打出しが困難

るバルクスターターが調製される．この継代培養により活性を高めていく培養法を「フレッシュカルチャー法」という．一方，近年では専門のスターターメーカーより供給される凍結濃縮菌や凍結乾燥菌を利用した「高濃度カルチャー法」が普及している．この方法では，高濃度カルチャーからいったんバルクスターターを調製する，あるいは製品に直接接種する方式（direct vat inoculation，DVI あるいは direct vat set，DVS）がとられている．それぞれの方法の長所，短所を表 1-19 にまとめた．市販のヨーグルト用スターターは，タイプ別（セット，ソフト，ドリンク），品質特性別（発酵性能，フレーバー生成能，酸味の程度，テクスチャーなど）に種類が多く，目的に合致したスターターの選択が可能である．なお，形態別には凍結菌（frozen concentrate），ペレット，凍結乾燥菌（freeze dried）がある．

(2) ヨーグルトミックス（原料ミックス）の標準化

原料乳は，ヨーグルトの風味，硬度，粘度などの品質に大きな影響を及ぼす．高品質なヨーグルトを製造するためには，酸化臭，酸敗臭，苦味などのない良質な原料乳の選択が不可欠である．特に，脂肪分解によるランシッド臭は牛乳よりヨーグルトの方が感じやすいので十分な注意が必要である．

「ヨーグルトミックス」とは，ヨーグルトの原材料である乳・乳製品などを混合溶解した発酵前のベースを指し原料ミックスあるいはベースミックスと呼ばれることもある．発酵乳の「無脂乳固形分（SNF）」は，乳等省令の成分規格に則り，8.0％以上を満たす必要がある．後発酵ヨーグルトではカード強化と離水防止を目的として，脱脂粉乳，全脂粉乳，濃縮乳などの他に，ホエイ粉，ホエイたんぱく濃縮物（WPC）などが使われることが多い．一般的にたんぱく含量を高めると，カードが固くなり，水和性が増すためにホエイ分離が少なくなるが，SNF が10％を超えると，ミネラル由来の塩味や雑味が生じやすく，粉っぽい風味となる．また，原材料を混合溶解したヨーグルトミックスは均質化処理に先立って，未溶解粉乳や異物を除去するためにろ過が行われる．一方，発酵乳の乳脂肪分に規定はないが0～10％の範囲であることが多く，通常は0～3.5％である．脱脂ヨーグルトでは酸味をシャープに感じるが，脂肪を加えるとコクが高まり，酸味の和らいだ温和な風味となる．乳脂肪分は主に原料乳に由来し，バター，クリームや全脂粉乳を加える場合には，風味への影響を十分に考慮する必要がある．また，乳脂肪以外に植物性脂肪を使用する場合もある．

全固形分を高める方法としては，前述のように乳製品などの添加が一般的であるが，製造工程中で濃縮する方法も採用されている．膜分離法を利用した逆浸透法（reverse osmosis，RO），限外ろ過法（ultra filtration，UF），ナノろ過法（nano filtration，NF）がその代表例である．これらの技術では，加熱することなく乳固形分の濃縮が可能であり，たんぱく質のみを分画濃縮した高たんぱく濃縮液やミネラルを低減した良質の原料などを調製することも可能である．膜技術を応用したヨーグルトは，しっかりした組織で粘性が高く，クリーミーで良好な風味となる．また，UF や NF を利用すると，SNF を高めても風味的に塩味や雑味が生じにくいという利点がある．

(3) 脱　　気

脱脂粉乳などの粉乳類をヨーグルトミックスに溶解するときには，工程中での過度の撹拌を避け，できるだけ気泡を巻き込まないように注意する必要がある．特に，殺菌から発酵までの工程が閉鎖系の場合には，ミックス中に溶け込んだ細かい泡が容易に除去されない．脱気には，①均質機の作業条件の改善，②熱処理時のファウリングリスクの低減，③発酵時間の安定化，④ヨーグルトの粘度の改善，⑤揮発性のオフフレーバーの除去などのメリットがあげられる．

(4) 均 質 化

均質化は，脂肪が表面に浮上してクリームラインを形成しないように乳脂肪球を機械的に細かく分散させる工程である．ヨーグルトミックスの均質化は，発酵中のクリーム浮上を防止し，脂肪を均一に分散させることに加えて，ヨーグルトの硬度および粘度を高めたり，ホエイ分離を防止するなどの利点をもたらす．十分に均質化したヨーグルトミックスから調製した製品は，脂肪球が細かいため光散乱によって白く見え，クリーミーでマイルドな風味となる．均質化の効果は温度と圧力に左右されるが，一般的には 55 ～ 70℃，15 ～ 25MPa（メガパスカル）の条件が適用される．SNF9.0％以上の高 SNF のミックスでは，脂肪浮上の防止を主目的として中圧で均質化を行う．一方，SNF8.0％程度の低 SNF のミックスでは，ホエイたんぱくを変性させ，さらにカゼインの親水性を増すことにより硬度および粘度を高め，ホエイ分離を防止することを主目的として高圧での均質化を行う．なお，安定剤の分散性向上にも均質化処理が寄与している．

(5) 殺　　菌

ヨーグルトミックスの殺菌は加熱して行われ，その加熱工程は，細菌学的，技術的および栄養的特性に種々の影響を及ぼす．ヨーグルトミックスの殺菌の目的は，①病原性微生物などの有害菌を死滅させる，②乳酸菌の培地としての性質を改善する，③ヨーグルトの硬度および粘度の改善とホエイ分離を防止することなどにある．乳等省令の発酵乳製造法の基準によると，「発酵乳の原料（乳酸菌，酵母，発酵乳及び乳酸菌飲料を除く）は，混合した後に 62℃で 30 分間加熱殺菌するか，またはこれと同等以上の殺菌効果を有する方法で殺菌すること」と規定されている．一般的な殺菌条件は 85 ～ 95℃にて 2 ～ 15 分間である．牛乳を 80℃以上に加熱すると，天然に存在する乳酸菌の発育阻害物質（ラクテニン）が破壊される．加熱による酸素含量の減少とホエイたんぱく質の変性によるスルフヒドリル基（SH グループ）の生成は，牛乳の酸化還元電位を低下させ，*Lb. delbrueckii* subsp. *bulgaricus* の発育を助長する．また，酸素の減少した環境で，*Stc. thermophilus* は *Lb. delbrueckii* subsp. *bulgaricus* の生育促進物質である「ギ酸」を生成する．ホエイたんぱく質の変性は 72 ～ 75℃で 16 秒間以上の加熱により開始する．その結果，κ-カゼイン，β-ラクトグロブリン，α-ラクトアルブミンなどの相互作用が誘導され，結合水が増加するとともに，ヨーグルトの粘度や硬度が改善され，ホエイ分離も抑制される．求められる変性度合いはヨーグルトのタイプ，全固形分により異なるが，ヨーグルトミックスの加熱条件としては，ホエイたんぱく質を90～99％変性できる範囲が適切である．Kessler，H. G. は，ヨーグルトミックスをUHT殺菌すると，後発酵ヨーグルトのカード強度が軟弱化することを報告している．

(6) 発　　酵

Lb. delbrueckii subsp. *bulgaricus* 単独あるいは *Stc. thermophilus* 単独による発酵では，酸生成，風味生成，組織形成の点で不十分であり，典型的なヨーグルトは得られない．前述した通り，両菌種の間には共生作用があり，ヨーグルトを製造するためには併用が好ましい．この2菌種の混合スターターでは，それらのバランスが風味・物性上，重要である．一般的には，1：1～1：2の比率のときに酸生成が速まるが，使用菌株により特性が異なるため，製品品質を考慮した菌数バランスの制御が必要である．バルクスターターの接種量は，その活力（活性）に応じて通常1～3％接種する．1％以下では，①発酵が遅延する，②好ましくない生育環境になりやすい，③ *Lb. delbrueckii* subsp. *bulgaricus* が十分に生育しない，④酸生成が不安定になるなどの制約が生じる．一方，5％以上では，①組織が粗く離水が多くなりやすい，②芳香に欠陥が生じる，③多量のスターターを調製する必要があるなどの制約がある．最適なバルクスターター接種量は2～3％であり，SNF9.5％相当のヨーグルトでは42～43℃で3～4時間発酵すると酸度が0.65～0.80％に達する．なお，前述したDVI・DVS方式では，バルクスターターを使用する場合に比べ乳酸菌の活力が低いことから，発酵に長時間を要することが多い．

ヨーグルトミックスへのバルクスターター接種法には，大別してバッチ式と連続式の2通りがある．後発酵ヨーグルト製造時にバッチ式のスターター接種を行う場合には，タンク内での発酵の進行度合いに注意が必要である．発酵はスターター接種直後から始まるため，タンクのバッチサイズが大きい場合には充填開始時と終了時で発酵の進行に差が生じる．そのため，工程中でトラブルが発生した場合には，タンク内で過度に発酵が進み，容器充填時の物理的剪断による品質不良を招きやすい．この問題点を解決するために，製造スケールが大きい場合には，バルクスターターを定量ポンプによってインラインで連続的に接種する方式が主流となっている．

発酵においては，スターターによる酸生成を速めるため，乳酸菌の至適生育温度よりもやや高めの温度が採用されることが多い．発酵温度は，最終製品の風味および物性，ならびに使用するスターターの特性を考慮して設定されるが，一般的には40～45℃の範囲であり，より好ましくは42～43℃付近である．発酵の終点はpH4.6付近であるが，酸度管理を行う場合には，製品SNFによって終点pHに対応する酸度が異なるため，注意が必要である．なお，均一な発酵を行うためには，発酵室内および発酵タンク内の温度ムラをなくすような設備設計が重要である．

a．新規な発酵技術

ヨーグルトの発酵方法の1つに，37℃程度の低温で長時間の発酵を行う「低温発酵法」がある．この製法では，過剰な酸生成が抑制でき，なめらかな組織が得られる反面，発酵時間が長いため，工業的な大量生産を行う際の生産性を低下させる．そこで近年，低温発酵を工業化するための新たな発酵技術として，「脱酸素発酵法」が提案されている．これは，通常6～7ppmのヨーグルトミックス中の溶存酸素濃度を4ppm以下に低減し，嫌気状態としてから発酵する製法のことで，発酵時間を短縮するのに有効である（図1-33）．また，「脱酸素発酵法」

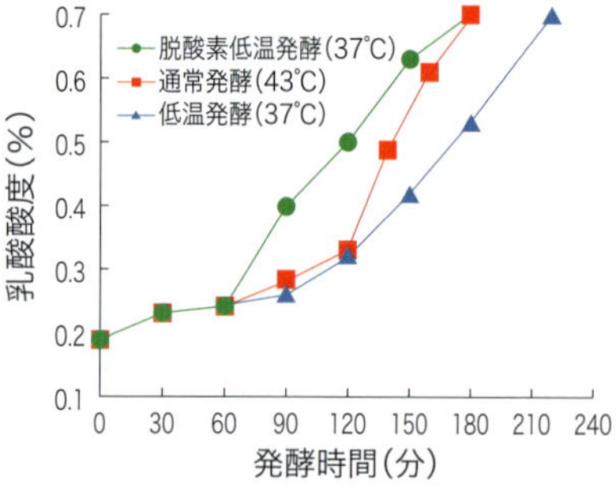

図1-33　脱酸素による乳酸発酵時間の短縮効果

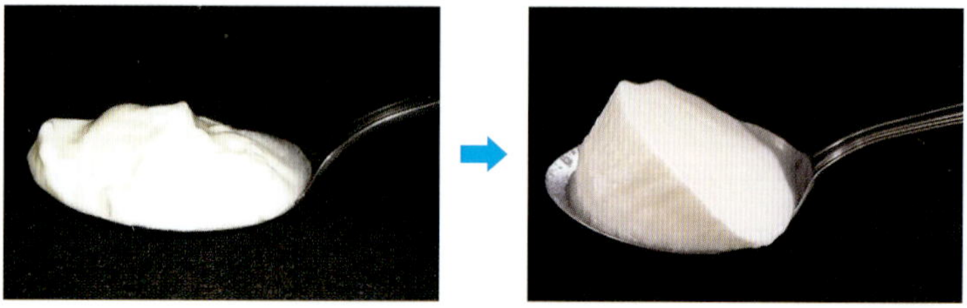

図1-34　低温発酵と脱酸素低温発酵法で調製したヨーグルトの組織比較
左：低温発酵（なめらかであるが，崩れやすい組織），右：脱酸素低温発酵法（固さとなめらかさが両立した組織）．

と「低温発酵法」を組み合わせた「脱酸素低温発酵法」により調製したヨーグルトは,「流通の衝撃でも崩れにくい，しっかりとしたカード強度」と「なめらかな食感」という本来相反する特性を両立できることが特長であり（図 1-34），無脂肪・低脂肪ヨーグルトなどの嗜好性向上に有効である.

b．カードの形成

発酵中のカード形成は pH5.5 頃から始まり，pH5.0 でゲルの形成が認められ，pH4.6 以下になると，しっかりとした安定組織となる．ゲルを形成しつつある pH5.5 から pH4.6 までの間に振動や剪断を受けると，なめらかな組織が形成されず，ホエイ分離などの品質不良を起こしやすくなるため，この間の物理的刺激は避けなければならない．カード形成は，以下のような段階で進行する．①乳酸菌はエネルギーを得るためにミックス中の乳糖を利用して乳酸を生成する．②乳酸により pH が低下し，リン酸カルシウムやクエン酸塩が可溶化し始め，カゼインミセルと変性ホエイたんぱく質の複合体が不安定になる．③ヨーグルトミックスの pH がカゼインの等電点である 4.6 に近付くと，カゼインミセルが集合し，その塊が融合してカードとなる．ミセルは κ-カゼインと α-ラクトアルブミンや β-ラクトグロブリンの交互作用によって部分的に保護されて規則正しいネットワークを形成し，その中に脂肪球や水溶性成分が保持される.

(7) 冷　　却

冷却の目的は，乳酸菌の生育と酵素活性を抑制することである．発酵を終了したヨーグルトは，できるだけ振動を与えないように急冷室あるいは冷蔵庫に移動して，速やかに冷却する．冷却中の振動は，カードの破壊やホエイ分離を引き起こす原因となるため，避けなければならない．また，酸生成は品温が約 15℃に低下するまで持続するため，冷却能力を加味して発酵終了酸度を設定する必要がある．冷却効率は容器の種類，形状，容量などによっても異なるため，発酵終了酸度と冷却能力の設定に当たって十分な予備調査が必要である.

(8) プレーンヨーグルトの製造法

プレーンヨーグルトは，乳および乳製品のみを発酵したヨーグルトの基本型であり，乳酸菌が作り出す独特の発酵風味が特徴である．プレーンヨーグルトの製造工程を図 1-35 に示す．

殺菌済みのヨーグルトミックスは 40 ～ 45℃に冷却されたのちにスターターが接種されるが（工程 1），ヨーグルトミックスの前処理能力と充填能力のバランスがとれない場合には，いったん 10℃以下に冷却する工程がとられることがある（工程 2）．この方式では，殺菌冷却されたミックスはサージタンクに貯乳されたのち，加温プレートにより所定温度まで加温され，スターターが接種される．生産計画に柔軟性を持たせることができることから，「後発酵ヨーグルト」の製造ラインへの適用が増加している．ヨーグルトの組織上の欠点の 1 つにホエイ分離（離水）がある．後述のハードヨーグルトではその防止のために安定剤が使用されるが，プレーンヨーグルトでは安定剤を使用せず，乳固形分を増強してホエイ分離を防止することが多い．また，菌体外多糖を生成する粘性菌株を用いた，風味および組織の良好なホエイ分離の少ないヨーグルトの製造法も検討されている．

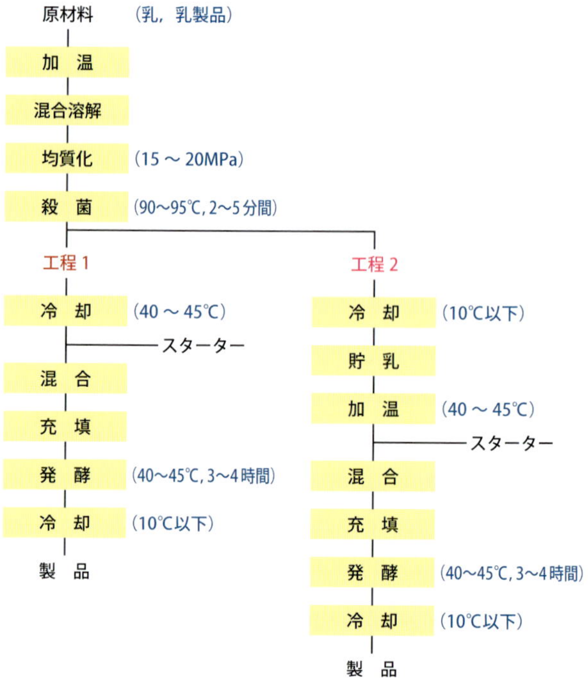

図 1-35　プレーンヨーグルトの製造工程

(9) ハードヨーグルトの製造法

ハードヨーグルトは，後発酵の静置型ヨーグルトの1つであり，乳および乳製品に甘味料，香料，安定剤などを加えて発酵し，プリン状に固めたものである．ハードヨーグルトの一般的な製造工程を図1-36に示す．

まず，主原料である乳および乳製品を混合溶解し，糖類，膨潤したゼラチン，あらかじめ溶解した寒天溶液，香料などを混合後，均質化を行って殺菌する．殺菌後，安定剤が凝固せず，乳酸菌にダメージを与えない温度まで冷却し，別途調製したバルクスターターを接種して容器に充填後，発酵する（工程1）．サージタンクにて低温貯乳した殺菌済みヨーグルトミックスを加温して用いる工程では（工程2），寒天などの安定剤溶液を別殺菌しておき，無菌的に混合する．所定の

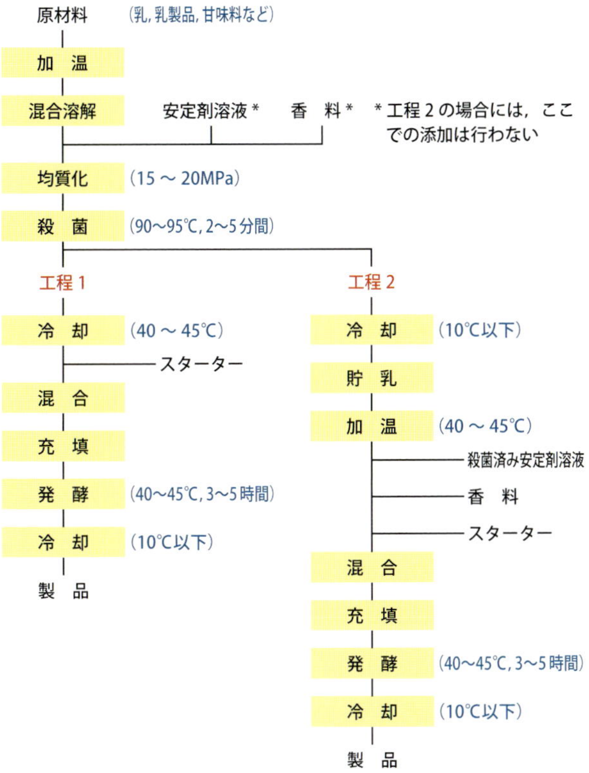

図1-36　ハードヨーグルトの製造工程

酸度あるいはpHに達したら，発酵室から急冷室あるいは冷蔵庫に製品を移動して冷却する．

甘味料の添加は，ヨーグルトの酸味を和らげるのに効果的であり，砂糖，異性化糖，マルトースなどが使われる．一般的なヨーグルトの甘味度は5～10％である．最近では低カロリー化の素材として，スクラロース，アスパルテーム，ステビア，アセスルファムなどの高甘味度甘味料も使用されている．糖の種類および添加量はヨーグルトの発酵性，褐変化に影響を及ぼす．しょ糖（砂糖）添加量を増やしていくと乳酸菌の増殖が抑制され，酸生成が緩慢となり，12％以上では発酵が著しく阻害される．また，グルコース，フラクトースなどの単糖類が主体の異性化糖は，しょ糖よりも浸透圧が高いため，乳酸菌の発酵性に及ぼす影響が大きい．ヨーグルトミックス殺菌時の褐変化はアミノ・カルボニル反応と呼ばれ，異性化糖を使用すると，しょ糖を使用した場合よりも褐変化が起こりやすい．ハードヨーグルトの乳固形分はプレーンヨーグルトよりも低いため，ゼラチン，寒天，LMペクチンなどの安定剤を添加してカードを補強する場合が多い．ゼラチンは牛や豚，あるいは魚の骨や皮を構成する主要たんぱく質であるコラーゲンを分解および精製したものである．ゼラチンは弾力性のあるゲルを作り，融点，凝固点は25～30℃である．一方，寒天はテングサ科，オゴノリ科などの紅藻植物に存在する粘性物質を熱水抽出して得られる強力なゲル化能を有する多糖類である．寒天の融点は90℃前後であり，凝固点は40℃前後と約50℃の差がある．この温度差のことを「ヒステリシス（hysteresis）」と呼び，寒天ゲルが熱にも崩れにくいという特徴が生まれてくる．一般的に，ゼラチンゲルは弾力性に富んでいるが保形性が悪く，寒天ゲルは保形性が高いものの弾力性に乏しく脆（もろ）い．そのため，両者を併用して食感および物性をコントロールすることが多いが，従来と異なる機能を有するゼラチン，寒天などの素材開発も積極的に進められている．

（10）ソフトヨーグルトの製造法

ソフトヨーグルトは前発酵の撹拌型ヨーグルトであり，果肉入りのフルーツプレパレーションなどと混合して製造されることが多い．ソフトヨーグルトの製造工程を図1-37に示す．

まず，主原料である乳および乳製品類を加温溶解する．安定剤を使用する場合

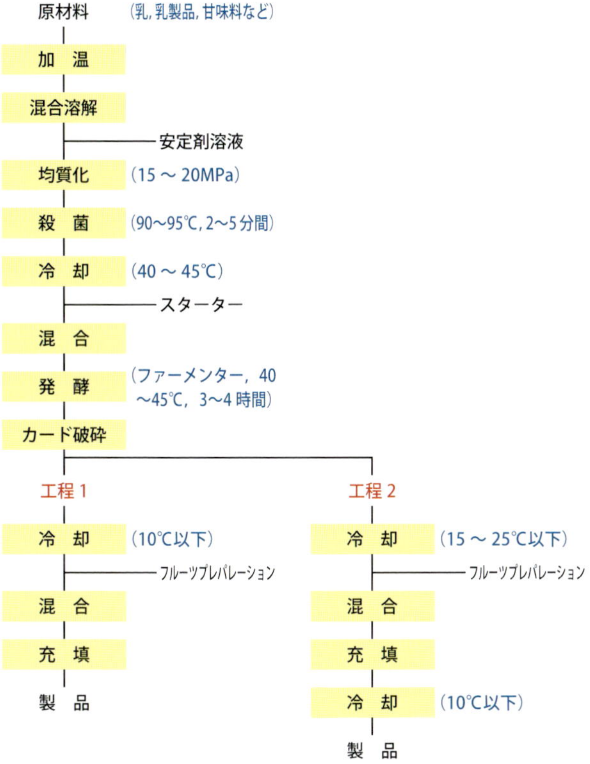

図 1-37　ソフトヨーグルトの製造工程

には，あらかじめ溶解しておいたゼラチン溶液，LM（low methoxy）ペクチン溶液などを混合し，均質化，殺菌後，乳酸菌にダメージを与えない温度まで冷却する．これにバルクスターターを接種して十分に分散させたのち，所定酸度あるいはpHに達するまで発酵を行う．典型的なソフトヨーグルトの製造においては，バルクスターター 2.5 ～ 3％接種時の発酵時間は 3 ～ 3.5 時間である．一方，凍結濃縮菌あるいは凍結乾燥菌を直接接種した場合には，誘導期が長くなるため，4 ～ 6 時間の発酵時間を要する．発酵が終了した発酵乳ベースは，撹拌あるいはフィルターなどにてカードを破砕したのち冷却し，サージタンクに投入する．破砕・冷却時に過度の剪断を与えると製品の粘度低下につながるため，適切な撹拌羽根およびフィルターの選定と冷却条件のコントロールが重要である．発酵乳ベースの冷却条件は，①発酵がある程度抑制される 15 ～ 25℃まで一時的に冷却する方法（工程2）と，②完全に発酵が抑制される10℃以下に一気に冷却する方法（工程1）とに大別される．前者では，予備冷却された発酵乳ベースとフルーツプレパレーション（以下，プレパレーション）を所定の比率で混合したのち，容器に充填し，急冷室にて10℃以下に再冷却する．この製法では，急冷室での粘度上昇が期待できるため，工程中の粘度維持が容易である．後者では急冷室などの付帯設備が省略でき，発酵乳ベースをサージタンクにてエージングすることで粘度上昇が期待できる．次いで，この発酵乳ベースにプレパレーションを所定の比率で混合し，容器に充填して最終製品とする．ファーメンター内で発酵し，発酵終了後にカードを破砕してから充填する点で後発酵ヨーグルトとは異なり，ソフトヨーグルトの組織的特徴としては粘度があげられる．発酵乳ベースのSNFは11～15％程度であるが，乳および乳製品のみではカード破砕後の十分な粘度の確保が難しく，乳たんぱく質や安定剤が使用される．また，プレパレーションに添加する安定剤の工夫により，製品粘度を調整することも可能である．

フルーツプレパレーションでは，フルーツが最も重要な構成要素である．フルーツを固形で配合するため，その製造から実際に使用するまでの期間にわたり，果肉を安定的に分散させるための粘度の付与が必要である．主な安定剤としては，ペクチン，グアーガム，キサンタンガム，ローカストビーンガム，スターチなどが使用される．果肉の分散性以外に，発酵乳との混合性，製品の粘度，食感などを考慮して，複数の安定剤を組み合わせて使用することが多い．近年では，製造システムの進歩によってフルーツを必要最低限の加熱で殺菌できるようになり，フルーツ本来の風味，色調，食感などを保持したプレパレーションの製造が可能になった．

（11）ドリンクヨーグルトの製造法

ドリンクヨーグルトは，ソフトヨーグルトと同様に前発酵の撹拌型の液状タイプのヨーグルトである．

ドリンクヨーグルトの製造工程は，発酵，カード破砕後に糖類および安定剤などを含む糖液と混合する「糖液混合型」と，カード破砕後にそのまま充填する「全量発酵型」の2通りに大別される．「糖液混合型」ではpHの低い果汁などを混合できるなどバラエティー豊かな商品開発が可能である．一方，「全量発酵型」

では混合可能な原料としては中性の糖類などに限定され，安定剤や香料を使用しないで製造されることが多い．ここでは，前者の製造工程図を図 1-38 に示す．後者の工程図は示さないが，図 1-38 の工程図から糖類や安定剤などの混合工程を除いた工程である．

乳および乳製品で所定の成分組成に調製したヨーグルトミックスを均質化，殺菌し，発酵温度まで冷却する．これに別途調製しておいたバルクスターターを接種し，ファーメンターにて所定の酸度あるいは pH まで発酵する．発酵終了後はカードを撹拌，破砕してファーメンター内でバッチ式の冷却もしくは冷却プレートなどにて速やかに冷却して，別タンクに移送する．冷却プレートを使用する際は粘度により冷却能力に差が生じることから，均質化を行って低粘度化して，冷却プレートを通す方が効率的である．

ドリンクヨーグルトでは離水，沈殿を防止するために，安定剤としてペクチンが使用される場合が多い．殺菌が終了した糖液は，速やかに 10℃以下に冷却してから発酵乳ベースに所定の比率で加え，混合，均質化したものを容器に充填す

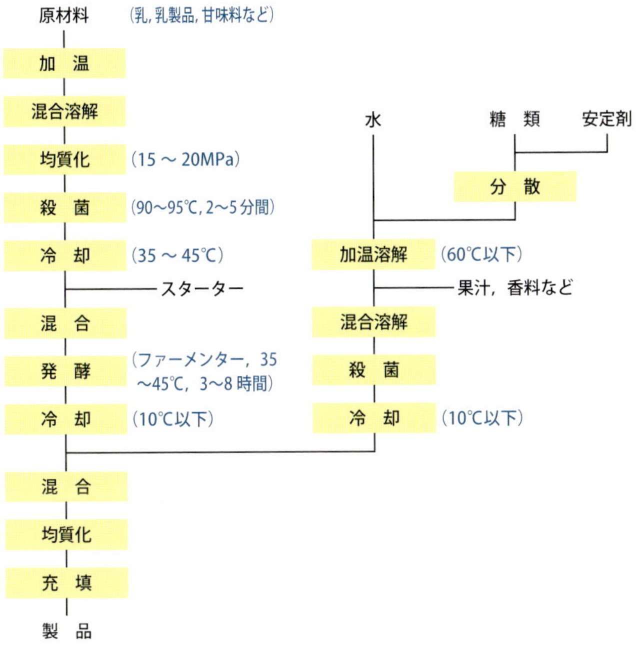

図 1-38　ドリンクヨーグルトの製造工程

る．

ペクチンは分子量5～15万のポリガラクチュロン酸で，レモン，ライム，リンゴなどの果皮から抽出したものが一般的に使用されている．ペクチンの構成糖であるガラクチュロン酸にはフリーの型とメチルエステルの型の2種類があり，全ガラクチュロン酸のうちメチルエステルとして存在するガラクチュロン酸の割合を「エステル化度（degree of esterification，DE）」という．ペクチンの性質はこのDEによって異なり，DEが50％以上のものをHM（high methoxyl）ペクチン，50％未満のものをLM（low methoxyl）ペクチンと呼んでいる．ドリンクヨーグルトをはじめとする酸性乳ドリンクの安定化には，「HMペクチン」が使用される．ペクチンによる酸性カゼイン粒子の安定化メカニズムは以下のように説明される．カゼイン粒子は等電点であるpH4.6で電荷が0になり，凝集を起こす．さらに，pHが下がると粒子のプラスチャージが増加してくるが，嗜好適性のpH4.0～4.3の領域では粒子の凝集を防ぐのに十分な電荷は得られない．一方，ペクチンはカルボキシル基を有し，解離によってマイナスに帯電しているが，カゼイン粒子と結合し，粒子全体としてマイナスに帯電することになる．これにより，カゼイン粒子同士に静電的反発力が生じ，凝集および沈殿が抑制される．また，カゼイン粒子に吸着したペクチン同士が乳中のカルシウムを介して弱いネットワークを構築することも沈殿が抑制される理由の1つである．

3）乳酸菌飲料の製造法

乳等省令によると，「乳酸菌飲料とは乳等を乳酸菌（または酵母）で発酵させたものを加工し，または主原料とした飲料」である．わが国で独自に開発されてきた飲料であり，乳製品に分類される「乳製品乳酸菌飲料」と，乳等を主原料とする食品に分類される「乳酸菌飲料」との2種類に分けられる（☞表1-16）．また，乳製品乳酸菌飲料には，生菌タイプと殺菌タイプがあり，乳酸菌飲料の場合は，生菌タイプのみが規格されている．乳酸菌飲料の製造法はドリンクヨーグルトと共通な部分が多く，その製造工程を図1-39に示す．

乳および乳製品などで所定の成分組成（約10～15％のSNF）に調整した原料ミックスを殺菌し，発酵温度まで冷却する．乳酸菌飲料では，酸生成の緩慢な乳酸菌を使用する場合があり，発酵に長時間を要するため，90～95℃・50

～60分間のような厳しい殺菌条件がとられることが多い．また，長時間殺菌により製品がアミノカルボニル反応による特有の褐色を呈していることも特徴である．このミックスに別途調製しておいたバルクスターターを接種し，所定の酸度あるいはpHに達するまで発酵させる．乳酸菌飲料の製造に用いられるスターター菌株は，基本的にはヨーグルトと同じ2菌種であるが，しばしば *Lb. acidophilus* や *Lb. casei* が単独あるいは併用して使用される．SNFが12～13%の範囲では，通常その濃度に比例して一定酸度に達するまでの時間が短縮されるが，濃度が過度に高くなると，浸透圧やイオン強度の影響により生育速度が低下する傾向にある．発酵による酸度上昇が不十分な場合には，乳酸，クエン酸などの酸を添加する場合もある．培養を終了した発酵乳ベースは10℃以下に冷却し

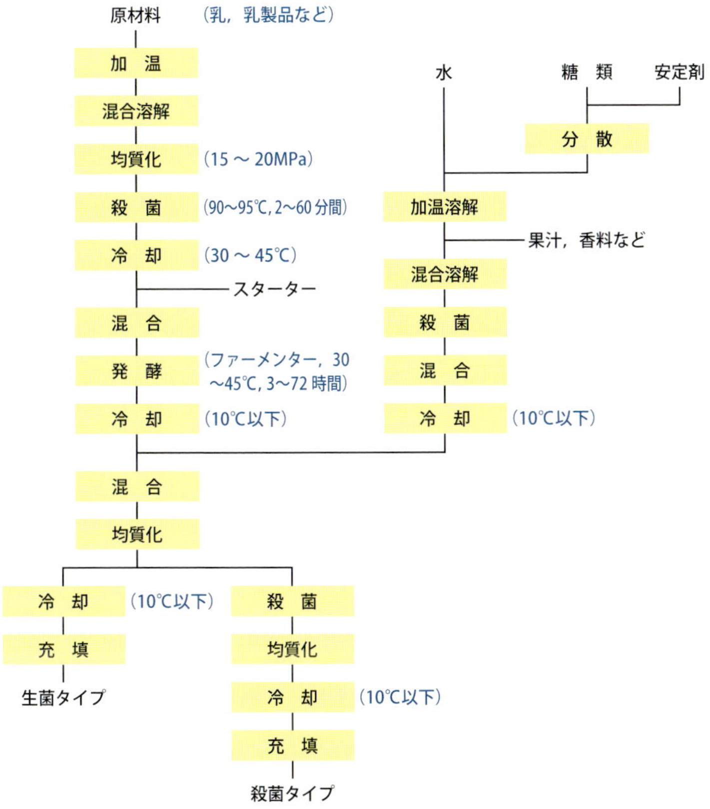

図1-39　乳酸菌飲料の製造工程

て貯液する．なお，発酵乳ベースの組成あるいは発酵条件は，製品の種類や使用する乳酸菌によって異なるため，適正な条件を設定する必要がある．

乳酸菌飲料においてもドリンクヨーグルトと同様に，分離，沈殿防止のため安定剤を使用する．安定剤としては，ペクチン，カルボキシメチルセルロース（CMC），大豆多糖類などが添加されることが多い．安定剤を糖類，水に分散，加温溶解させたのち，香料，酸味料（果汁なども含む）を加え，殺菌，冷却して，貯液する．発酵乳のたんぱく質粒子と安定剤を均一に分散させ安定化させるために，安定剤を含む糖液と発酵乳ベースを所定の比率で混合したものを均質化し，小売容器に充填する．生菌タイプの場合，賞味期限内は安定的に乳酸菌数を維持する必要がある．乳酸菌は pH の低下に伴い徐々に死滅していき，一般に pH3.5 以下になると菌数の減少が認められる．したがって，適正な菌数レベルを維持するための製品 pH の設定，耐酸性の強い菌株の選択などが必要である．

6．チーズの製造技術

1）ナチュラルチーズ用スターターの種類と特徴

乳酸菌による自然発酵で，乳が酸性化した凝固物が発酵乳やチーズの起源であると考えられている．乳の自然発酵ではなく，確実に発酵をさせるために加えるものをスターターと定義すると，①自然スターター（natural starter），②混合スターター（mixed-strains starter, 非純粋分離スターター），③純粋分離スターター（defined starter）に分類することができる．

(1) スターター使用の歴史

「自然スターター」は，多くの発酵食品で行われるように，前回の製造で使用した酸乳や酸ホエイを次回の製造に使用（back slopping）し，発酵の効率を高めたものである．現在でも欧州では，未殺菌の生乳を使用した自然発酵や前回の製造で使用したホエイや乳を使用することがある．図 1-40 に示すホエイは，実際にイタリアのパルミジャーノレッジャーノと呼ばれるチーズ製造に使用されるホエイスターターで，製造工程で除いたホエイを次の製造用スターターとして工場内で保管している様子である．このタイプのスターターを使用するチーズ製造は，厳密な衛生面管理を行った生乳を，長い歴史の中で選択された職人的ノウハウと製造方法に基づいて製造する場合に可能である．

図 1-40　パルミジャーノレッジャーノチーズ製造に使用されているホエイスターター

「混合スターター」は，チーズ製造が産業化する過程でチーズ製造に好ましい性状を持った微生物を選択したものである．混合スターターはチーズ製造全般に好ましい性状が選択されてきており，比較的安定した酸生成能，風味特性に加え，ファージ感染に対する耐性を獲得していることが多い．混合スターターは別名，非純粋分離スターターと呼ばれるように，乳酸菌叢は非常に複雑であり，菌種レベルの多様性はもちろんのこと，菌株レベルでの多様性にまで踏み込んだ場合，現在の技術でも，構成菌をすべて明らかにし，元の性質を保持したまま再構成することは容易ではない．

オセアニア（ニュージーランド，オーストラリア）や米国，欧州の一部のように安定的に大量の乳をチーズに製造する場合，混合スターター以上に安定した酸生成能力が要求される．この要請に応える形で開発されたのが「純粋分離スターター」である．純粋分離し，性質が明らかになっている乳酸菌をスターターとして使用するため，チーズ製造時の酸生成や最終製品の風味生成が前述の２つに比べ安定しているという利点がある．しかし，自然スターターや混合スターターのようにファージ耐性の異なる複数の酸生成菌が存在しないので，ファージ感染のリスクは相対的に高い．

(2) スターター微生物とナチュラルチーズの特徴

乳の酸性化に寄与する乳酸菌を「一次スターター」と呼ぶのに対し，各種チーズの特徴を付与する微生物を「二次スターター」と呼ぶ．日本で広く用いられているナチュラルチーズの分類（☞ 図 1-42）を基に，使用する微生物の種類によりまとめると図 1-41 のようになる．

大部分のチーズ製造において，一次スターター乳酸菌による乳の酸性化は必須の工程である．多くの場合，中温性乳酸菌が使用される．スターターは表1-20に示した4種類に分類され，そこに含まれる菌種は*Lactococcus*（*Lc.*）属と*Leuconostoc*属の乳酸菌である．市販品のスターターを供給するメーカーでは，使用者の利便性の観点から，目的とするチーズごとに使用するスターターを組み合わせて製品化している場合もある．

製造中に，40℃以上の高温でクッキングするハードタイプのもので，酸生成

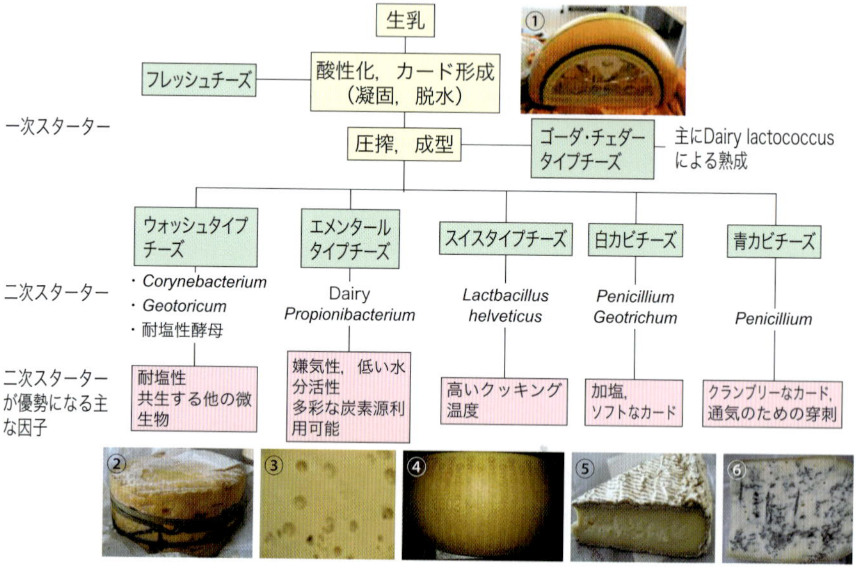

図1-41　ナチュラルチーズの特徴とそれを作り出す微生物

①ディスプレ用にカットしたゴーダタイプチーズ（ベルギー製），②ポンレベック（フランス製）外観，③チーズアイが特徴的なエメンタールタイプチーズ（日本製），④パルミジャーノレッジャーノチーズ（イタリア製）の外観，⑤カットしたカマンベール・ド・ノルマンディー（フランス製），⑥カットしたブルードジェックス（フランス製）．

表1-20　チーズ製造に使用する中温性スターターの種類と含まれる乳酸菌

種　類	*Lactococcus lactis*			*Leuconostoc* sp.
	subsp. *lactis*	subsp. *lactis* biovar. *diacetylactis*	subsp. *cremoris*	
LD	○	○	○	○
L	○		○	○
D	○	○	○	
O	○		○	

とともにチーズの特徴付けに寄与する二次スターター乳酸菌は，*Lactobacillus*（*Lb.*）*helveticus*，*Lb. delbrueckii* subsp. *lactis* などである．ヨーグルトスターターである *Lb. delbrueckii* subsp. *bulgaricus* や *Streptococcus*（*Str.*）*thermophilus* も使用される．

乳酸菌以外の微生物で，二次スターターとして一般的に使用されるものは以下のものである．白カビチーズでは *Penicillum camemberti*，*Geotrichum candidum*，青カビチーズでは *Penicillium roqueforti*，エメンタールチーズのようなチーズアイを持つものではプロピオン酸菌である *Propionibacterium freudenreichii* subsp. *shermanii/freudenreichii* がスターターとして使用される．ウォッシュタイプチーズでは，耐塩性があり，特徴的な赤からオレンジの色素を生産する *Brevibacterium linens*（リネンス菌）が不可欠な微生物であるとされてきた．しかし，耐塩性の酵母（*Kluyveromyces*，*Debaryomyces*，*Saccharomyces*，*Candida*，*Pichia*，*Hansenula*, *Rhodotorula*）や *Geotrichum*, *Brevibacterium* 以外のコリネ型細菌（*Corynebacterium*, *Arthrobacter*），*Micrococcus* 属や *Staphylococcus* 属の細菌がウォッシュタイプチーズでは複雑に共存し，独特の風味や芳香を作り出しているということが最近の研究で明らかになっている．リネンス菌の増殖や色素生産にも，これらの微生物が関わっていると考えられている．

熟成タイプのチーズの場合，スターターとして添加した以外の乳酸菌が熟成中に増殖することが知られている．非スターター菌と呼ばれるこれらの乳酸菌は，主に通性嫌気性ヘテロ型発酵乳酸桿菌（facultative heterofermentative lactobacilli，FHL）からなり，主な菌種として，*Lb. paracasei*，*Lb. rhammunosus*，*Lb. plantarum*，*Lb. curvatus*，*Lb. brevis* などがある．FHL は糖資化性が比較的広く，耐熱性が高いことから，熟成タイプチーズの熟成後期で広く検出される．すべての非スターター乳酸菌が好ましい風味や芳香付けに寄与しているわけではなく，歴史的にはチーズ本来の風味を損なう菌であるとされていたこともあった．しかし，FHL の中から好ましいチーズの風味や芳香の特徴付けに関与しているものを選抜し，アジャンクトスターター（adjunct starter）として積極的に使用されることもある．

(3) 乳酸菌スターターとファージ感染

バクテリオファージ（ファージ）は，微生物に感染し，攻撃するウイルスの総称であり，ギリシャ語の「(微生物を）食べるもの」が語源である．乳酸菌に対するファージ汚染が発生すると，酸生成速度が低下したり，ひどいときには酸生成が停止するため，製品品質の低下，大規模工場では製造計画の大幅な変更，最悪の場合，乳の廃棄が発生し，経済的な打撃を被ることとなる．一般的には，感染したファージが乳酸菌の内部で増殖し，乳酸菌を破壊して再び放出されるまでの世代時間（generation time）が 20 ～ 30 分で，乳酸菌から 1 回に放出されるファージの数を示すバーストサイズ（burst size）は 150 個以上であるとされており，わずかなファージ汚染が発生すると乳酸菌の増殖に深刻な影響を及ぼす．現在では，製造設備やスターター調製室の洗浄や殺菌による衛生性の確保といった厳密なハード面の管理と，スターターのローテーション，ファージ耐性スターターや耐性菌の使用といった，ソフト面の管理によりファージ汚染リスクを最小限にするための方策がとられている．ファージの特性とファージ対策については，Fox ら（2004）の成書や IDF Bulletin 263 に詳しい．

(4) チーズ製造に使用する乳酸菌と微生物分類

初期の乳酸菌の分類学は生化学的な表現形質とともに，産業上の利用面を取り入れる形で行われてきた．1987 年の国際細菌分類委員会において，細菌の種の定義が「系統的に DNA-DNA ハイブリッド形成率 70％以上を形成するもの」とされたことを受け，学問上の分類とチーズ製造における利用特性が 1 対 1 の対応関係にならない状況が発生することとなった．その一例として，チーズや発酵バターの風味生成に大きな寄与をしている *Lc. lactis* subsp. *lactis* biovar. *diacetylacis* をあげることができる．この乳酸菌は，ジアセチル産生能を指標に古い分類では *Lc. lactis* subsp. *diacetylacis* とされていた．しかし，ジアセチル生産能はプラスミド上にコードされているクエン酸透過酵素群のみの違いによるものであり，現行の分類法では亜種にも該当しないことから，現在の細菌分類学上は *Lc. lactis* subsp. *lactis* に属する，生物型（biovariety）として扱っている．

2）ナチュラルチーズ

ナチュラルチーズとは，乳を乳酸菌で発酵させ，その後に凝乳酵素（レンネット）の働きで凝固させ，水分（ホエイ）を部分的に取り除いたもので，多くの場合乳酸菌や他の微生物が生きており，熟成とともに時々刻々風味が変化する．世界で作られているナチュラルチーズの種類は非常に多種多彩であり，400 ～ 1,500 種類といわれている．

(1) ナチュラルチーズの分類

ナチュラルチーズの代表的な 7 つのタイプを図 1-42 に示した．この分類法はフランスの分類を参考に，「原料乳の種類」，「熟成の有無」，「微生物の種類」，「硬さの程度」などで分類しているので，消費者にも分かりやすいことから日本で定着しているものである．

a．シェーブルタイプ

山羊（やぎ）乳を原料として製造したサントモール，クロタン，ヴァランセなどに代表される．山羊乳由来のカプロン酸，カプリル酸，カプリン酸などの遊離脂肪酸が

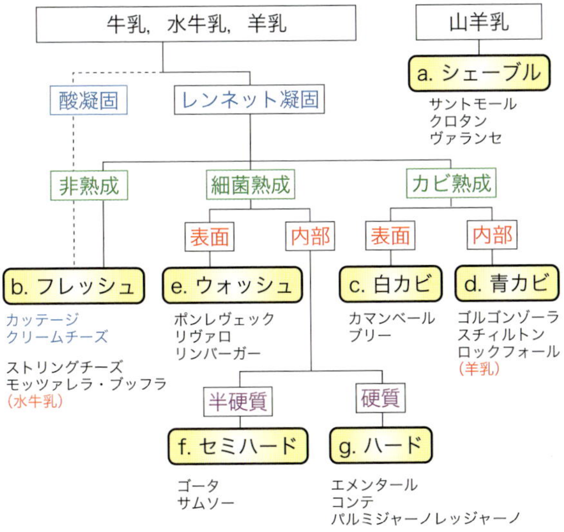

図1-42　ナチュラルチーズの 7 つのタイプ

特有の風味となる．組織が脆(もろ)く崩れやすいため小型のチーズが多い．

b．フレッシュタイプ

牛乳などを乳酸菌や凝乳酵素（レンネット）で凝固させ，ホエイを切っただけの熟成させないで食べるチーズで，クリーム，カッテージ，モッツァレラなどに代表される．比較的高水分で，爽やかな酸味や新鮮なミルクの風味が特徴である．

c．白カビタイプ

チーズ表面が白カビで覆われるカマンベール，ブリーなどに代表されるチーズである．白カビの表面からの熟成が進むにつれて，内部組織がとろりと溶けて流れるほどに軟らかくなり，風味も芳醇となる．

d．青カビタイプ

チーズ内部から青カビを繁殖させたもので，ロックフォール，ゴルゴンゾーラ，スチィルトンなどに代表される．青カビのリパーゼにより乳脂肪が十分に分解され，刺激性のある独特の風味を持つ．

e．ウォッシュタイプ

ポンレヴェック，リヴァロ，リンバーガーなどに代表されるチーズで，*Brevibacterium linens*（リネンス菌）をチーズ表面に繁殖させ，薄い食塩水や地酒などで洗いながら熟成させる．同菌によりチーズ表面は赤褐色を呈し，強いたんぱく質分解酵素により特徴的な強い芳香と深い味わいを持つ．

f．セミハードタイプ

半硬質系のゴーダ，サムソー，ルブローションなどに代表される．カードメーキングと呼ばれる製造工程で，39℃以下の加熱温度で低水分カードをつくり，型詰および圧搾により水分値をおおむね 38 ～ 48％に調整したチーズである．

g．ハードタイプ

硬質系のエメンタール，コンテ，パルミジャーノレッジャーノなどに代表される．カードメーキング工程中で，40 ～ 55℃の高温に加温してより低水分カードをつくり，型詰および圧搾により水分値をおおむね 38％以下に調整したチーズである．

(2) ナチュラルチーズの基本製造工程

ナチュラルチーズの製法は多種多様であるが，その基本製造工程を図 1-43 に

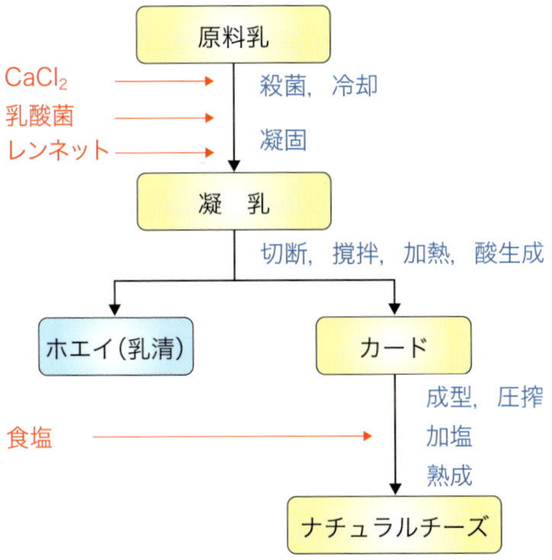

図1-43　ナチュラルチーズの基本製造工程図
赤文字は副原料，青文字はチーズ製造工程名を示す．

示した．

a．原　料　乳

原料乳には，抗生物質が含まれない高品質な乳を用いる必要がある．最も一般的な乳は牛の乳であるが，乳牛を飼えない地域では，山羊，羊，水牛などの乳が用いられる．

b．殺菌，冷却

日本を含め多くの国では，安全性に配慮して原料乳を加熱殺菌した乳からチーズを製造している．通常，LTLT 法（63℃で 30 分間保持）や HTST 法（72℃で 15 ～ 20 秒間保持）で原料乳を殺菌し，30 ～ 35℃に冷却する．

c．スターター

冷却後の乳にスターター乳酸菌を添加し，1 ～ 2 時間かけて乳酸発酵させ乳の pH を 6.2 付近に下げる（生乳の pH は 6.5 ～ 6.7）．乳酸菌は，①レンネット凝固に適した低 pH 環境をつくる，②カードの収縮（シネレシス）を促進する，③熟成工程で風味を形成するなど，チーズ製造で最も重要な役割を担う微生物である．市販されているチーズスターターを図 1-44 に示す．

d．凝乳酵素の添加

レンネットとは，乳を凝固させる働きのあるたんぱく質分解酵素である．レン

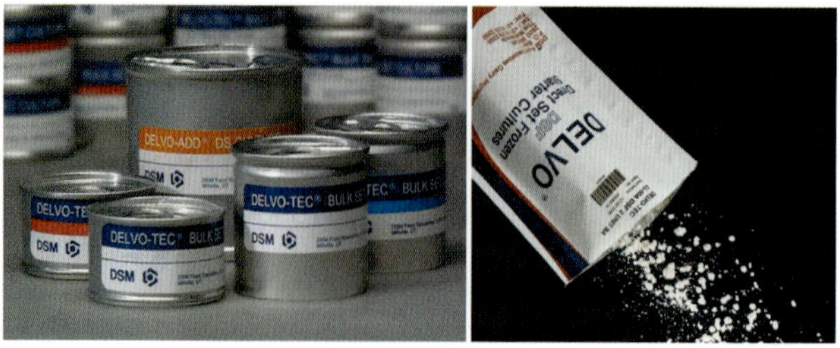

図 1-44　バルクスターター（缶,左）とダイレットセットスターター（PE 包装，右）

ネットの添加量は，乳が 30 分程度で凝固する量を標準とする．以下に国内外で市販されているレンネットの種類と特徴を記した．

①子牛レンネット…生後数週間の子牛の第 4 胃から抽出したたんぱく質分解酵素で，キモシン（88 ～ 94％）とペプシン（6 ～ 12％）が含まれる．

②微生物レンネット…1960 年代に原料の子牛の胃が不足したことから，微生物（ムコール属のカビ）由来の凝乳酵素が開発され,現在各国で使用されている．

③植物レンネット…イチジクのフィシン，パパイヤのパパイン，パイナップルのブロメリンなどのたんぱく質分解酵素には凝乳作用がある．これらの酵素は熟成中に苦味を形成する欠点があり，その使用は限定的であり，工業的な生産には利用されていない．

④発酵生産キモシン（FPC）…バイオキモシン,遺伝子組換えキモシンともいう．キモシンの構造遺伝子を微生物（大腸菌，カビ，酵母など）に組み込んで作った酵素で，キモシン 100％でペプシンを含まず，チーズ製造に適することから海外では広く使用されている．

e．凝乳酵素による凝乳形成

レンネットによる乳の凝固の概念図を図 1-45 に示した．カゼインミセルの表面部にある κ - カゼインは，乳中でカゼインミセルの安定性に重要な役割を果たしている．最初にキモシンが κ - カゼイン（$PyroGlu^{1}-Phe^{105}$・$Met^{106}-Val^{169}$）から親水性のグリコマクロペプチド（カゼイノグリコペプチド（CGP）ともいう）（$Met^{106}-Val^{169}$）を切り離し，次に表面が疎水性となったパラカゼインミセルが，乳温 15℃以上で, Ca^{2+} の存在下で疎水結合することにより凝乳が形成される（☞図 1-12）．

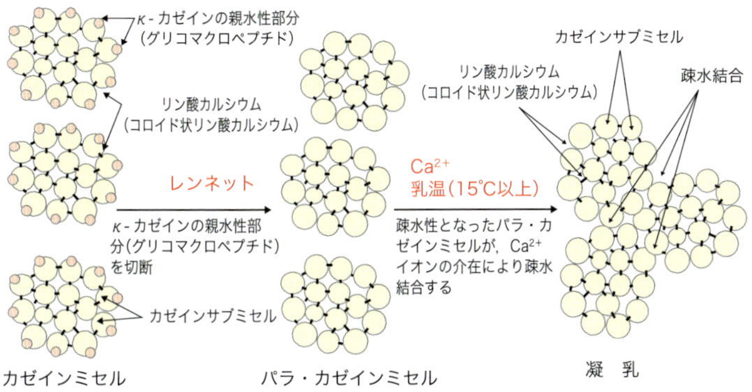

図1-45　レンネットによる乳の凝固(概念図)

f．凝乳の切断とカードの収縮

凝乳が所定の硬さになったとき，チーズのタイプによって，0.5 から 3cm 角に切断サイズをかえて，凝乳を切断する．切断された凝乳はカードと呼ばれるが，最初はカードが壊れないようにゆっくり撹拌し，徐々に撹拌速度をあげていく．この間，ゆっくり加温し，乳酸菌の酸生成を促す．軟らかなカードは次第に収縮し始め，カードからホエイが滲出され弾力のある「カード粒」となる．各種チーズ固有の組織（硬さと弾力性）は，凝乳の切断サイズ，撹拌の強弱，加熱温度の高低，乳酸生成（カード pH）を調整して「カード水分値」と「カゼインサブミセルをつないでいるリン酸カルシウム（コロイド状リン酸カルシウム）量」を制御して作り分ける．

g．型詰，圧搾

ソフトタイプチーズでは，カード粒をホエイとともに型に流し込み，ホエイを分離し圧搾せずカードの自重によりカード粒を結着させる．セミハードタイプ，ハードタイプではカード粒をチーズバット内で堆積したものを型詰および圧搾して，カードからホエイを滲出させるとともにカード粒を相互に強く結着させる．

h．加　　塩

チェダーではカードに食塩を混ぜてから型詰し，ブルーでは成型圧搾後にチーズ表面から食塩を塗布し擦り込んで加塩し，ゴーダ，パルミジャーノレッジャーノなどでは飽和食塩水（ブライン）にチーズを浸漬して加塩する．一般的に，チーズの塩分値は 1.5 ～ 2 %であるが，ブルーでは 3 ～ 5%と高い．加塩には，①浸透圧によるホエイの滲出促進，②熟成中の雑菌や有害菌の増殖抑制，③塩味付与による風味向上，などの効果がある．

i．熟　　成

加塩が終了した，でき立てのチーズは「グリーンチーズ」と呼ばれるが，その組織は硬く，風味は淡白である．このグリーンチーズを一定の期間，特定の温度と湿度で熟成させることにより，各種の酵素の働きで，それぞれのチーズに固有の風味と組織となる．表1-21に代表的なチーズの熟成条件を示した．

j．包　　装

熟成期間中に，チーズ表面から水分が蒸発して表面にリンドが形成される．リンドが形成された時点で，白カビタイプ，ウォッシュタイプの場合はラミネート紙で包装し，青カビタイプの場合は内部に青カビが生育したあとに，スズ箔などで包装してさらに熟成させる．セミハードタイプおよびハードタイプのチーズの場合はチーズ表皮をプラスチック樹脂でコーティングしたり，プラスチック袋に入れて脱気包装（真空包装）し，必要以上の水分蒸発を抑え，かつ，雑カビやダニからチーズを保護する．

表1-21　代表的なチーズの熟成条件

タイプ	チーズ名	熟成温度（℃）	熟成湿度（%）	熟成期間
シェーブル	サントモール	12～14	85～90	2～3週間
白カビ	カマンベール	12～13	85～95	3～4週間
青カビ	ロックフォール	8～10	90～95	3～4ヵ月
ウォッシュ	ポンレヴェック	8～10	85～90	5～8週間
ウォッシュ	リンバーガー	10～16	90～95	2ヵ月
セミハード	ゴーダ	10～13	75～85	4～5ヵ月
ハード	グリュイエール	15～20	90～95	6～10ヵ月
ハード	パルミジャーノレッジャーノ	12～18	80～85	2年

(3) パスタフィラータ系チーズの製法（ストリングチーズを含む）

モッツァレラ，ストリングチーズなどは，パスタフィラータ製法で製造される．これらのチーズは，カード粒（☞ f.「凝乳の切断とカードの収縮」）をチーズバット内で堆積し，カード水分値を50～60%，pHを5.3付近に調整する．次いで，そのカードをお湯の中で柔らかくなるまで混練する．この柔らかくなったカードを球状に成型し冷却するとフレッシュモッツァレラとなり，延伸して冷却するとストリング（縦に裂ける）チーズができる．

(4) ナチュラルチーズの熟成と風味形成

チーズ中の乳成分は，発酵や熟成によりそれぞれのタイプに特有の風味物質となる．図 1-46 にチーズの風味物質の主な生成経路を示した．チーズの熟成に関与するのは，①乳房から乳中に移行する酵素群，②添加した凝乳酵素，③乳酸菌やカビなどの微生物由来の酵素群である．

a．乳糖，クエン酸

ホモ乳酸発酵では乳糖から乳酸が産生され，ヘテロ乳酸発酵では乳糖から乳酸，エタノール，二酸化炭素が産生される．また，ある種の乳酸菌はクエン酸発酵によりクエン酸からジアセチルや酢酸を産生する．産生された乳酸からアルデヒド，アセトインなどの香気成分が生成される．また，プロピオン酸菌は乳酸からプロピオン酸，酢酸，二酸化炭素を産生する．

b．たんぱく質

凝乳酵素や微生物由来の各種のたんぱく質分解酵素により，たんぱく質はペプチドやアミノ酸に分解される．短鎖のペプチドやアミノ酸はチーズの旨味成分となる．熟成が進むに従って，アミノ酸からアルデヒド，アミン，含硫化合物などさまざまな香気成分が産生される．

c．脂　　質

微生物（主にカビ）由来の脂肪分解酵素（リパーゼ）によって，乳脂肪から遊

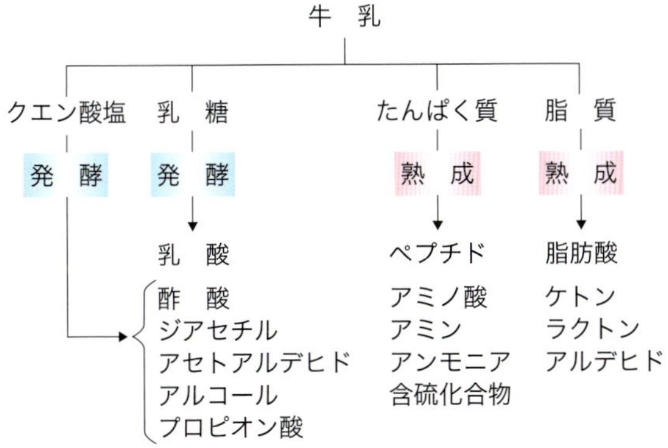

図1-46　チーズの風味物質の主な生成経路

離脂肪酸が産生される．酢酸，酪酸，カプロン酸，カプリル酸などの揮発性の低級脂肪酸は，それ自体チーズの芳香成分となる．遊離脂肪酸は，β酸化により青カビタイプ特有の芳香成分であるメチルケトンとなる．

(5) 伝統食品または貿易資材としてのナチュラルチーズ

チーズは欧州の食文化を代表する伝統食品であると同時に，大規模な工場で生産され世界中で取引きが行われている貿易資材という側面を持っている．

地域固有のチーズは，製造される地域の文化や伝統，原料となる乳が生産される土地や動物の飼育環境に根付いたものであることも少なくなく，「原産地呼称制度」（英語表記では protected designation of origine（PDO），フランス語表記では appellation d' origine contrôlée（AOC））を設定し，製造工程だけではなく，チーズの製造地域や生乳の製造地域や搾乳方法，殺菌方法，を詳細に規定したうえで，地域特産のチーズとして保護している．欧州内のフランス，ベルギー，ドイツ，ギリシャ，スペイン，アイルランド，イタリア，オランダ，オーストリア，ポルトガル，英国でこの制度のチーズがある．

一方，世界各地で製造されるチーズの一般名称としてチェダーやゴーダといった名称は広く使用されている．また，地域の名称に由来するものではないが，カッテージ，クリームなども世界的に貿易資材として取引きされている．ある国で製造された「チェダー」と別の国で製造された「チェダー」の規格が異なる場合，円滑で公平な貿易の妨げになる．そこで，貿易資材として取引きの対象となりうるチーズについては，コーデックス食品委員会で規格が定められており，この定めに従って取引きがなされている．

カマンベールは白カビチーズの一般名称として貿易資材としても取引きされているが，フランスのノルマンディー地方で未殺菌乳から独自の製造方法で製造されたものは「カマンベール・ド・ノルマンディー（Camembert de Normandie）」として AOC 産品としての認証マークが付けられている．

3）プロセスチーズ

(1) プロセスチーズの歴史

数千年といわれるナチュラルチーズの歴史に比べ，プロセスチーズの歴史は浅く，まだ100年程度である．19世紀末冷蔵設備がなかった当時，チーズを輸送するという必要性から，ナチュラルチーズを殺菌する技術が検討された．当初は缶に入れたチーズを殺菌するという方法であったが，試行錯誤を繰り返すうちに現在のプロセスチーズの技術ができあがった．現在，わが国においてはプロセスチーズの消費は，チーズの消費全体の約半分を占めている．

(2) プロセスチーズの特徴

プロセスチーズの製造は，ナチュラルチーズに溶融塩と水を加え加熱溶融し，いったん流動性のある状態にして型に詰め冷却する．プロセスチーズは殺菌されたチーズであるばかりでなく，型詰することで，さまざまな形態に加工できることも特徴である．プロセスチーズは，アルミに包まれた個食タイプ，サンドウィッチに便利なスライスタイプ，カップ容器に入ったスプレッドタイプなど，用途に応じてさまざまに形をかえることで発展してきた．これはナチュラルチーズにはない利点であり，チーズの用途を広げるうえで大きな役割を果たしてきた．また，後述するように，原材料の選択や加工条件で，風味のみならずさまざまな特性を付与できることも，ナチュラルチーズにはないプロセスチーズの特徴である（図1-47）．

図1-47　さまざまな形状と風味のプロセスチーズ

(3) プロセスチーズの製造

プロセスチーズの製造の基本的な工程は，原料であるナチュラルチーズを細かく砕き，溶融塩および水と混合する工程，加熱しながら混練および撹拌し乳化する工程，冷却および成型する工程からなっている（図1-48，1-49）．これに風味の付与や食感調整の目的で，さまざまな食品素材や食品添加物を加えることもある．

a．原　　料

プロセスチーズの製造上の特徴は，原料配合や製造条件から好みの風味や食感にできることにある．このために，溶融塩や増粘多糖類などの食品添加物を使用

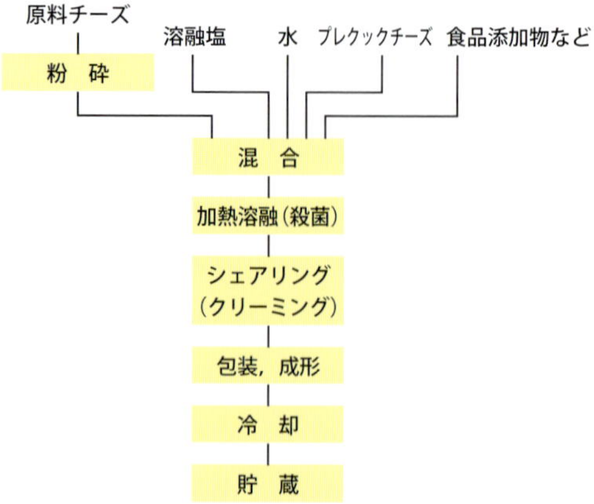

図 1-48　基本的なプロセスチーズの製造工程

図 1-49　プロセスチーズの乳化の様子
左：細かく砕いたナチュラルチーズを乳化釜に入れた状態，右：溶融塩とともに水と加熱しながら撹拌することでチーズがなめらかに溶融した状態．

することも多いが，原料チーズそのものを選択することによりプロセスチーズの風味をコントロールすることもできる．例えば，熟成期間の短いナチュラルチーズは，熟成によるカゼインの分解が進んでおらず，未分解のカゼインが多い．この場合，できあがったプロセスチーズは，硬く，風味の弱いものとなる．一方，熟成期間の長いナチュラルチーズを原料にすると，やわらかく，チーズ風味が強いプロセスチーズとなる．世界的に見てプロセスチーズ原料として最も多く使用されているチーズはチェダーチーズであり，この他にわが国ではゴーダチーズの使用も多い．したがって，わが国における最も一般的なプロセスチーズの風味はチェダー風味やゴーダ風味である．また，風味の強いカマンベールやパルメザンチーズなどを配合すれば，それらの風味を特徴とするプロセスチーズをつくることができる．

b．溶　融　塩

プロセスチーズの製造における化学変化は，溶融塩の作用でカゼインの構造が変化することである．プロセスチーズの製造において溶融塩として使用されるものは，クエン酸塩とリン酸塩が大部分である．このうちリン酸塩は，モノリン酸塩（オルソリン酸塩）と，それが脱水縮合して得られるさまざまなポリマーである（図 1-50）．これら溶融塩は，いずれもカルシウムイオンと強く結合する性質を持つ．プロセスチーズ製造における溶融塩の作用は，①溶融塩の 1 価カチオン（通常ナトリウム）とチーズ中のコロイド状リン酸カルシウム（カゼイン結合

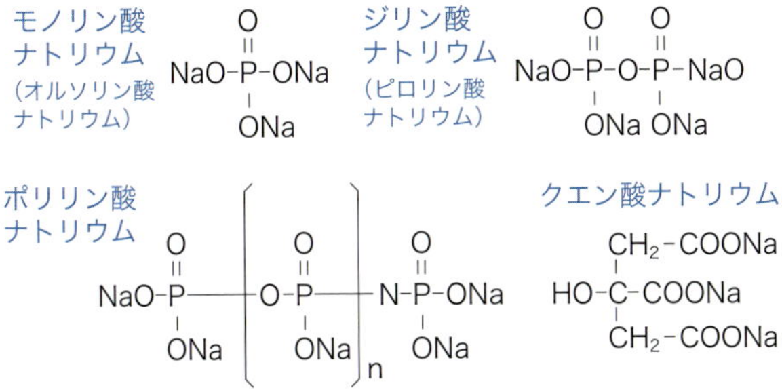

図1-50　代表的な溶融塩の化学構造

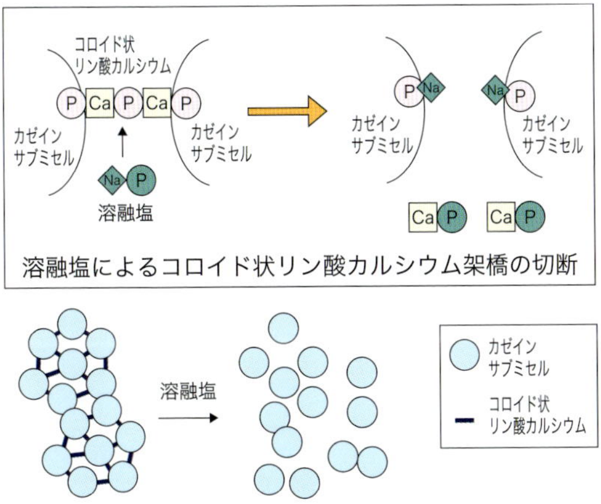

図1-51　溶融塩の作用によるカゼインサブミセルの分散と可溶化

性カルシウム）のイオン交換，②チーズ中のパラカゼインの可溶化，③パラカゼインの水和であるといわれている（図1-51）．溶融塩は，カゼインサブミセル間のコロイド状リン酸カルシウムに作用し，このカルシウムと溶融塩のナトリウムがイオン交換される．その結果，カゼインミセルはサブミセル単位で分散することになる．このように，溶融塩によりカゼインサブミセル間のコロイド状リン酸カルシウムによる架橋が壊れると，カゼインは可溶化し水和すると考えられている．カゼイン分子は両親媒構造を持っており，溶融塩の作用で水和し分散すると，それ自体乳化剤としての作用を発揮する．このカゼイン分子自体の乳化力でチーズ中の水と脂肪を安定な乳化状態にしたものがプロセスチーズの特徴である．

c．プロセスチーズの乳化

ナチュラルチーズに溶融塩を加え加熱混練すると，溶け出した脂肪が分散し，表面に新しい脂肪球皮膜を形成して脂肪球を形成する．このとき，加熱乳化したチーズにシェアリング（せん断力）を与えるほど脂肪球は小さくなる．図1-52の電子顕微鏡写真は，強いシェアリングを与えた場合と弱いシェアリングを与えた場合のプロセスチーズの組織である．強いシェアリングによる乳化では，脂肪球が細かく分散されているのがわかる．このように，加熱乳化におけるシェアリングの強さは，プロセスチーズの風味や食感に大きな影響を及ぼす．

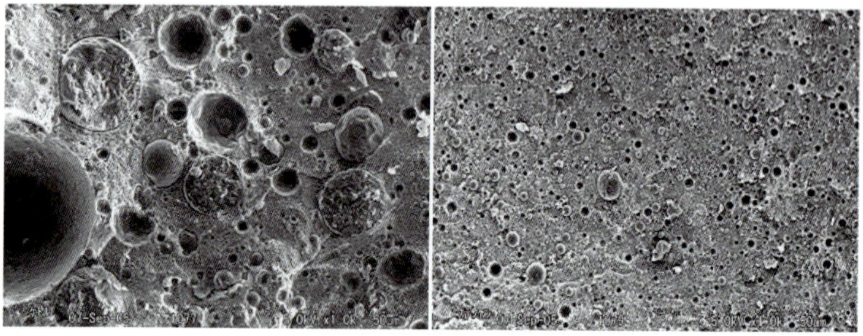

図1-52　シェアリング（せん断力）がプロセスチーズの組織に及ぼす影響
左：弱いシェアリングでの乳化（×1,000），右：強いシェアリングでの乳化（×1,000）．

(4) プロセスチーズの特性

a．熱 溶 融 性

プロセスチーズを調理用途で使用する場合，加熱によって溶ける性質（熱溶融性）が求められることがある．プロセスチーズの熱溶融性は，使用する溶融塩の種類や量，シェアリングの強さなどに影響を受ける．熱溶融性の高いプロセスチーズをつくる場合には，クエン酸塩を溶融塩として使用し，弱いシェアリングによる乳化を行うことが一般的である．

b．糸曳き性

ナチュラルチーズを加熱調理すると，溶けて糸を曳く性質（糸曳き性）が見られる．この糸曳き性は，原料であるナチュラルチーズ中のカゼインの構造（パラカゼイン）に由来する．したがって，プロセスチーズに糸曳き性を求める場合，添加する溶融塩量を少なくすることで，パラカゼインの分散を抑え，パラカゼインの構造をできるだけ維持する必要がある．このため，糸曳き性が求められる場合は，溶融塩によって分散されたパラカゼインの量をプロセスチーズの乳化に必要な最小量とするように，溶融塩の量をコントロールすることが行われている．また，熟成期間の短いナチュラルチーズを原料とし，未分解のカゼインを多く配合することも，糸曳き性をよくする方法の1つである．

c．耐熱保形性

チーズを使った調理においては，前述の熱溶融性とは反対に，加熱調理においてもチーズが溶け出さず，形を保つ性質（耐熱保形性）が求められることがある．プロセスチーズに耐熱性を付与するためには，リン酸塩を溶融塩として用い，強いシェアリングで乳化することが一般的である．この他に，ホエイたんぱく質や卵白を添加することでプロセスチーズに耐熱保形性を付与する方法もある．

7．牛乳と発酵乳製品の機能性と健康への寄与

1）機能性アミノ酸とペプチド

牛乳中には約3.0～3.5％のたんぱく質が含まれており，カゼインとホエイ（乳清）たんぱく質に大別される．摂取後には体内でペプチド，アミノ酸へと分解されるが，この過程で生じるペプチド類の生体調節機能は多岐にわたっており，特にカゼインは，消化により各種の機能性ペプチドが派生するよう合目的に設計されているともいえる．また，乳たんぱく質のアミノ酸スコアは100と理想的で

あり，かつ，多くの栄養および生理機能を有する．

(1) オピオイドペプチド (OP)

オピオイドペプチド（OP）とは，モルヒネ様の鎮痛作用を示す一群の生理活性ペプチドである．生体内では，β-エンドルフィンやエンケファリンなどの内因性OPが神経中枢や末梢組織に見出される．これらと同様の機能を持つ外因性ペプチドとして，牛乳β-カゼインの60-66残基に相当するβ-カゾモルフィン（YPFPGPI）が最初に単離され，その後，母乳β-カゼインに存在する類似配列YPFVEPIも，弱いオピオイド活性を示すことが明らかになった．その他，α_{S1}-カゼイン，血清アルブミン，種々の食品たんぱく質から多数同定されている（表1-22）．乳由来OPには，乳児の睡眠を促進するなどの生理的意義が推定されているが，脳関門を通過しないという説もあり，詳細は不明である．

(2) カゼインホスホペプチド (CPP)

カルシウムは小腸では腸内沈殿しやすいこともあり，吸収されにくい元素の1つと考えられ，日本人では慢性的に不足しがちな栄養素である．

表1-22　乳たんぱく質の酵素消化により誘導されるオピオイドペプチド

名　称	起　源	アミノ酸配列 *
α-カゼインエキソルフィン	α_{S1}-カゼイン	^{90}Arg-Tyr-Leu-Gly-Tyr-Leu-Glu^{96}
β-カゾモルフィン	β-カゼイン	^{60}Tyr-Pro-Phe-Pro-Gly-Pro-Ile^{66}
セロルフィン	血清アルブミン	^{399}Tyr-Gly-Phe-Gln-Asn-Ala^{404}

* 数字は元のたんぱく質におけるアミノ酸残基の位置を示す．（齋藤忠夫，1998を引用一部改変）

表1-23　乳たんぱく質の酵素消化により誘導されるカゼインホスホペプチド（CPP）

起　源	アミノ酸配列 *
α_{S1}-カゼイン	^{43}Asp-Ile-Gly-Ser-Glu-Ser-Thr-Glu-Asp-Gln-Ala-Met-Glu-Asp-Ile-Lys-Gln -Met-Glu-Ala-Glu-Ser-Ile-Ser-Ser-Ser-Glu-Glu-Ile-Val-Pro-Asn-Ser-Val -Glu-Gln-Lys^{79}　（アミノ酸37残基）
β-カゼイン	^{1}Arg-Glu-Leu-Glu-Glu-Leu-Asn-Val-Pro-Gly-Glu-Ile-Val-Glu-Ser-Leu-Ser -Ser-Ser-Glu-Glu-Ser-Ile-Thr-Arg^{25}　（アミノ酸25残基） ^{1}Arg-Glu-Leu-Glu-Glu-Leu-Asn-Val-Pro-Gly-Glu-Ile-Val-Glu-Ser-Leu-Ser -Ser-Ser-Glu-Glu-Ser-Ile-Thr-Arg-Ile Asn-Lys^{28}　（アミノ酸28残基）

* 数字は元のたんぱく質におけるアミノ酸残基の位置を示す．（齋藤忠夫，1998）
アミノ酸配列中の下線で示したセリン残基（Ser）は，リン酸化されていることを示す．

牛乳は，カルシウムの優れた給源であり（約 1mg/ml），しかも吸収率が非常に高い．これには，α_{S1}-カゼインや β-カゼインから生じる「カゼインホスホペプチド（casein phosphopeptide，CPP）」の寄与が大きい（表 1-23）．CPP は高リン酸化ペプチドであり，カゼインに特徴的なリン酸化されたセリンを多く含む．小腸でのトリプシン消化により生じた CPP は，消化酵素に対して抵抗性があり，小腸下部に到達しカルシウムイオンを分子内のリン酸基に結合させ，カルシウムの腸内沈殿を防止して吸収される．

CPP はカゼインを酵素分解することで工業的に大量調製することが可能であり，カルシウム吸収促進の目的で食品に添加され，一部は「カルシウムの吸収を高める」という表示を許可された特定保健用食品として市販されている．

(3) 血圧調節ペプチド

ヒトの血圧調節機構は複雑であるが，大きく分けて，神経性のもの（自律神経によるもの）と体液性のものがある．体液性血圧調節は，主として腎臓の内分泌系，すなわち血圧を上昇させるレニン - アンジオテンシン系（昇圧系）と血圧を下げるカリクレイン - キニン系（降圧系）によりバランスがとられている．この制御系に深く関わっているのがアンジオテンシンⅠ変換酵素（angiotensin Ⅰ-converting enzyme，ACE）である（図 1-53）．本酵素は，ペプチドの C- 末端側からジペプチド単位を切断（加水分解）する反応を触媒する．

具体的には，アンジオテンシンⅠの C- 末端側の -His-Leu を切断し昇圧作用の強いアンジオテンシンⅡに変換する反応と，降圧作用の強いブラジキニン自体を分解する両反応に作用する（図 1-53）．すなわち，ACE は昇圧系と降圧系の双方に作用し血圧のホメオスタシスを担っている．したがって，この ACE を阻害できれば，2 重の意味で血圧上昇が抑えられる．

乳をはじめ食品由来のペプチドの中で，*in vitro* での ACE 阻害活性を示すものが多く報告されている（表 1-24）．しかし，ACE 阻害活性ペプチドがすべて降圧作用を有するわけではない点は重要で，*in vivo* での動物実験で降圧性が確認されたものを「降圧ペプチド」という．例えば，カゼインのトリプシン分解物から単離された 3 種の ACE 阻害ペプチドのうち，FFVAPFPEVFGK（カゼインドデカペプチド）および TTMPLW は強い降圧作用を有するのに対して，AVPYPQR の

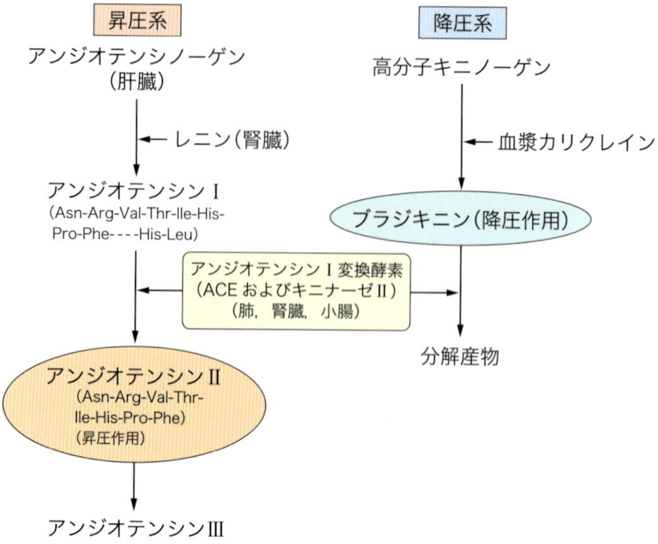

図1-53　血圧調節に関する昇圧系および降圧系のバランス機構およびアンジオテンシンⅠ変換酵素(ACE)の位置付け
(齋藤忠夫，1998)

表 1-24　乳たんぱく質の酵素消化により誘導されるアンジオテンシンⅠ変換酵素(ACE)阻害ペプチド

名　称	起　源	アミノ酸配列 *
CEI_{12}	α_{S1}-カゼイン	^{23}Phe-Phe-Val-Ala-Pro-Phe-Pro-Glu-Val-Phe-Gly-Lys^{34}
	α_{S1}-カゼイン	^{194}Thr-Thr-Met-Pro-Leu-Trp^{199}
$CEI_{7\beta}$	β-カゼイン	^{177}Ala-Val-Pro-Tyr-Pro-Gln-Arg^{183}
ラクトトリペプチド	β-カゼイン	^{74}Ile-Pro-Pro^{76}，^{84}Val-Pro-Pro^{86}
カゾキシンC	κ-カゼイン	^{25}Tyr-Ile-Pro-Ile-Gln-Tyr-Val-Leu-Ser-Arg^{34}
κ-カゼイノシン	κ-カゼイン	^{125}Ile-Ala-Ser-Gly-Glu-Pro^{130}

* 数字は元のたんぱく質におけるアミノ酸残基の位置を示す．　(齋藤忠夫，1998を引用一部加筆)

降圧作用は弱い．

血圧降下（上昇抑制）作用が認められている飲料として，国内では「アミールS」がよく知られており，「血圧が高めの方に適する」という表示を許可された特定保健用食品として市販されている．これは，牛乳を *Lactobacillus helveticus* で発酵させた発酵乳であり，ラクトトリペプチドと命名された2種のACE阻害ペプチド（IPPとVPP）が含まれている．前述のカゼインドデカペプチドを含む飲料も，特定保健用食品として認可されている．

(4) その他の機能性ペプチド

牛乳たんぱく質から生じたペプチドには，これらの他に抗菌性ペプチド（ラクトフェリシン），コレステロール吸収阻害ペプチド（ラクトスタチン），ビフィズス菌増殖能や細胞増殖作用および血小板凝集阻害などを示すペプチド（カゼイノグリコペプチド，CGP；グリコマクロペプチド，GMP ともいう），腸管バリア機能促進ペプチドなど，さまざまな作用を持つペプチドが見出されている．このような知見はさらに増えると考えられ，乳の持つ未知の栄養生理的な意義に興味が持たれる．

(5) γ-アミノ酪酸

γ-アミノ酪酸（γ-aminobutyric acid，GABA）は一部のヨーグルトや漬物をはじめとする発酵食品などに含まれ，微生物に広く分布するグルタミン酸デカルボキシラーゼによりグルタミン酸が脱炭酸されて生成する．GABA は多くの動・植物中に存在し，高等動物では重要な抑制性神経伝達物質の1つとして働く．ドーパミンなど興奮性の神経伝達物質の過剰分泌を抑え，ストレスを和らげ神経を落ち着かせる作用がある．また，GABA は，血管を収縮させるノルアドレナリンの分泌を抑制することで血管収縮を緩和し血圧降下作用を示し，これを含む乳酸菌飲料が「血圧が高めの方に適する」という表示を許可された特定保健用食品として市販されている．

2）機能性オリゴ糖

牛乳中には約 4.4％の炭水化物が含まれているが，その 99.8％はラクトース（乳糖）である．これは，D-グルコースと D-ガラクトースが β-1,4 結合した二糖であり，乳児期には乳糖が重要なエネルギー源となるとともに，腸内のビフィズス菌を優勢にする．さらに，カルシウムや鉄の吸収を促進する働きもある．

ラクトース以外に，牛初乳あるいは母乳中には，二糖以上のオリゴ糖が少量ながら多種類含まれており，「ミルクオリゴ糖」と呼ばれる．これらのオリゴ糖は，ラクトースの骨格に N-アセチルグルコサミン，D-ガラクトース，L-フコース，N-アセチルノイラミン酸がいろいろな割合に結合してできた三糖以上の構造を持っている．中性オリゴ糖の中で，ラクトースに次いで母乳に多く含まれるのは，ガラクトシルラクトースである（図 1-54a）．これらには，栄養生理機能に加え，感染防御作用が推定されている．

(1) ラクトースから誘導されるオリゴ糖

ラクトースを化学的や酵素的に処理し，機能性のより高いオリゴ糖を作り，食品に利用することが盛んである．これらは難消化性であるため，分解および吸収されずに大腸に達し，生理機能を発揮する．

図 1-54a に，代表的なガラクトシルラクトースの構造を示した．工業的には，酵母やカビ，*Bacillus circurans* 由来の β - ガラクトシダーゼ（ラクターゼ）を用いた糖転移反応により合成される．

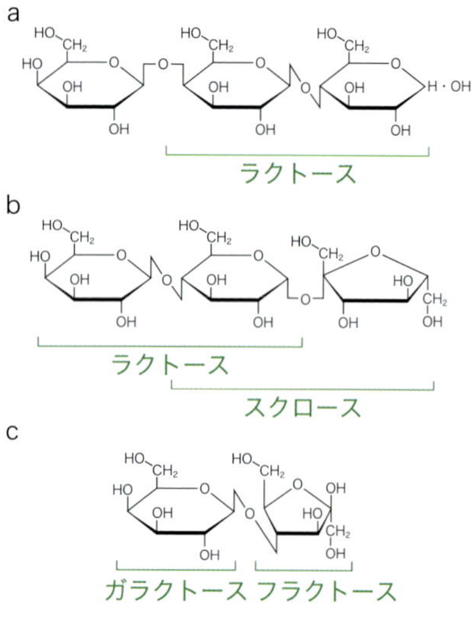

図1-54　ガラクトシルラクトース(a)，ラクトスクロース(b)，ラクチュロース(c)の化学構造

ラクトスクロース（乳果オリゴ糖）は，ラクトースとスクロースの部分構造を有する三糖で（図 1-54b），甘味度はしょ糖の約 0.5 倍である．工業的には，β-フルクトフラノシダーゼ（インベルターゼ，サッカラーゼ）を用いてラクトースへのフルクトースの糖転位反応により合成される．

ラクチュロースは，ガラクトースとフラクトースからなる二糖で（図 1-54c），甘味度はしょ糖の約 0.6 倍である．乳糖を水酸化カルシウム溶液中で処理し，アルカリ異性化反応により，乳糖の還元末端グルコースをフルクトースに誘導して作られる非天然糖である．肝性昏睡の特効薬としても知られる．

(2) 難消化性オリゴ糖の整腸作用

オリゴ糖の機能性として，プレバイオティクス（prebiotics）効果が知られている．プレバイオティクスとは，「大腸に常在する有用菌を増殖させたり，有害菌の増殖を抑制することによって，宿主に有益な効果をもたらす難消化性の食品成分」と定義される．消化酵素による分解や吸収を受けずに大腸に達し，そこでビフィズス菌などの有用菌に利用され，その増殖を助ける物質である．ヒト試験で，1日当たり数g程度のガラクトオリゴ糖あるいはラクトスクロースを2～3週間摂取することにより，ビフィズス菌数とその占有率が増加し，便性や便秘が改善された．ガラクトオリゴ糖，ラクトスクロース，ラクチュロース，フルクトオリゴ糖などは，「おなかの調子を整える」という整腸作用に関する機能が表示できる特定保健用食品として許可されている．

(3) 難消化性オリゴ糖のアレルギー抑制作用

アレルギー罹患児の腸内ではビフィズス菌の定着が低いという疫学調査の結果から，ビフィズス菌がアレルギー発症を抑制する可能性が示唆されている．難消化性オリゴ糖を人工乳に添加しビフィズス菌優勢な母乳哺育児の腸内細菌叢に近付け，アレルギー予防策の1つとする試みがなされている．ヨーロッパにおいて，ガラクトオリゴ糖とフルクトオリゴ糖の混合物（混合率9：1）を人工乳に添加することにより，乳児糞便中のビフィズス菌と乳酸菌数の増加が見られ，有機酸組成が母乳哺育児と同様になることが示された．さらに，アトピー疾患発症のリスクを持つ乳児において，このオリゴ糖混合物の摂取によりアトピー疾患予防効果が明らかとなった．

3）機能性脂肪酸と脂質

牛乳中には3.3～4.7％程度の脂質が含まれ，その97～98％はトリアシルグリセロール（トリグリセリド）である．構成脂肪酸としては，炭素鎖12以上の中鎖脂肪酸が多く含まれており，体脂肪として蓄積されにくい．一価不飽和脂肪酸のオレイン酸（図1-55a）が多いのも乳脂肪の特徴で，酸化されにくく，LDLコレステロールを低下させて動脈硬化の予防作用がある．近年，牛乳および乳製品に含まれる機能性脂肪酸として共役リノール酸（conjugated linoleic acid, CLA）が注目されている．

CLAは，牛反芻胃内において嫌気性菌 *Butyrivibrio fibrisolvens* 由来のリノール

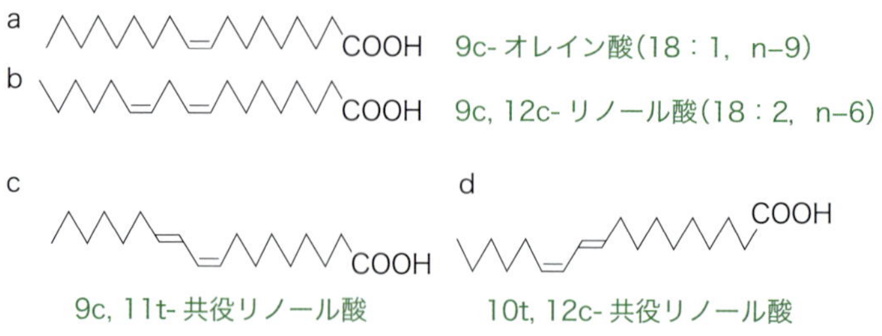

図1-55　オレイン酸，リノール酸，共役リノール酸異性体

酸イソメラーゼにより，牧草飼料中のリノール酸（図1-55b）が水素添加反応を受けて生成する．乳脂肪1g当たり数mg程度含まれている．二重結合の位置および幾何型（c：シス，t：トランス）の違いによって，生理効果が大きく変化する．CLAでは，2つの二重結合の間に飽和結合を1つしか持たない共役二重結合であり，この位置と幾何型の違いにより多種類のCLA異性体が見出されている．牛乳中に含まれるのは，主として[9c, 11t]および[10t, 12c]異性体である（図1-55c，d）．

CLAのヒト試験により，1日当たり数gを4～12週間摂取すると，体重には影響しないが，脂肪量が減少すると報告されている．また，肥満モデルラットを用いた試験では，CLA異性体のうち[10t, 12c]型が肥満抑制作用と脂質低下作用の活性本体であるとされている．CLAは，もともと加熱牛肉中に見出された抗変異原物質であり，動物モデルや細胞実験において発がん抑制効果が示されている．例えば，化学発がん剤をラットに投与する実験において，飼料中に0.1～0.5%のCLAを添加することで，乳がんの発症を抑えることが報告されている．CLAには抗アレルギー作用などが動物実験で確認されているが，ヒトにおける作用や作用メカニズムについて，さらに詳細な検討が必要である．

4）特定保健用食品

(1) 特定保健用食品（トクホ）とは

食品には，健康の維持および増進のためのエネルギーや栄養素の供給という一次機能，美味しさ，味覚や食感に関する二次機能，そして種々の生体調節に関する三次機能がある．

1991 年（平成 3 年），当時の厚生省が食品の持つ三次機能を期待して，その関与する成分を示したうえで，ヒトでの健康効果が確認された食品に対して，どのような健康効果があるかを表示することを認め，世界で初めて特定保健用食品が誕生した．2011 年 4 月 1 日現在，955 品目が特定保健用食品として許可されている．表 1-25 に健康表示の一覧を示す．

(2) 乳製品が関わる特定保健用食品

表 1-25 の健康表示（ヘルスクレーム）の中で現在のところ牛乳および乳製品が関わるのは，1.，4.，5.，7. および 8. の食品群である．

①おなかの調子を整える食品…関与する成分はオリゴ糖，乳酸菌，プロピオン酸菌によるホエイ（乳清）発酵物である．

②血圧が高めの方の食品…関与する成分はラクトトリペプチド，GABA である．海外のフラミンガム研究，CARDIA 研究，ホノルル心臓研究などの大規模疫学研究では，乳製品摂取量と血圧の間には負の相関関係が報告されている．

③ミネラルの吸収を助ける食品…関与する成分はカゼインホスホペプチド（CPP）である．CPP は最も初期に認可されたものであり，カルシウム，鉄などのミネラルの吸収を促進する働きがある．牛乳のカルシウムの吸収率が高い理由の 1 つには CPP が消化管内で誘導されることにある．

④骨の健康が気になる方の食品…関与する成分は乳塩基性たんぱく質（MBP）

表 1-25　特定保健用食品の健康表示（ヘルスクレーム）一覧

1.	おなかの調子を整える食品 オリゴ糖類を含む食品，乳酸菌類を含む食品，食物繊維類を含む食品，その他の成分を含む食品，複数の成分を含む食品
2.	コレステロールが高めの方の食品
3.	コレステロールが高めの方，おなかの調子を整える食品
4.	血圧が高めの方の食品
5.	ミネラルの吸収を助ける食品
6.	ミネラルの吸収を助け，おなかの調子を整える食品
7.	骨の健康が気になる方の食品 疾病リスク低減表示
8.	むし歯の原因になりにくい食品と歯を丈夫で健康にする食品
9.	血糖値が気になり始めた方の食品
10.	血中中性脂肪，体脂肪が気になる方の食品

トクホマーク

である．MBP はホエイたんぱく質にごく少量含まれる成分で，骨をつくる骨芽細胞を増やし，骨を壊す破骨細胞の働きを調節する．ヒトを対象とした臨床試験でも，骨密度を高めることが報告されている．

⑤むし歯の原因になりにくい食品と歯を丈夫で健康にする食品…関与する成分は乳たんぱく質分解物のカゼインホスホペプチド－非結晶リン酸カルシウム複合体（CPP-ACP）である．歯のエナメル質がカルシウムやリン酸塩を取り込むのを促進し，歯の再石灰化を促進し，再石灰化した部位の酸に対する抵抗力を高める働きがある．

5）乳および乳製品摂取とヒトの健康

（1）栄養素の供給

乳および乳製品は，カルシウムだけではなく，多くの栄養素の供給源として有用な食品である．牛乳 200ml を飲むことによって供給されるエネルギー，栄養素の寄与率を表 1-26 に示した．カルシウムの寄与率が 34.9％と特に高く，ビタミン B_2，B_{12}，パントテン酸などの寄与率も高い．その他，たんぱく質，リン，カリウム，ビタミン A，D などの供給源としても有用な食品であることがわかる．一方，エネルギーの寄与率は 6.9％と低く，栄養素密度の高い食品といえる．牛乳からの寄与が少ないものとしては，鉄，食物繊維，ビタミン C があげられる．

表 1-26　牛乳 200ml のエネルギー，栄養素の寄与率（％）

エネルギー	6.9
たんぱく質	13.6
脂　質	17.6
カルシウム	34.9
リ　ン	21.3
ナトリウム	2.9
カリウム	15.5
亜　鉛	8.9
ビタミン A	11.1
ビタミン D	10.9
ビタミン E	3.1
ビタミン K	6.3
ビタミン B_1	7.3
ビタミン B_2	25.8
ビタミン B_{12}	25.8
パントテン酸	22.8

30～49 歳の女性，身体活動レベルⅡ．（食事摂取基準 2010 年版，日本食品標準成分表 2010 より作成）

（2）カルシウムと骨

乳および乳製品は，カルシウムの供給源として非常に優れた食品である．含量が多いというだけではなく，その吸収率も高いという特徴がある．表 1-27 に牛乳，小魚（ワカサギ，イワシ），野菜（コマツナ，モロヘイヤ，オカヒジキ）の吸収率の差異を示す．これはある実験条件のもとでの結果であるが，牛乳のカルシウム吸収率は高い．この原因は牛乳中にはカルシウムの吸収を促進する物質（カゼインホスホペプチド（CPP）やオリゴ糖，ビタミンDなど）が含まれていることと，カルシウムの存在形態がミセル性リン酸カルシウムという吸収に優れたものであることが考えられる．一方，野菜にはシュウ酸が多く，消化管内でカルシウムと不溶性の塩を形成するため吸収率を低下させることが知られている．

表 1-27　食品および食品群別のカルシウムの見かけの吸収率

	牛　乳	小　魚	野　菜
平　均	39.8	32.9	9.2
標準偏差	7.7	8.4	10.8

（上西一弘ら：日本栄養・食糧学会誌 51：259-266，1998）

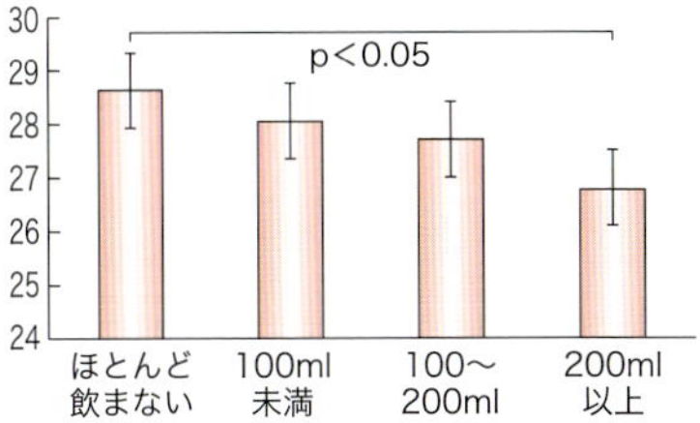

図1-56　牛乳摂取と体脂肪率
高校３年生・女子を対象．ANCOVA，$p<0.040$．運動，エネルギー摂取量で調整済．（女子栄養大学調査結果）

(3) 体　脂　肪

近年，乳および乳製品の摂取が体脂肪の増加抑制，あるいは減少につながるという研究が報告されている．図 1-56 は高校３年生の女子を対象とした試験だが，日常の牛乳摂取量が多いものほど，エネルギー摂取が多いにもかかわらず，体脂肪率は低いことが示されている．

牛乳および乳製品による体脂肪増加抑制，あるいは減少作用のメカニズムについては解明されていない．仮説としては，乳および乳製品の摂取によって満腹感が増加して食事全体の摂取量が減ること，あるいは消化管内でカルシウムと脂肪酸が結合して脂肪酸の吸収を抑制すること，これらにより，体内に取り込まれるエネルギーが減少することが考えられている．一方，体内では，カルシウムやビタミンDの摂取量の増加により，血中の副甲状腺ホルモン濃度，1,25(OH)2D（活性型ビタミンD）濃度が低下し，このことが脂肪細胞での脂肪分解を促進，さらには肝臓や筋肉で脂肪の酸化が進むこと，食事誘導性産熱が亢進することなどにより，消費エネルギーが増加することが考えられている．

(4) メタボリックシンドローム

乳および乳製品の摂取は体脂肪の抑制だけではなく，広くメタボリックシンドロームのリスク低下にも関与しているという報告がある．日本人成人8,659名を対象に日常的な牛乳・乳製品摂取とメタボリックシンドロームに関する横断的な検討が行われた（上西ら）．その結果を図1-57～1-59に示す．図1-57は牛乳・乳製品摂取状況とメタボリックシンドロームを有するリスクを見たものである．対象者を男女別に，乳および乳製品の摂取量をカルシウム換算で4分位

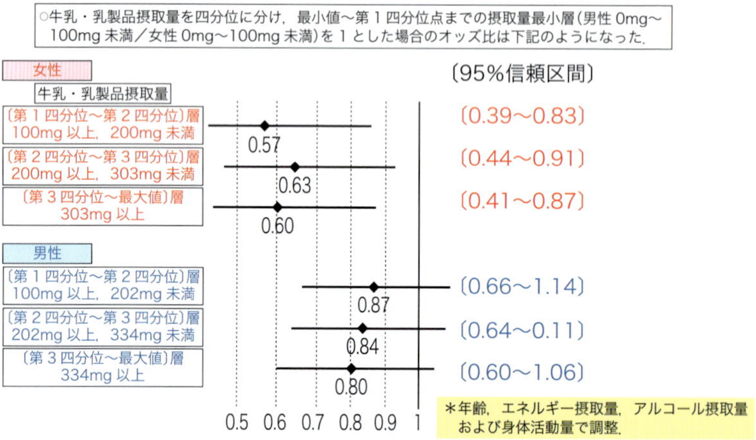

図1-57　牛乳・乳製品摂取量とメタボリックシンドロームの関連

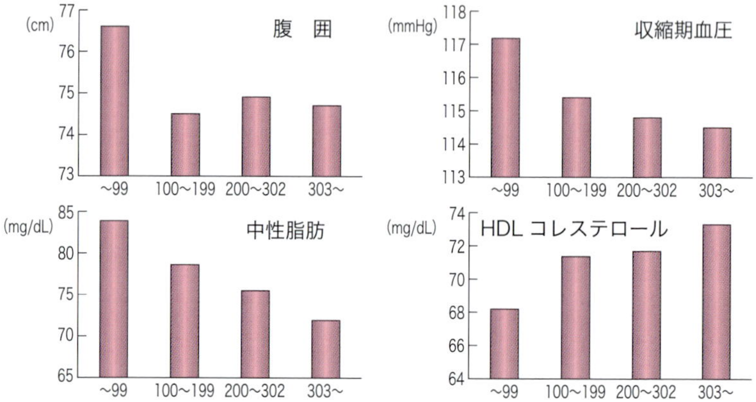

図1-58　牛乳・乳製品摂取量とメタボリックシンドローム判定項目との関連（女性）

牛乳・乳製品摂取量，カルシウム換算．

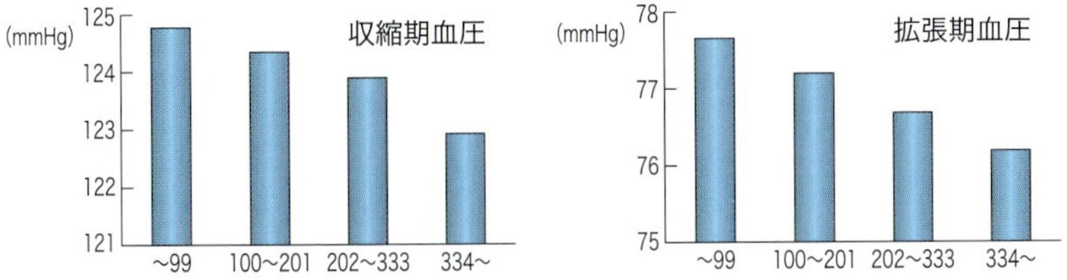

図1-59　牛乳・乳製品摂取量とメタボリックシンドローム判定項目との関連(男性)
牛乳・乳製品摂取量，カルシウム換算.

に分けて検討した（非喫煙者での解析）．その結果，女性では最も摂取量が少ないグループに対して，摂取量が多いグループではメタボリックシンドロームの有病率が約40%低かった．男性では有意差は認められないものの，摂取量が増えるに従ってメタボリックシンドロームの有病率は低下する傾向が認められた．図1-58，1-59はメタボリックシンドロームの判定に用いられる項目に対する効果を見たものであるが，女性では牛乳および乳製品の摂取が多いほど，腹囲，BMI（未記載），中性脂肪，収縮期血圧は低く，HDLコレステロールは高かった．男性では血圧が低い結果となった．乳および乳製品にはさまざまな生理活性を有する成分が含まれており，それらの総合的な作用として，本結果が確認できたものと考えられる．

(5)　チーズと虫歯

チーズの摂取が虫歯の予防につながることが知られている．WHOは虫歯予防の可能性が高い食品として，硬質のチーズとシュガーレスガム，虫歯予防の可能性がある食品として，キシリトール，牛乳，食物繊維を紹介している．

牛乳および乳製品が虫歯を予防するのは，①う蝕原因菌が産生した酸を中和する，②唾液分泌の促進，③歯の表面への歯垢の形成阻止，④カゼインとイオン化した牛乳中のカルシウムとリンによるエナメル質の再石灰化の促進が考えられている．また，4)「特定保健用食品」の項で述べたように，CPP-ACP（カゼインホスホペプチド−非結晶性リン酸カルシウム）には，初期の虫歯になったエナメル質を修復する働きなどがあることが報告されている．

(6) 発酵乳（ヨーグルト）の健康作用

発酵乳（ヨーグルト）は牛乳に乳酸菌や酵母を加えて発酵させたものであり，栄養成分は牛乳に類似しているが，乳糖が分解して減少したんぱく質がペプチドに分解されており，消化吸収に優れた食品になっている．また，乳酸菌のプロバイオティクス効果により，整腸作用，免疫調節作用などさまざまな健康効果が報告されている．近年はこの免疫調整作用に関連して花粉症の予防，症状緩和にも有効との報告もある．各社から多くの種類の乳酸菌株を使用した商品が発売されており，自分にあった乳酸菌を見つけることも大切であると考えられる．

8．牛乳・乳製品に関する法令

1）食品衛生法と乳及び乳製品の成分規格等に関する省令

食品衛生法において乳及び乳を使用したすべての食品を対象とした「乳，乳製品及び類似乳製品の成分規格等に関する省令」が制定されたのは 1950 年（昭和 25 年）10 月である．まず乳の搾取基準が「1）分娩予定日前 30 日以内及び分娩後 5 日以内の牛又は山羊，2）乳に影響ある薬品を服用させ，又は注射した後 3 日以内の牛又は山羊，3）生物学的製剤を注射し著しく反応を呈している牛又は山羊，4）結核検査を受けた結果，陽性反応を呈している牛の何れかが該当してはならない」と定められた．当時の生乳（せいにゅう）や市乳（生乳を処理したもの）に対する細菌数や酸度の評価基準は現在とほとんど変わらないが，飲用に供する「乳」に関してはホスファターゼ反応が陰性であることが求められ，大腸菌群に関する記述はなかった．また，ここでいう「類似乳製品」とは「乳製品以外の食品で乳成分を 25％以上含んでいるもの及びマーガリン」を指していた．

翌 1951 年（昭和 26 年）に「乳及び乳製品の成分規格等に関する省令」（乳等省令）が制定されたが，当時の乳等省令における「乳」とは生乳および成分未調整の牛乳，山羊乳に限られ，現在でいう成分調整乳や加工乳，乳飲料は「乳製品」と見なされた．この初版の乳等省令では各種練乳，粉乳が乳製品である一方，クリーム，バター，チーズ，発酵乳は一般食品と同じ取扱いとなっている点で現在の乳等省令とは大きく異なっている．現在のようにクリーム，バター，チーズ，発酵乳及び乳等を主要原料とする食品が乳等省令の所管となり，現在の乳等省令の原型がほぼ整ったのは1959年（昭和34年）の第二次改正においてである．その後，2007年（平成19年）まで36回の改正を経て現在に至っている．乳・乳製品はHACCPの概念を取り入れた衛生管理を行う総合衛生管理製造過程承認制度の対象食品であるが，原料及び製造過程に由来して考慮すべき危害原因物質が乳等省令において示されたのは1996年（平成8年）である．

2）日本農林規格

日本農林規格（Japanese Agricultural Standard，JAS）は「農林物資の規格化及び品質表示の適正化に関する法律（JAS法）」に基づくもので，牛乳・乳製品については，かつて原料乳，バター，無糖練乳及び加糖練乳に関するJAS規格が設けられていた．現在それらすべては廃止されているが，2000年に定められた有機農産物及び有機農産物加工食品の特定JAS規格に適合した「オーガニック牛乳」が一部地域で先駆的な酪農家と乳処理メーカーにより流通販売されている．

3）公正競争規約

公正競争規約とは不当景品類及び不当表示防止法（景品表示法）第12条の規定に基づき，景品類又は表示に関する事項について事業者又は事業者団体が公正取引委員会と消費者庁の認定を受けて，公正な競争を確保するために制定する自主規制ルールのことである．牛乳，乳製品については「飲用乳」「はっ酵乳・乳酸菌飲料」「殺菌乳酸菌飲料」「ナチュラルチーズ・プロセスチーズ・チーズフード」「アイスクリーム類」それぞれについての協議会があり，乳等省令にはない成分上の規定，分類，包装基準，表示に関する規約を設けている．

4）法令各論

乳および乳製品に適用される規準のほとんどは乳等省令を基盤としている．表1-28はその中から代表的な品目についての名称と規格を示したもので，ここでの項番号とは本省令第二条に列記された番号に準じている．以下にこれらの概要

表 1-28　乳等省令

区　分	項番号	種　類	比　重（15℃）	酸　度（%）	乳固形分（%）	乳脂肪（%）	無脂乳固形分（%）
乳	2	生　乳	1.028 ～ 1.034	0.18 以下	—	—	—
	3	牛　乳	〃	〃	—	3.0 以上	8.0 以上
	4	特別牛乳	〃	0.17 以下	—	3.3 以上	8.5 以上
	5	殺菌山羊乳	1.030 ～ 1.034	0.18 以下	—	3.6 以上	8.0 以上
	8	成分調整牛乳	—	〃	—	—	〃
	9	低脂肪牛乳	1.030 ～ 1.036	〃	—	0.5 ～ 1.5	〃
	10	無脂肪牛乳	1.032 ～ 1.038	〃	—	0.5 未満	〃
	11	加工乳	—	〃	—	—	〃
乳製品	13	クリーム	—	0.20 以下	—	18.0 以上	—
	14	バター	—	—	—	80.0 以上	—
	17	ナチュラルチーズ	—	—	—	—	—
	18	プロセスチーズ	—	—	40.0 以上	—	—
	21	アイスクリーム	—	—	15.0 以上	8.0 以上	—
	22	アイスミルク	—	—	10.0 以上	3.0 以上	—
	23	ラクトアイス	—	—	3.0 以上	—	—
	24	濃縮乳	—	—	25.5 以上	7.0 以上	—
	25	脱脂濃縮乳	—	—	18.5 以上	—	—
	26	無糖練乳	—	—	25.0 以上	7.5 以上	—
	28	加糖練乳	—	—	28.0 以上	8.0 以上	—
	30	全粉乳	—	—	95.0 以上	25.0 以上	—
	31	脱脂粉乳	—	—	〃	—	—
	33	ホエイパウダー	—	—	〃	—	—
	34	たんぱく質濃縮ホエイパウダー	—	—	〃	—	乾燥たんぱく質 15 ～ 80
	37	調製粉乳	—	—	50.0 以上	—	—
	38	はっ酵乳	—	—	—	—	8.0 以上
	39	乳酸菌飲料	—	—	—	—	3.0 以上
	40	乳飲料	—	—	—	—	—

①ジャージー種の場合：生乳および牛乳の比重は 1.028～1.036，酸度は 0.2%以下，②特別牛乳では比

を種類別に述べる．

(1) 乳に関する省令

乳等省令において「乳を搾取するにあたり，1）分娩後5日以内のもの，2）乳に影響ある薬剤を服用させ，又は注射した後，その薬剤が乳に残留している期間内のもの，3）生物学的製剤を注射し著しく反応を呈しているもの，の何れかが該当してはならない」と定められている．「乳」とは生乳，牛乳，特別牛乳，生山羊乳，殺菌山羊乳，生めん羊乳，成分調整牛乳，低脂肪牛乳，無脂肪牛乳及び加工乳に種類分けされている．

①生乳（せいにゅう）…搾取したままの牛の乳をいう．

における成分規格

水　分（%）	細菌数（1 ml または 1 g）	大腸菌群	備　考
—	直接個体鏡検法 400 万以下	—	
—	標準平板培養法 5 万以下	陰　性	63℃ 30 分間又はこれと同等以上の殺菌効果を有する方法で加熱殺菌
—	標準平板培養法 3 万以下	〃	殺菌する場合は 63 ～ 65℃ 30 分間保持式加熱殺菌
—	標準平板培養法 5 万以下	〃	牛乳と同じ殺菌法
—	〃	〃	〃
—	〃	〃	〃
—	〃	〃	〃
—	〃	〃	〃
—	標準平板培養法 10 万以下	陰　性	
17 以下	—	〃	
—	—	—	
—	—	陰　性	
—	標準平板培養法 10 万以下	〃	68℃ 30 分間又はこれと同等以上の殺菌効果を有する方法で加熱殺菌
—	標準平板培養法 5 万以下	〃	〃
—	〃	〃	〃
—	標準平板培養法 10 万以下	—	
—	〃	—	
—	標準平板培養法 0	—	容器に入れた後，115℃以上で 15 分間以上加熱殺菌
27.0 以下	標準平板培養法 5 万以下	陰　性	糖分は乳糖を含め 58.0%以下
5.0 以下	〃	〃	
〃	〃	〃	
〃	〃	〃	
〃	〃	〃	
〃	〃	〃	
—	乳酸菌または酵母の菌数 1,000 万以上	〃	62℃ 30 分間又はこれと同等以上の殺菌効果を有する方法で加熱殺菌
—	〃	〃	〃
—	標準平板培養法 3 万以下	〃	

重は左記と同じで，酸度は 0.19%以下，③生山羊乳，生めん羊乳は除外した．

②牛乳…直接飲用に供する目的又はこれを原料とした食品の製造若しくは加工の用に供する目的で販売（不特定又は多数の者に対する販売以外の授与を含む．以下同じ．）する牛の乳をいう．したがって，乳等省令に則れば「生乳入り」という表示での乳製品の販売は未殺菌の状態にある牛の乳が混合されていることを意味することになるが，公正競争規約においては生乳を原材料として，あるいは生乳の使用を強調した場合としてその表示が認められている．

乳等省令において生乳の細菌数は直接個体鏡検法（ブリード法）で計測される．本法の利点は微生物の発育条件に依存せずに迅速な測定が可能な点であるが，反面，生菌と死菌の判別が不可能であること，菌塊を形成する菌種の計測に困惑が生じること，そして何よりも検出限界が高く（＞ 30 万 /ml），生乳中の生菌数のほぼ99％が10万以下である現状にそぐわないことが大きな欠点である．そこで近年は迅速で検出限界が低いバクトスキャンが導入され，生菌数測定の主流となっている（☞ 3.「牛乳および乳製品の検査法と安全性の確保」）.

従来，乳の殺菌基準は結核菌（*Mycobacterium tuberculosis*）を指標としてその耐熱性に関するデータから設定されていたが，1998～2000年（平成10～12年）度にかけて実施された「生活安全総合研究事業」において生乳および市販乳中のQ熱病原体であるリケッチア（*Coxiella burnetii*）の汚染実態および死滅温度に関する研究が実施され，新たな知見が得られた．それによると，*C. burnetii* は65℃30分では完全に死滅するが，63℃30分では一部が残存する．ただし，63℃に到達するまでに20分以上の昇温時間を設けると63℃30分で完全に死滅させることが可能であった．通常のバッチ法による殺菌であれば予熱に20分以上の時間を要するために63℃30分間加熱を行った場合に完全に死滅させることが可能である．以上のような経緯を踏まえ，2002年（平成14年）より乳等省令では，乳の殺菌について「牛乳，殺菌山羊乳，成分調整牛乳，低脂肪牛乳，無脂肪牛乳，加工乳の製造方法の基準は保持式により摂氏63℃30分間加熱殺菌するか（下線部，改正前は摂氏62℃から65℃までの間），又はこれと同等以上の殺菌効果を有する方法で加熱殺菌すること．殺菌後は直ちに摂氏10℃以下に冷却して保存すること．但し，常温保存可能品にあってはこの限りでない.」と改められた.

③特別牛乳…牛乳であって特別牛乳として販売するものをいい，特別牛乳搾取処理業の許可を受けた施設で搾取した生乳を処理して製造することが義務付けられている．特別牛乳にあっては殺菌の操作を省略することができるので，基準を満たせば未殺菌牛乳の販売は可能であるが，殺菌する場合は「保持式により摂氏63℃から摂氏65℃までの間で30分間加熱殺菌し，殺菌後は直ちに摂氏10℃以下に冷却して保存すること.」と定められている.

④成分調整牛乳…生乳から乳脂肪分その他の成分の一部を除去したものをいう．したがって，乳を遠心分離して脂肪を除去したり，膜分離技術を適用して主に水分を除去して乳固形分を高めたりした製品には本分類が適用される.

⑤低脂肪牛乳，無脂肪牛乳…これらはいずれも成分調整牛乳で，乳脂肪分を除去して表1-28に示した所定の濃度範囲に調整したものである．成分調整牛乳，

低脂肪牛乳又は無脂肪牛乳の3種類は2003年（平成15年）の乳等省令第28次改正以前は乳脂肪含量に応じて「部分脱脂乳，脱脂乳」の2種に区分されていた．

⑥加工乳…生乳，牛乳若しくは特別牛乳又はこれらを原料として製造した食品を加工したもの（成分調整牛乳，低脂肪牛乳，無脂肪牛乳，発酵乳及び乳酸菌飲料を除く．）と定義され，生乳，牛乳の他に全粉乳，脱脂粉乳，濃縮乳，脱脂濃縮乳，クリーム，無塩バターおよびバターオイルなどと水を原料として加工することができる．

生乳以外の「乳」の場合，標準平板培養法と大腸菌群検査の2つの微生物学的試験が要求される（☞ 3.「牛乳および乳製品の検査法と安全性の確保」）．いずれも一定時間の培養を伴う試験であり，この基準を満たしたことが確認されて初めて製造者は商品の出荷が可能となる．

(2) 乳製品に関する省令

乳等省令において「乳製品」とは，クリーム，バター，バターオイル，チーズ，濃縮ホエイ，アイスクリーム類，濃縮乳，脱脂濃縮乳，無糖練乳，無糖脱脂練乳，加糖練乳，加糖脱脂練乳，全粉乳，脱脂粉乳，クリームパウダー，ホエイパウダー，たんぱく質濃縮ホエイパウダー，バターミルクパウダー，加糖粉乳，調製粉乳，発酵乳，乳酸菌飲料（無脂固形分3.0%以上を含むものに限る．）及び乳飲料をいう．以下に主要な「乳製品」について概説する．

①クリーム…生乳，牛乳又は特別牛乳から乳脂肪分以外の成分を除去したものをいい，乳脂肪率18%以上で他物の添加が認められていない．すべての「乳」において酸度に関する規定が定められているが，「乳製品」においてそれが該当するのはクリームのみである．

酸度の測定は試料にフェノールフタレン溶液（pH指示薬）を滴下し，0.1M水酸化ナトリウム水溶液を加えて微紅色が30秒間消失しない点まで滴定する．本滴定溶液1 mlは乳酸9 mgを中和するのに相当するため，滴定量から試料100g当たりの乳酸のパーセント量を求めて酸度とする．

②バター…生乳，牛乳又は特別牛乳から得られた脂肪粒を練圧したものをいう．

③チーズ…ナチュラルチーズ及びプロセスチーズに分類され，ナチュラルチーズとは「①乳，バターミルク（バターを製造する際に生じた脂肪粒以外の部分を

いう.），クリーム又はこれらを混合したもののほとんどすべて又は一部のたんぱく質を酵素その他の凝固剤により凝固させた凝乳から乳清の一部を除去したもの又はこれらを熟成したもの」「②前号に掲げるもののほか，乳等を原料として，たんぱく質の凝固作用を含む製造技術を用いて製造したものであって，同号に掲げるものと同様の化学的，物理的及び官能的特性を有するもの」をいう．公正競争規約においてはナチュラルチーズに対して香り及び味を付与する目的で，乳に由来しない風味物質を添加することができるものとされている.

一方，プロセスチーズとは「ナチュラルチーズを粉砕し，加熱溶融し，乳化したもの」をいう．国内産の白カビタイプのチーズの中には加熱によって熟成を停止させただけで，加熱溶融も（溶融塩による）乳化も行われていない商品が流通している場合があるが，このような製品は「ナチュラルチーズ」として種類分けされる.

公正競争規約においてはプロセスチーズに対して（1）食品衛生法で認められている添加物（2）脂肪量の調整のためのクリーム，バター及びバターオイル（3）香り，味，栄養成分，機能性及び物性を付与する目的の食品（添加量は製品の固形分重量の 1/6 以内とする．ただし，前号以外の乳等の添加量は製品中の乳糖含量が 5%を超えない範囲とする.）の添加を認めている.

さらに公正競争規約においては乳等省令にはない「チーズフード」を設定し，それを「一種以上のナチュラルチーズ又はプロセスチーズを粉砕し，混合し、加熱溶融し，乳化してつくられるもので、製品中のチーズ分の重量が 51%以上のものをいう．なお，当該チーズフードには，（1）食品衛生法で認められている添加物（2）香り，味，栄養成分，機能性及び物性を付与する目的の食品（添加量は製品の固形分重量の 1/6 以内とする.）（3）乳に由来しない脂肪，蛋白質又は炭水化物（添加量は製品重量の 10%以内とする.）を添加することができるものとする.」と定義している.

④アイスクリーム類…乳又はこれらを原料として製造した食品を加工し，又は主要原料としたものを凍結させたものであって，乳固形分 3.0%以上を含むもの(発酵乳を除く.)をいう.アイスクリーム類は成分に応じて「アイスクリーム」,「アイスミルク」,「ラクトアイス」に種類分けされるが，何れにおいても製造時に原料を殺菌する際には摂氏 68℃で 30 分間加熱殺菌するか，又はこれと同等以上

の殺菌効果を有する方法で加熱殺菌することが義務付けられており，「乳」における殺菌条件とは異なる基準が設定されている．ラクトアイスの場合は乳脂肪の使用が義務付けられていないことから，植物性脂肪が添加される場合が多い．

⑤無糖練乳…濃縮乳であって直接飲用に供する目的で販売するものをいい，容器に充填後，摂氏115℃以上で15分間以上加熱殺菌することが製造の基準となっている．

⑥加糖練乳…生乳，牛乳又は特別牛乳にしょ糖を加えて濃縮したものをいう．

⑦脱脂粉乳…生乳，牛乳又は特別牛乳の乳脂肪分を除去したものからほとんどすべての水分を除去し，粉末状にしたものをいう．2000年（平成12年）6月に発生した低脂肪乳等による食中毒事故の原因が原料となる脱脂粉乳の製造中に増殖したブドウ球菌由来のエンテロトキシンAと判断された経緯より，生乳中の黄色ブドウ球菌の汚染実態，エンテロトキシンA産生株の出現頻度，それらの初発菌数と毒素産生が検出されるまでに要する時間が調査された．そして脱脂乳を得るための製造工程を考慮して2004年（平成16年）4月より施行された乳等省令では製造方法の基準として「加熱殺菌を行うまでの工程において，原料を摂氏10℃以下又は摂氏48℃を超える温度に保たなければならない．ただし，原料が滞留することのないよう連続して製造が行われている場合にあっては，この限りでない．牛乳の例により加熱殺菌した後から乾燥を行うまでの工程において，原料を摂氏10℃以下又は摂氏48℃を超える温度に保たなければならない．ただし，当該工程において用いるすべての機械の構造が外部からの微生物による汚染を防止するものである場合又は原料の温度が摂氏10℃を超え，かつ，摂氏48℃以下の状態の時間が6時間未満である場合にあっては，この限りではない．」と明記されるようになった．

⑧ホエイパウダー…乳を乳酸菌で発酵させ，又は乳に酵素若しくは酸を加えてできた乳清からほとんどすべての水分を除去し，粉末状にしたものをいう．

⑨たんぱく質濃縮ホエイパウダー…乳を乳酸菌で発酵させ，又は乳に酵素若しくは酸を加えてできた乳清の乳糖を除去したものからほとんどすべての水分を除去し，粉末状にしたものをいう．本品はWPC（whey protein concentrate）とも称され，1998年（平成10年）の第22次乳等省令改正において乳製品と認可された．一方，ホエイたんぱく質単離物（whey protein isolate，WPI）の場合，

現時点では乳製品に該当していない.

⑩**調製粉乳**…生乳，牛乳若しくは特別牛乳又はこれらを原料として製造した食品を加工し，又は主要原料とし，これに乳幼児に必要な栄養素を加え粉末状にしたものをいう.

⑪**発酵乳**…乳又はこれと同等以上の無脂乳固形分を含む乳等を乳酸菌又は酵母で発酵させ，糊状又は液状にしたもの又はこれらを凍結したものをいう．発酵乳の原料（乳酸菌，酵母，発酵乳及び乳酸菌飲料を除く.）を殺菌する際には摂氏62℃で30分間加熱殺菌するか，又はこれと同等以上の殺菌効果を有する方法で加熱殺菌することが義務付けられている．ドリンクタイプやプレーンタイプ，フローズンタイプなどの各種ヨーグルトやケフィアなどが本分類に相当する．発酵乳の場合，製品中の乳酸菌数または酵母数が1 ml当たり1,000万以上という規定があるが，その菌数測定法に関しては乳酸菌についてのみ明記されている．ブロモクレゾールパープル添加プレートカウント寒天培地を用いて段階希釈した試料を35～37℃で72±3時間培養し，得られた菌数と希釈率を勘案して1 ml当たりの乳酸菌数を算出する.

⑫**乳酸菌飲料**…乳等を乳酸菌又は酵母で発酵させたものを加工し，又は主要原料とした飲料（発酵乳を除く.）をいう．製品中の乳酸菌数または酵母数の規定は発酵乳に準じるが，発酵させた後において摂氏75℃以上で15分間加熱するか，又はこれと同等以上の殺菌効果を有する方法で加熱殺菌したものはこの限りでない.

⑬**乳飲料**…生乳，牛乳若しくは特別牛乳又はこれらを原料として製造した食品を主要原料とした飲料であって，乳等省令において規定する「乳」および他の「乳製品」に該当しないものをいう．乳等省令では乳成分に関する規格を定めていないが，公正競争規約によって乳固形分3%以上を含有するものとされている．食品衛生法で定められているものであれば甘味料，酸味料，香料着色料，果汁，珈琲抽出液，ビタミン，ミネラル等，乳成分以外のものを使用することができる．中には酵素処理によってあらかじめ乳糖を分解したものも市販されている.

(3) 容器や包装に関する法令

乳等省令において「乳等の器具若しくは容器包装又はこれらの原材料の規格及

び製造方法の基準」が設けられている．

牛乳，特別牛乳，殺菌山羊乳，成分調整牛乳，低脂肪牛乳，無脂肪牛乳，加工乳及びクリームの販売用の容器包装はガラス瓶，合成樹脂製容器包装（ポリエチレン，エチレン・1-アルケン共重合樹脂，ナイロン又はポリプロピレン;以下，「合成樹脂」という），合成樹脂加工紙製容器包装（ポリエチレン加工紙又はエチレン・1-アルケン共重合樹脂加工紙；以下，「合成樹脂加工紙」という），（クリームの容器に限り）金属缶又は組合せ容器包装であって，それぞれの規格または基準に適合するものであることが定められている．なお，組合せ容器包装とはこれら7種の乳にあっては合成樹脂及び合成樹脂加工紙を用いる容器包装であり，クリームにあっては合成樹脂，合成樹脂加工紙又は金属のうち2以上を用いる容器包装をいう．

発酵乳，乳酸菌飲料及び乳飲料の販売用の容器包装はガラス瓶，合成樹脂製容器包装，合成樹脂加工紙製容器包装，合成樹脂加工アルミニウム箔製容器包装，金属缶又は組合せ容器包装であって，それぞれの規格または基準に適合するものであることが定められている．なお，組合せ容器包装とは合成樹脂，合成樹脂加工紙，合成樹脂加工アルミニウム箔又は金属のうち2以上を用いる容器包装をいう．

以上に規定する容器包装以外の容器包装を使用しようとする場合は，厚生労働大臣の承認を受けなければならない．

調製粉乳の販売用の容器包装は金属缶（開口部分の密閉のために合成樹脂を使用するものを含む），合成樹脂ラミネート容器包装（合成樹脂にアルミニウム箔を貼り合わせた容器包装又はこれにセロファン若しくは紙を貼り合わせた容器包装）又は組合せ容器包装（金属缶及び合成樹脂ラミネートを用いる容器包装をいう）であって，それぞれの規格または基準に適合するものであることが定められている．

アイスクリーム等の取引きに関しては公正競争規約があり，内容物の保護又は品質保全の限度を超えて過大な容器又は包装を用いてはならない点から内容物は容器の外観体積に対して80%以上とする規定がある．

9．乳および乳製品の生産と消費

1）世界の乳生産と飲用乳の消費動向

乳は搾乳してから殺菌するまでの間は，生乳（せいにゅう）または原料乳と呼ぶ．世界の生乳生産量の 1997 年から 2009 年(推計)までの 13 年間の推移を，図 1-60 に示した．世界中で生産される乳の大部分は「牛乳」であり，その他には水牛，羊，山羊，ラクダなどの家畜からの乳がある．

2009 年の世界の総生乳生産量は 6 億 9,500 万 t であり，そのうち「牛乳」は 5 億 7,700 万 t と全体の 84%を占める．この 13 年間の生産量は漸増傾向であり，1998 年から 2008 年の 11 年間に，生乳生産量は 1 億 3,400 万 t（24%）増加し，年間増加率は平均 2.3%である．2009 年では，BRICs（ブラジル，ロシア，インド，中国）の中ではインドが最も生産量が増加し，中国は 2008 年の生乳へのメラミン混入事件の関係で，一時的に減少傾向にある．

また，世界の「水牛」乳の生産も増加している．2008 年の世界生産量は 8,750 万 t と推定され，世界の総生乳生産量の約 13%を占める．主要生産国はインドとパキスタンで，全体の 90%を占める．水牛は，牛属の牛よりも暑熱によく耐えるため，水牛の生産は増加を続けている．牛乳および水牛乳以外の羊乳や山羊乳やその他の家畜乳においては，正確な世界の生乳生産量の統計的把握は難しい．世界食糧機関（FAO）による推定生産量は約 2,600 万 t であり，山羊乳で 1,500

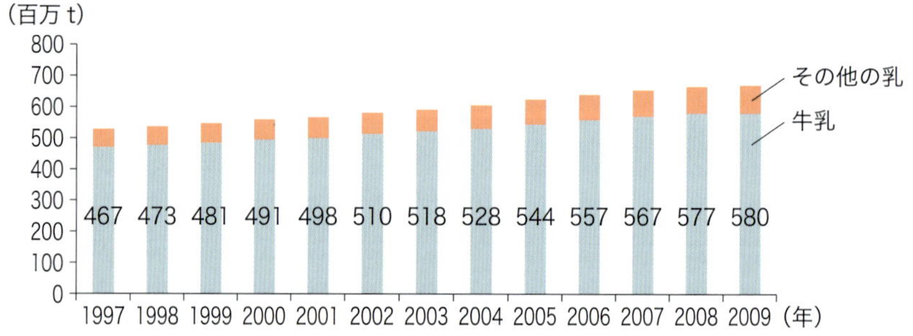

図1-60 世界における生乳生産量の推移
2009 年は推計．JIDF(国際酪農連盟)資料「世界の酪農状況 2009」より．

万t，羊乳が900万t，ラクダ乳が160万tと推定される．乳業で加工する牛乳以外の乳量は年々増加を続けている．

世界の主要諸国の牛乳生産量は，表1-29に示す．2008年で最も生産量が多い国はアメリカであり，世界の牛乳の約15%を生産している．2番目はインド，3番目は中国である．しかし，インドでは水牛乳を加えると生乳生産量は約1億万tとなり，統計上は世界で最も乳を生産する国家といえる．インドは，宗教上の理由で牛を生涯と殺しないために，牛の頭数が非常に多く牛乳生産量が高い．EU 27ヵ国全体での生乳生産量は，約1億5,000万tであり，全体の1/4（25.8%）を占める．近年，最も特徴的なのは中国であり，2003年に世界7位であったが，2008年にはロシアを抜いて世界3位に急浮上した．また，2008年の日本の生乳生産量は約800万tであり，2003年から漸減傾向にある．日本の世界全体に対する生乳生産の比率は，約1.4%である．

表1-29　世界の主要国における牛乳生産量（2008年）

生産国名	生産量（万t）
アメリカ	8,618
インド	4,416
中　国	3,556
ロシア	3,250
ドイツ	2,866
ブラジル	2,800
フランス	2,477
リトアニア	1,884
イギリス	1,372
ポーランド	1,245
ニュージーランド	1,620
パキスタン	1,170
ウクライナ	1,164
オランダ	1,162
イタリア	1,096
メキシコ	1,082
アルゼンチン	1,031
日　本	798
EU 15ヵ国	12,062
EU 27ヵ国	14,898
世界計	57,650

（JIDF資料「世界の酪農情況2009」より抜粋）

表1-30　世界の主要国における飲用乳消費量（2006年）

消費国名	1人当たり年間消費量（kg）
フィンランド	183.9
アイスランド	159.3
スウェーデン	145.5
デンマーク	139.7
アイルランド	134.0
オランダ	123.6
ポルトガル	117.3
オーストラリア	116.8
ノルウエー	116.7
スペイン	114.2
イギリス	104.8
ドイツ	94.4
カナダ	92.8
フランス	89.4
クロアチア	87.5
アメリカ	83.8
韓　国	45.2
日　本	35.8
中　国	8.8
EU 15ヵ国	97.1
EU 27ヵ国	93.1

（JIDF資料「世界の酪農情況2009」より抜粋）

一方，2006年の世界の主要国における1人当たりの年間飲用乳消費量は，表1-30に示す．フィンランド，アイスランド，スウェーデンが上位3ヵ国である．その他でも，年間1人当たり100kgを超える消費国には，デンマーク，アイルランド，オランダ，ポルトガル，オーストラリア，ノルウェー，スペイン，イギリスがある．日本の飲用乳消費量は，年間1人当たり35.8kgであり，韓国(45.2kg)よりも低く，第1位のフィンランドの1/5（19.5%）である．

2）世界の乳製品生産と消費動向

表1-31には，2008年の世界の主要国におけるバターの年間生産量（左側）と2007年の個人消費量（右側）を示す．世界のバター生産量は，約437万tであり，上位3ヵ国はアメリカ，ニュージーランド，ロシアである．一方，バターの1人当たり消費量では，フランス，ドイツ，スイスが上位3ヵ国である．日本は0.7kgであり，第1位のフランスの1/10(9%)しか消費していない．バターの生産量や消費量は，生乳生産量と必ずしも一致しないので，注意が必要である．世界一の生乳生産国であるアメリカは，バターの生産量も第1位（74.9万t）であるが，消費量は少なく年間1人当たり2.3kgにすぎない．これには全米平均25%といわれる，深刻な肥満の問題が影響していることが推定される．バター生産に関するインド（4.2万t，バター相当量の無水乳脂肪またはギーを含めると11.4万t）や中国（3.7万t）の統計上の生産量は低く，真の消費量は不明である．日本のバター生産量は7.2万tであるが，1人当たりの消費量は0.7kgである．

表1-32には，2008年の主要国における世界のチーズ生産量（左側）と2007年の1人当たり消費量（右側）を示す．世界のチーズ生産量は1,723万tであり，EU 27ヵ国で約830万tおよびアメリカの約480万tで全体の3/4（76%）を占める．アメリカの生産量は，世界の主要国の中でも圧倒的に多く，全体の約28%を占め，日本の生産量（約12万t）の40倍である．2007年の世界のチーズ総消費量は，EU 27ヵ国で約870万tであり，国別ではアメリカ，ドイツ，フランス，イタリアの上位4ヵ国が圧倒的に多く，日本は約26万tを消費している．また，世界の主要国における年間1人当たりの消費量（表1-32右側）では，20kgを超えるフランス，アイスランド，スイス，イタリアが上位4ヵ国である．日本のチーズ消費量は，年間1人当たりわずか2.1kg（約5.8g/日）であり，

EU諸国（17.7kg）の約12%，フランス（23.9kg）の約0.9%である．また，日本のチーズ総消費量は2007年で26.3万tであるが，そのうち22.5万tは海外より輸入しており，国産チーズの占める割合はわずか全体の14%程度である．

表1-31　世界のバター生産量（2008年）と個人消費量（2007年）

生産国名	生産量（万t）	消費国名	1人当たり消費量（kg）
アメリカ	74.9	フランス	7.9
ニュージーランド	40.0	ドイツ	6.4
ロシア	25.8	スイス	5.7
オーストラリア	15.3	フィンランド	5.3
ベルラーシ	10.1	オーストリア	5.1
カナダ	8.6	スェーデン	4.6
ウクライナ	8.5	アイスランド	4.5
ブラジル	8.4	ポーランド	4.2
日　本	7.2	チェコ	4.1
イラン	6.8	オーストラリア	4.1
アルゼンチン	5.1	ノルウエー	4.0
スイス	4.6	オランダ	3.3
EU 27カ国	207.5	アメリカ	2.3
世界計	436.9	日　本	0.7
		韓　国	0.2
		EU 27カ国	4.0

（JIDF資料「世界の酪農情況2009」より抜粋）

表1-32　世界の主要国におけるチーズ生産量（2008年）と消費量（2007年）

生産国名	生産量（万t）	消費国	1人当たり消費量（kg）
アメリカ	479	フランス	23.9
ブラジル	63	アイスランド	23.5
アルゼンチン	49	スイス	22.2
ロシア	43	イタリア	21.0
カナダ	40	フィンランド	19.1
ウクライナ	35	オーストリア	19.0
オーストラリア	35	スウェーデン	18.4
ニュージーランド	35	オランダ	18.0
イラン	23	EU 27カ国計	17.7
スイス	18	チェコ	16.9
メキシコ	15	ノルウエー	15.4
ベルラーシ	13	アメリカ	15.1
イスラエル	12	カナダ	12.6
日　本	12	イギリス	12.2
ノルウエー	9	オーストラリア	11.8
EU 27カ国計	828	日　本	2.1
総　計	1,723	韓　国	1.5

（JIDF資料「世界の酪農情況2009」より抜粋）

表 1-33　世界の主要国における乳飲料およびヨーグルトを含む発酵乳製品の生産量（2008 年）と 1 人当たり消費量（2006 年）

生産国名	生産量（万 t）	消費国	1 人当たり消費量（kg）
EU 27ヵ国計	1,014	デンマーク	50.0
日　本	266	オランダ	45.0
中　国	259	アイスランド	42.5
アメリカ	163	イラン	40.9
イラン	87	フィンランド	38.6
メキシコ	63	スウェーデン	36.3
アルゼンチン	58	フランス	31.6
ウクライナ	53	スイス	31.4
韓　国	46	ドイツ	29.8
カナダ	27	スペイン	29.1
スイス	25	ポルトガル	28.0
チ　リ	19	ノルウェー	23.7
イスラエル	17	イスラエル	23.3
		EU 27ヵ国計	21.1
		韓　国	10.3
		中　国	1.6

（JIDF 資料「世界の酪農情況 2009」より抜粋）

世界の発酵乳市場は複雑であり，ヨーグルトに加えて，日本独特の乳酸菌飲料なども含まれ，統計的な生産量の完全把握は難しい．表 1-33 には，2008 年のヨーグルトを含む発酵製品の生産量（左側）と 2006 年の 1 人当たり消費量（右側）を示す．世界の生産量は，EU 27ヵ国で約 1,000 万 t であるが，日本および中国は 1 ヵ国で約 260 万 t の生産量であり，アメリカの約 160 万 t を超えている．世界の 1 人当たり消費量では，デンマーク，オランダ，アイスランドが上位 3 ヵ国である．2007 年以降は，EU 27ヵ国で表記され，細かい国別データが不明である．2008 年ではイラン（47.3kg），アイスランド（37.9kg），ドイツ（30.5kg）が上位 3 ヵ国である．しかし，これらの消費統計には，アメリカも日本も含まれていないので，世界全体の消費動向は完全には把握できない．

3）日本の乳生産と消費の特徴

日本の酪農家が飼養する乳牛頭数は，2002 年には約 110 万頭を超えていたが，その後漸減傾向となり，2008 年には 99.8 万頭と 100 万頭を下回った．一方，韓国は 25 万頭，中国では約 1,200 万頭である．牛乳の総生産量は，2002 年の約 840 万 t から，2008 年には約 800 万 t に減少した．日本では 99%の生乳は，乳工場に出荷され，約50%（400万t）が飲用向け乳として，残りは加工乳として乳製品などの形態に加工され消費されている．

表1-34には，2008年の世界の主要国における生産者乳価を示す．日本の生産者乳価が高いことは世界的にも有名であり，乳100kg当たり87.66米ドルとアメリカの約2.2倍である．しかし，近年はどの国でも乳価が上昇し，50米ドル以上の価格の諸国が多い．日本の乳価の決定される要因は複雑であり，脂肪率や乳成分含量および体細胞数などを加味した乳価の決定機構，輸入に頼る粗飼料や濃厚飼料の価格変動問題や，酪農家規模と後継者問題および家畜排泄物の管理費用，各種疾病への対策費など，多くの観点を考慮して決定される．

日本は牛乳を直接飲料として消費するが，近年では発酵乳（ヨーグルト）を中心とする乳製品の消費が伸びている．特に，機能性ヨーグルトは，2001年（平成3年）にわが国独自に当時の厚生省が創設した「特定保健用食品制度（トクホ）」

表1-34　世界の主要国における生産者乳価（2008年）

国　名	乳100kg当たりの生産者乳価	単位通貨	米ドル換算（US$）
日　本	7,890	JPY（円）	87.66
キプロス	49.65	EUR（ユーロ）	73.03
スイス	77.65	CHF（フラン）	71.94
ノルウェー	379	NOK（クローネ）	67.79
カナダ	65.93	CAD（ドル）	65.95
アイスランド	64	ISK（クローネ）	65.45
韓　国	67,108	KRW（ウオン）	61.46
イタリア	41.76	EUR（ユーロ）	61.42
フィンランド	41.14	EUR（ユーロ）	60.51
スペイン	38.16	EUR（ユーロ）	56.13
オーストリア	37.51	EUR（ユーロ）	55.17
ポルトガル	36.33	EUR（ユーロ）	53.43
オランダ	35.95	EUR（ユーロ）	52.88
デンマーク	266	DKK（クローネ）	52.48
EU 25ヵ国平均	33.90	EUR（ユーロ）	49.86
アメリカ	40.39	USD（ドル）	40.40
中　国	260	CNY（元）	37.40
ニュージーランド	43	NZD（ドル）	30.45
インド	1,272	INR（ルピー）	29.41

（JIDF資料「世界の酪農情況2009」より抜粋，日本のデータのみ2007年）

の中で，認可販売される新製品が続々と登場している（2011 年 1 月段階で全 964 品目中約 100 品目）．また，日本では，歴史的にプロセスチーズから市場導入された関係で，現在もチーズ消費の約 50％を占めている．2004 年から現在に至るまで年間平均では 2.0kg レベルで推移しているが，将来的にはナチュラルチーズの消費も増加することが予想されている．

2008 年，オランダのラボバンク・インターナショナル社が公表した「総売上高による世界の乳業上位 20 社」を表 1-35 に示す．日本の乳業会社 2 社が 2004 年からランクインしているのは特筆され，14 位（明治乳業）と 15 位（森永乳業）に位置している．2008 年のランキングの 19 位には，初めて中国の蒙牛（Mengniu）乳業会社が入り，注目される．中国では，蒙牛以外にも伊利や光明などの大手乳業会社が急成長しており，将来的にこのランキングに登場することが推定される．アジアから 3 社が上位 20 社に入っていることは，今後のアジア地域での乳および乳製品の製造と消費の発展がますます期待される点である．

表 1-35　総売上高による世界の乳業上位 20 社（2008 年）

順　位	会社名	国　名	酪農部門の売上高（10 億米ドル）
1	ネスレ	スイス	27.2
2	ダノン	フランス	15.7
3	ラクティリス	フランス	13.7
4	フリーズランド・カンピーナ	オランダ	13.7
5	フォンテラ	ニュージーランド	12.0
6	ディーン・フーズ	アメリカ	11.8
7	デイリー・ファーマーズ・オブ・アメリカ	アメリカ	10.1
8	アルラ・フーズ	デンマーク / スウェーデン	10.1
9	クラフト・フーズ	アメリカ	7.5
10	ユニリーバ	オランダ / イギリス	6.6
11	パーラマット	イタリア	5.4
12	サプート	カナダ	5.3
13	ボングラン	フランス	5.2
14	明治乳業	日　本	4.7
15	森永乳業	日　本	4.3
16	ランド・オレイク	アメリカ	4.1
17	ノルドミルヒ	ドイツ	3.7
18	シュライバ・フーズ	アメリカ	3.7
19	蒙牛（Mengniu）	中　国	3.4
20	ミュラー	ドイツ	3.4

（JIDF 資料「世界の酪農情況 2009」より抜粋）

第2章

肉の科学

1．筋細胞と筋肉の構造

家畜や家禽の筋肉は食肉や食肉加工製品の原料として利用されている．筋肉には，骨格に付着して体の支持や運動を司る骨格筋，消化管や血管などを構成する平滑筋，心臓を構成する心筋がある．それぞれの筋肉は骨格筋細胞，平滑筋細胞および心筋細胞が集合して結合組織に支持されて組織としての特徴的な構造と機能を持つ．

1）骨格筋の形成と発達

(1) 発生に伴う筋形成

骨格筋は発生過程で生じる中胚葉に由来する．中胚葉由来の未分化な多能性幹細胞は筋節に集合し，MyoDなどのいくつかの筋特異的転写因子の作用を受け，将来，筋細胞になることが決定付けられる．筋細胞に分化されることがすでに決定付けられた細胞を筋芽細胞と呼び，筋芽細胞は筋形成の場に移動して，分裂を繰り返し増殖する．やがて，筋芽細胞は細胞周期から逸脱し細胞分裂を停止して，互いに融合し多核の筋管を形成する．これを筋細胞の分化という．筋芽細胞が数個融合した未成熟な筋管では核は筋管の中心に位置しているが，筋管の成熟とともに核は細胞膜直下の細胞周辺部に移動する．多核化した筋管内では筋たんぱく質特異的遺伝子が活性化され，筋収縮やそれを調節するたんぱく質が産生され，規則正しく配列して横紋構造を持つ筋原線維が構築される．成熟した筋管は，やがて直径20～150 μm，長さ数cmにも及ぶ大きな多核細胞（筋線維）となり，細胞内には収縮を担う筋原線維が細胞質を埋め尽くすほど発達する．

(2) 成長に伴う筋肥大機構

食肉を生産するということは「家畜，家禽を育成・肥育して効率的にその骨格筋を発達（筋肥大）させる」ことである．出生後，筋線維数は顕著には増加しないことが知られており，出生後の筋肥大は，主に筋線維容積（太さと長さ）の増加によっている．筋線維中の筋原線維数は成長に伴って 10 ～ 15 倍に増加するといわれている．また，筋線維の縦方向への伸長については，新しい筋節（サルコメア）が筋線維内の既存の筋原線維に付加されることによって生じると考えられている．

筋線維中の筋原線維が増加するためには，それを構成するたんぱく質の合成量が増加する必要があるが，筋線維のたんぱく質合成量には限界があり，たんぱく質合成量を大きく増加させるためには，DNA 量の増加，すなわち核の供給が必要となる．これを担っているのが筋衛星細胞である．筋衛星細胞は，筋線維の細胞膜の外側，基底膜の内側に局在しており，増殖・分化能を有し，既存の筋線維に融合することができる．このようにして，筋衛星細胞は既存の筋線維に新たな核を供給することによって，筋線維の筋たんぱく質産生能を高め，筋線維サイズの増加（筋肥大）に寄与している．また，増殖した筋衛星細胞同士が融合して筋管（筋線維）を形成することもあり，筋衛星細胞は，出生後の新たな筋線維の形成にも関与していると考えられている．

2）骨格筋の構造

骨格筋は筋線維の集合体で，これを結合組織が支持している．筋線維は直径 20 ～ 150 μm の円筒状の細長い巨大な多核細胞で，個々の筋線維は基底膜とその外側を取り囲む筋内膜に覆われている．筋線維は多数集合して筋周膜に囲まれて筋束を形成し，多数の筋束が筋上膜に覆われて骨格筋を形成している（図 2-1）．筋線維内には，筋原線維が筋線維の長軸方向に平行に筋線維全長にわたって多数走行している（図 2-2）．

筋原線維を位相差顕微鏡で観察すると，一定の周期で明暗の縞模様が見られる．筋線維に横紋が見られるのは，この明暗の繰返しを持った筋原線維が筋線維内で規則正しく並んでいることによる．明るい部分は等方性（isotropic），暗い部分は

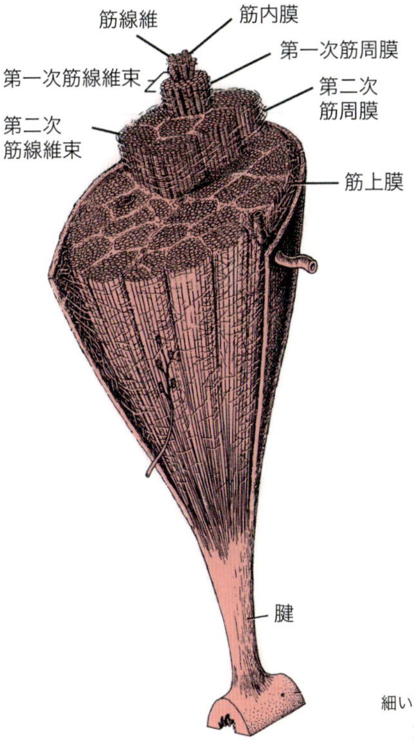

図2-1　筋線維束および筋肉内結合組織の構造
（藤田恒夫：立体組織図譜Ⅱ組織編，p.257 図125，西村書店，1981に加筆）

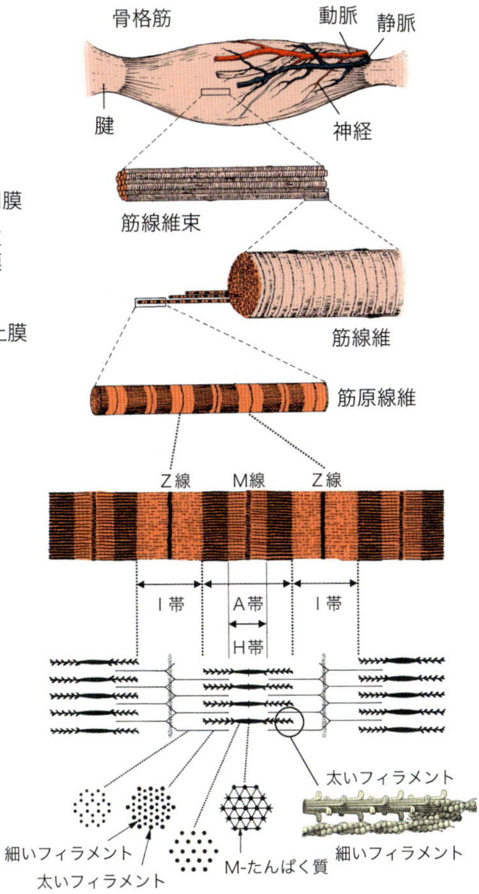

図2-2　骨格筋，筋線維および筋原線維の構造
（Hedrick, H. B. et al.：Principles of Meat Science, p.16 Fig.2.7., p.17 Fig.2.8., Kendall/Hund Publishing, 1994；藤田恒夫：立体組織図譜Ⅱ組織編，p.269 図131，西村書店，1981に加筆）

複屈折性（anisotropic）を示すので，それぞれI帯，A帯と呼ばれている．筋原線維の微細構造を電子顕微鏡で観察すると，I帯の中央にはZ線と呼ばれる電子密度の高い濃い線が見られる．筋原線維上のZ線からZ線までを筋節（サルコメア）と呼び，これが収縮の基本単位となる．サルコメアがZ線を介して縦方向に多数つながって筋原線維を形成しており，Z線はサルコメア構造を支持し，

収縮に伴って各サルコメアで生じる張力を伝播する役割を担っている．Z線は，α-アクチニンと呼ばれるたんぱく質などからなるZフィラメントと，その間を埋める無定形基質とからなる．

筋原線維を垂直な面で切断して電子顕微鏡で観察すると，I帯の断面には直径約6nmの細いフィラメントが，H帯の断面では直径約15nmの太いフィラメントが六角形格子構造をとって規則正しく並んでいるのが見られる．また，A帯の電子密度の高い部分の断面では6本の細いフィラメントが1本の太いフィラメントを取り囲むように配列している．太いフィラメントはミオシンを主成分とし，A帯の端から端まで約1.6μmの長さを持ち，A帯の中央でM線にあるM-たんぱく質によって支えられている．細いフィラメントはアクチンを主成分とし，Z線を基点として左右のA帯に向かって伸び，その一部は太いフィラメント間に入り込んでいる．A帯の中で太いフィラメントと細いフィラメントが重なり合っている部分は電子密度が高く電子顕微鏡下で濃く見えるが，A帯の中央部分（H帯）は細いフィラメントが入り込んでいないので太いフィラメントだけが存在している．このためH帯の電子密度は低く，電子顕微鏡下で薄く見える．また，A帯の中央にはM線と呼ばれる細い線が見られ，太いフィラメントを横方向に連結する構造となっている．太いフィラメントはZ線から伸びるコネクチン（タイチン）と呼ばれる線維状の弾性たんぱく質によって支えられており，このたんぱく質は太いフィラメントの位置的なずれを修正する機能を果たしている．また，ネブリンと呼ばれるたんぱく質で形成される線維が細いフィラメント上をZ線からその先端まで伸びており，細いフィラメントを支持しているものと考えられている．

筋線維の原形質内構造のうち，筋原線維を除いた残りの部分は筋漿と呼ばれる．筋漿には細胞液およびそれに溶存するたんぱく質，細胞核，ミトコンドリア，ゴルジ体などの細胞小器官，グリコーゲンなどが含まれる．

筋線維内には筋原線維を取り巻くように2種類の膜系がある（図2-3）．1つは筋原線維に沿って網目状に発達した筋小胞体で，その一部は終末槽と呼ばれるふくらみを形成する．もう1つは，隣り合う終末槽の間に形質膜が陥入してできた細管状の横行小管（T管）で，筋原線維に直角に走っている．2つの終末槽とその間のT管の3つの要素からなる構造を三つ組という．これらの膜系は骨

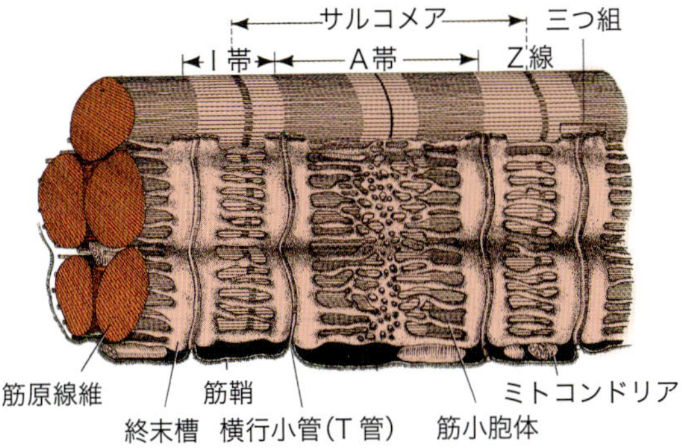

図2-3　筋原線維を取り巻く膜系
（Hedrick, H. B. et al.：Principles of Meat Science, p.23 Fig.2.13., Kendall/Hund Publishing, 1994 に加筆）

格筋の収縮弛緩の制御に重要な役割を果たしている．骨格筋の収縮弛緩はカルシウムイオン（Ca^{2+}）濃度によって制御されており，筋小胞体は Ca^{2+} を放出したり，汲み上げたりして，筋細胞質内の Ca^{2+} 濃度を調節している．形質膜上を伝わってきた電気的刺激はT管を通して筋線維内部に達し，終末槽部分を刺激すると，この部分の膜の Ca^{2+} 透過性が変化し，Ca^{2+} は筋小胞体から放出され，細胞質内の Ca^{2+} 濃度は弛緩時の約 10^{-7}M から 10^{-5}M 程度に上昇する．細胞質の Ca^{2+} 濃度の上昇は筋原線維を収縮させる一連の生化学反応を引き起こし，骨格筋は収縮する．興奮が引くと筋小胞体の膜内在性たんぱく質であるカルシウムポンプが働き，細胞質から筋小胞体内部へ Ca^{2+} を汲み上げ，細胞質内の Ca^{2+} 濃度は弛緩時の濃度に戻る．家畜のと畜後，死後筋肉の貯蔵中には筋小胞体の膜構造が劣化し，内部の Ca^{2+} が漏出して細胞質の Ca^{2+} 濃度が約 10^{-4}M まで上昇する．このことが筋原線維構造の脆弱化を引き起こす原因の1つと考えられている．

3）筋肉内結合組織の構造

骨格筋において筋線維を束ね支持しているのが筋肉内結合組織である．筋鞘で被われた筋線維の外側は膜状の結合組織である筋内膜によって囲まれている．数十本の筋線維が束ねられて第一次筋線維束を形成し，さらに数本から10数本の第一次筋線維束が束ねられて第二次筋線維束を形成している（図2-1）．それぞれの筋線維束は第一次筋周膜（内筋周膜）および第二次筋周膜（外筋周膜）で囲まれている．さらに，骨格筋の最外層は筋上膜で覆われている．これらの筋肉内結合組織は骨格筋端で集合し，筋腱接合部を経て連続的に腱につながり，筋で発生した張力を伝播する役割を担っている．

骨格筋組織からアルカリ処理により筋線維成分を除去して得られる筋肉内結合組織を走査型電子顕微鏡で観察すると，蜂の巣状の筋内膜とこれを取り囲むように走行する筋周膜が認められる（図 2-4a）．高倍率で観察すると，筋内膜はコラーゲン細線維で編まれた円筒形の籠のような構造をしており（図 2-4b），生筋ではこの中に基底膜で被われた筋線維が保持されている．筋周膜はコラーゲン細線維

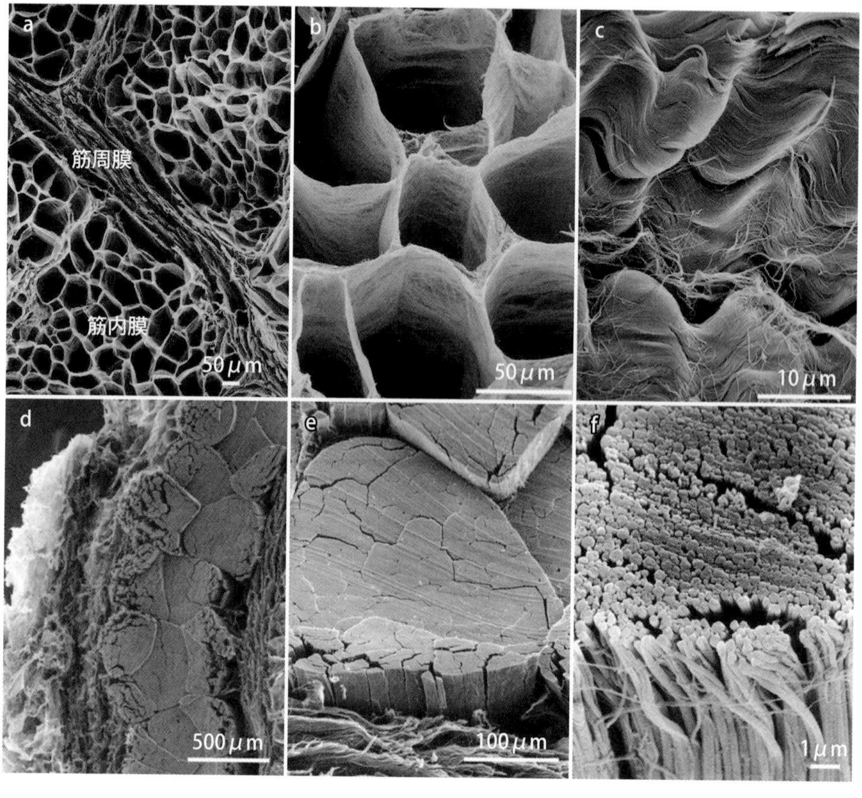

図 2-4　筋肉内結合組織の構造

牛半腱様筋から切り出した試料から細胞消化法により筋線維成分を除去したのち，走査型電子顕微鏡で観察した．a：蜂の巣状の筋内膜とそれを取り囲む筋周膜，b：筋内膜，c：筋周膜，d：筋上膜（スジの部分），e：d の拡大像．太いコラーゲン線維が束ねられている，f：e の拡大像．個々のコラーゲン線維はコラーゲン細線維が緻密に束ねられてできている．

が集合して形成された太い束（コラーゲン線維）で構築されている（図 2-4c）．筋上膜はコラーゲン線維が緻密かつ複雑に配列し，分厚い隔壁を形成している．肉眼で白い膜として観察される部分（スジ）は太いコラーゲン線維が緻密に集合してできており（図 2-4d ～ f），腱と同じ構造で非常に丈夫である．筋肉内結合組織の性状は家畜種や骨格筋の種類，成長程度などによって異なり，筋線維束を形成する筋線維の数や筋線維束の太さとともに，肉のテクスチャーに大きく影響する．

4）心筋の構造

牛，豚，鶏などの心臓は焼肉のハツとして広く利用されている．心筋を構成する心筋線維は枝分かれして網目状につながっており，これを豊富な毛細血管と疎性結合組織が取り巻いている．骨格筋を構成する筋線維は多核の細胞であるのに対して，心筋線維は単核の心筋細胞が介在版を介してつながった構造をしている（図 2-5）．また，骨格筋の筋線維では，核は筋細胞の周辺部に位置しているのに対して，心筋細胞の核は中央に位置している．しかし，心筋細胞内には筋原線維が整然と配列しているので顕微鏡で観察すると骨格筋と同じように横紋構造が認められる．心筋細胞内にはミトコンドリアが筋原線維の間に非常に多く見られる．心筋細胞にもＴ管や筋小胞体はあるが，その位置や発達の仕方が骨格筋とは異なる．哺乳動物のＴ管はＡ帯とＩ帯の境界にあるが，心筋ではＺ線上にある．また，筋小胞体の終末槽は骨格筋ほど発達していない．

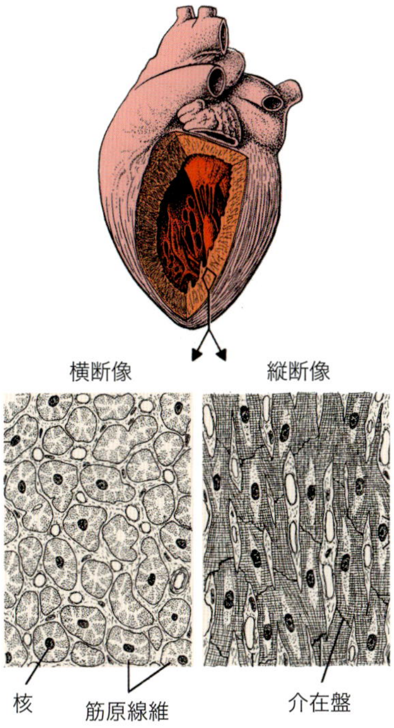

図2-5　心臓および心筋組織
（藤田恒夫：立体組織図譜Ⅱ組織編，p.275 図 134，西村書店，1981 に加筆）

5）平滑筋の構造

平滑筋は血管壁や，食道，胃，小腸，大腸などの消化器官壁，気管支，子宮，膀胱などの器官壁にあり，これらの器官の付随的な収縮に関与している．家畜のこれらの器官は，ガツ（胃），ヒモ（小腸），コブクロ（子宮）などとして焼肉などで広く利用されている．小腸の内面は粘膜層で，粘膜下層の外側に平滑筋細胞からなる2層の筋層があり，その外側は結合組織で構成される層がある（図2-6）．私たちがホルモンとして利用するのは，粘膜層を洗いとったあとの平滑筋層と結合組織層である．また，ソーセージのケーシングとして使われるのは，粘膜層と平滑筋層を取り除き結合組織層だけとなった腸管である．

平滑筋細胞は単核の細胞で，長さ20～200 μm，太さ約5 μmの紡錘形をしている．平滑筋細胞を電子顕微鏡で観察すると，骨格筋細胞や心筋細胞で見られ

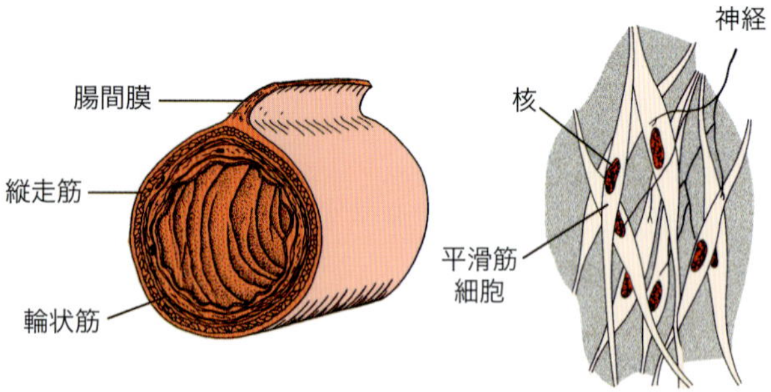

図2-6　小腸断面の平滑筋層の位置と平滑筋細胞
（山本啓一・丸山工作：筋肉，p.26 図1-14，p.27 図1-15，化学同人，1986）

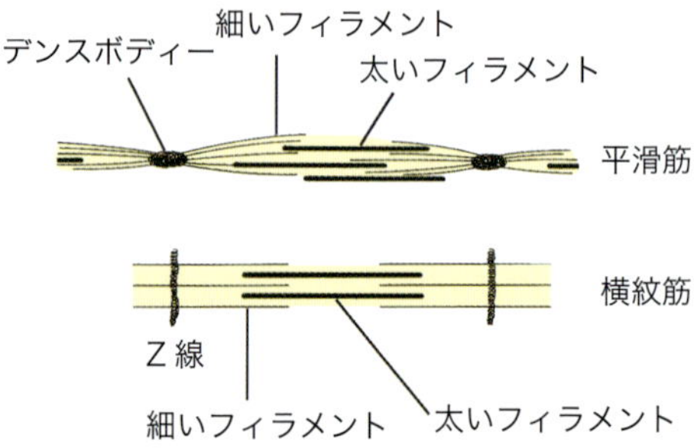

図2-7　平滑筋と横紋筋の筋原線維構造の比較
（山本啓一・丸山工作：筋肉，化学同人，p.54 図2-14，1986）

る規則的な縞模様は認められない．これは，平滑筋細胞では，ミオシンで構成される太いフィラメントやアクチンで構成される細いフィラメントが規則的な配列をしていないためである．平滑筋細胞にはデンスボディーと呼ばれる電子密度の高い構造物が認められる．これは，骨格筋や心筋細胞のZ線に相当するもので，その両端から細いフィラメントが伸びている（図2-7）．2つのデンスボディーの間には太いフィラメントがあり，骨格筋や心筋細胞の筋原線維と同じように収縮する．平滑筋の特徴として，太い線維（直径約15nm）と細い線維（直径約6nm）の他に，直径約10nmの中間径フィラメントが存在する．このフィラメントはデスミンやビメンチンなどのたんぱく質からできており，デンスボディーの周りに多く認められ，デンスボディーの細胞内での位置を保つのに寄与していると考えられている．

2．筋肉の死後変化と食肉の品質特性

1）筋収縮と死後硬直

(1) 筋収縮の仕組み

筋肉を電子顕微鏡で観察し，筋節長（sarcomere length）を測定すると，弛緩時で約2.4 μm，収縮時で約1.5 μmである．収縮時にH帯とI帯の幅は減少するが，A帯の幅には変化がない．このことから，筋収縮はA帯を形成する太いフィラメントに，細いフィラメントが滑り込むことによって起こると考えられる（図2-8）．

筋収縮にはアデノシン三リン酸（ATP）およびCa^{2+}が必要である．細いフィラメントの主要たんぱく質のアクチンは，太いフィラメントの主要たんぱく質のミオシン頭部と結合しやすい特性がある．一方，アクチンフィラメントにはトロポミオシンが巻き付き，さらにトロポミオシンには，3種類のトロポニン（トロポニンC，IおよびT）が複合体を形成して結合している（☞ 図2-19）．弛緩状態ではトロポミオシンがアクチンのミオシン結合部位を覆い，その結合を阻害している．神経刺激により神経－筋接合部の運動終末版で活動電位が発生すると，この電位がT小管を経由して筋小胞体に伝わり，筋小胞体に蓄えられているCa^{2+}

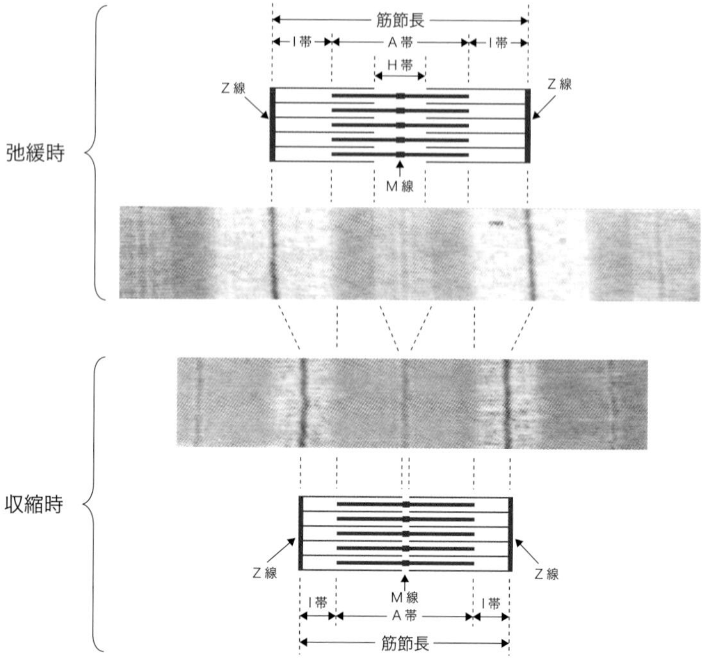

図2-8　筋肉の収縮と弛緩

収縮によって筋節長は短くなるが，A帯の幅は変化しない．（写真提供：渡邊　彰・岡部靖子両氏）

が筋漿中へ放出される．筋漿中Ca^{2+}濃度は弛緩時の約10^{-7}Mから10^{-6}M程度まで上昇する．Ca^{2+}がトロポニンCと結合するとトロポニン複合体が構造変化を起こし，トロポミオシンの位置をずらす．その結果アクチンのミオシン結合部位が露出し，両者が結合できるようになる．ミオシン頭部はATP分解酵素（ATPase）活性を持ち，ATPをアデノシン二リン酸（ADP）とリン酸に分解できるが，そこで発生したエネルギーはミオシン頭部に保持される．ミオシン頭部がアクチンと結び付くと保持されたエネルギーが利用され，ミオシン頭部がアクチンフィラメントをミオシンフィラメント中央部に向けて引っ張るため筋肉は収縮する．筋小胞体膜にはCaポンプがあり，筋漿に放出されたCa^{2+}はATPを利用して直ちに筋小胞体に回収されるため，アクチンがミオシン頭部から再び解離して筋肉は弛緩する．1分子のATPによってアクチンフィラメントがどの程度引っ張られるかについては，ミオシンがATP1分子を分解する際，頭部が大きく1回首を振るように動いてアクチンフィラメント1分子分の約6nmを引っ張るという「首振り説」が長年定説となっていた．しかし現在では，ATP1分子の分解で発生したエネルギーをミオシン頭部に保持し，そのエネルギーを少しずつ利用しながら,距離可変的に最大60nmまでアクチンフィラメントを引っ張るという「ゆらぎ説」が多く支持されている．

(2) 死後硬直はなぜ起こるのか

と畜により筋肉への血液供給や神経支配などの生命維持機能が停止すると，筋肉は強固に収縮したままになる．これが死後硬直（rigor mortis）である．

生体筋肉では恒常性維持のためATPが常に消費され，それを補うため，主にグルコースや脂肪酸の好気的代謝により効率的にATPが再生産される．安静時の筋肉ではATPレベルが5～10mMに維持されている．と畜により筋肉に血液が流れなくなると酸素の供給が絶たれ，好気的なATP生産はできなくなるが，恒常性維持のため筋肉でATPが消費され続ける．筋肉内には20～25mM程度のクレアチンリン酸が存在し，これを利用して短時間無酸素下でもATPが再生されるが，クレアチンリン酸も枯渇すると，今度は筋肉内グリコーゲンの嫌気的解糖によってのみATPが生産されるようになる．解糖系はATP生成効率が悪く，また，このときに生じた乳酸が筋肉内に蓄積する．生体では乳酸は血流により筋肉から肝臓に運ばれるが,と体では血流がないため筋肉に乳酸が蓄積し続け，筋肉のpHが徐々に低下する．ATP不足やpH低下により筋小胞体は正常な機能を果たせず，筋小胞体からCa^{2+}が筋漿に漏出する．Ca^{2+}はトロポニンCと結合し，アクチンとミオシンの結合阻害作用がなくなるため両者が結合する．残存するATPにより筋収縮は引き続き生じるが，筋小胞体はすでに機能不全状態にあり筋漿中のCa^{2+}は回収されない．したがって，アクチンとミオシンは結合状態を維持したまま伸長性を失う．これが死後硬直の仕組みであり，最も筋肉が収縮する時期を最大硬直期という．と畜から最大硬直期までに要する時間は，筋肉の温度やATPが消失するまでの時間に影響されるが，牛では24～48時間，豚で12～24時間といわれている．蓄積した乳酸により筋肉が酸性化すると，解糖系酵素が阻害されpH低下が停止する．このときのpHを極限pH（ultimate pH）という(図2-9)．食肉の熟成や保存性に好ましい極限pHは5.4～5.6とされる．

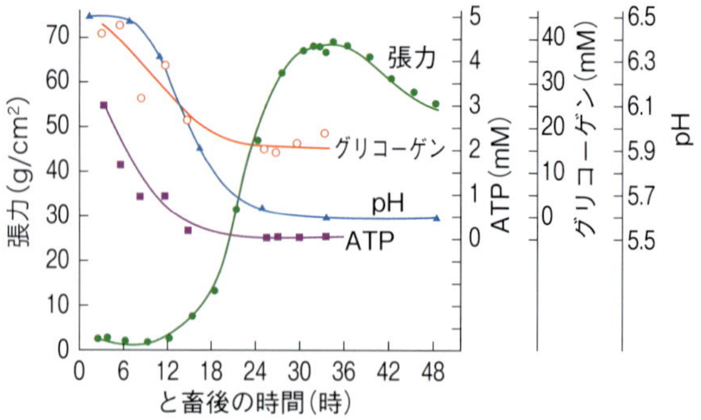

図2-9　と畜後5℃で保存した牛大腿二頭筋の等尺性張力，ATP，グリコーゲンおよびpHの変化

張力の強さは硬直の程度の指標となる．（Nuss, J. I. and Wolfe, F. H : Effect of post-mortem storage temperatures on isometric tension, pH, ATP, glycogen and glucose-6-phosphate for selected bovine muscles. Meat Science 5, 201-213, 1980-81, Fig.4）

しかし，と畜前のストレスや運動により筋肉中のグリコーゲン量が低下していると，死後の筋肉で解糖によるATPの供給が少なく，ATP消失までの時間が短くなる．また，乳酸の蓄積も少ないためpHは5.9～6.1程度までしか低下しない．このような筋肉は，熟成が進まないため硬くなりやすく，また微生物汚染も生じやすいため食品衛生上も好ましくない．

2）食肉の軟化と熟成

(1) 熟成による筋肉の変化

死後硬直が完成した筋肉は硬くて食用には適さない．一方，最大硬直期を過ぎた筋肉は徐々に軟化していく．これを解硬（rigor off）または硬直解除（resolution of rigor）という．生体筋肉ではATPにより収縮と弛緩が行われているが，死後硬直が完成した筋肉ではATPの生産がないため，解硬は弛緩とは全く異なる仕組みで生じる．解硬現象を含め筋肉の軟化の過程を熟成（ageing, aging）といい，この過程で筋肉は食用として好ましいものに変化していく．食肉を4℃で保存した場合，熟成に要する期間は牛で10～14日間，豚で5～7日間，鶏では1～2日間とされているが，牛ではさらに長期間熟成することもある．

未熟成および熟成後の筋原線維を比較すると，熟成によりZ線が薄くなり（図2-10左），また，この部分で筋原線維が切断しているのが観察される（図2-10右）．

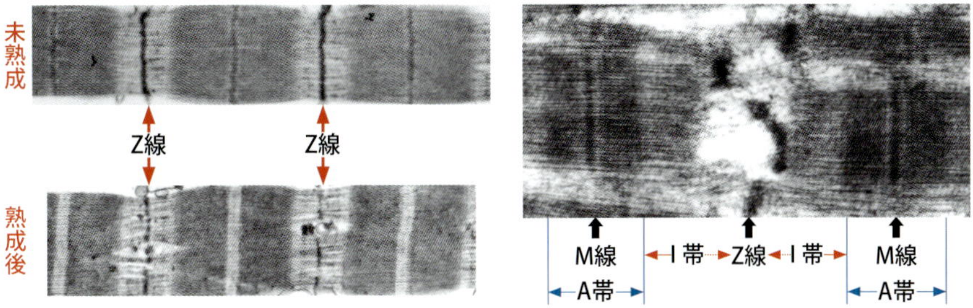

図 2-10　熟成によるZ線構造の変化（左）と筋原線維のI−Z接合部での切断（右）

左図では熟成によりZ線が薄くなっているのが観察される．（写真提供（左）：渡邊　彰・岡部靖子両氏，（右）：渡邊　彰氏）

解硬の仕組みはまだ完全に解明されていないが，コネクチンの断裂などZ線構造の脆弱化，アクチン−ミオシン間の結合の脆弱化，およびトロポニンをはじめとする筋線維たんぱく質の分解などが見られ，筋肉中のプロテアーゼ（protease，たんぱく質分解酵素）の作用によるところが大きいと考えられる．

(2) プロテアーゼの働き

生体の筋漿中には弛緩時で 10^{-7}M，収縮時で 10^{-6}M の Ca^{2+} が存在するが，と畜後は筋漿の Ca^{2+} が徐々に増加し，最終的には 2×10^{-4}M まで上昇する．筋漿中にはCa依存性中性プロテアーゼの μ-カルパイン（calpain）およびm-カルパインが存在している．これらが活性を獲得するには，μ-カルパインで 5×10^{-5}M 程度，m-カルパインで 7×10^{-4}M 程度の Ca^{2+} が必要なため，熟成，とりわけ初期には μ-カルパインが主要な役割を果たしていると考えられている．この他に，骨格筋特異的に存在するカルパインp94があるが，熟成への関与については不明である．

一方，と畜に伴い細胞内小器官であるリソゾームも脆弱化し，リソゾーム局在性酸性プロテアーゼのカテプシン類（cathepsins）が筋漿に放出される．カテプシンは酸性に至適活性を有し，乳酸蓄積により筋肉が酸性に傾くと作用すると考えられている．筋肉中にはシステインプロテアーゼであるカテプシンB，HおよびL，ならびにアスパラギン酸プロテアーゼであるカテプシンDが存在する．この他にも，20Sプロテアソーム（20S proteasome）やカスパーゼ類（caspases）

表 2-1　骨格筋に存在する主なエンドペプチダーゼ

	名　称	分子量（kDa）	至適 pH	内因性阻害剤	特　徴
Ca 依存性中性プロテアーゼ	μ-カルパイン（カルパイン-1）	112（豚）	7.0 ～ 7.5	カルパスタチン	活性化には 20 ～ 100 μM程度の Ca イオン必要
	m-カルパイン（カルパイン-2）	109（豚）	7.0 ～ 7.5	カルパスタチン	活性化には 0.3 ～ 1.0mM 程度の Ca イオン必要
	カルパイン p94（カルパイン-3）	94（ラット）	7.1（ラット）	不　明	生体では Z 線と会合．熟成との関連は不明
リソゾーム局在酸性プロテアーゼ	カテプシン B	27（牛）	4.0 ～ 6.0	シスタチン C	システインプロテアーゼ
	カテプシン D	43（牛）	3.0 ～ 5.5	不　明	アスパラギン酸プロテアーゼ
	カテプシン H	25（牛，豚）	6.0 ～ 7.0	シスタチン C	システインプロテアーゼ
	カテプシン L	24（ウサギ）	5.0 ～ 6.5	シスタチン（A, B, C, D, F）	同　上
ユビキチン-プロテアソーム系	20S プロテアソーム	650（牛）	7.0 ～ 9.0		28 個のサブユニットから構成される高分子．ATP 依存性
カスパーゼ系中性プロテアーゼ	カスパーゼ 3	29（ヒト）	7.0 ～ 8.0	IAP ファミリーたんぱく	システインプロテアーゼ．生体ではアポトーシスの際，細胞内たんぱくを分解
	カスパーゼ 6	24（ラット）	7.0 ～ 7.5	不　明	同　上
	カスパーゼ 7	26（ヒト）	7.0 ～ 7.5	IAP ファミリーたんぱく	同　上

などの中性プロテアーゼが熟成へ関与する可能性が示され，研究が行われている（表 2-1）．

(3) 結合組織の脆弱化

筋肉内結合組織も食肉の硬さに影響する要因である．筋周膜や筋内膜を構成する結合組織は主にコラーゲン線維（collagen fiber）からなり，線維の隙間をプロテオグリカン（proteoglycans）が埋めているが，熟成期間中プロテオグリカンが変性し，コラーゲン線維がほぐれやすくなる，すなわち結合組織が崩壊しやすくなることが示されている．一方，結合組織にはマトリックスメタロプロテアーゼ 2 型（matrix metalloprotease-2，MMP-2）や 9 型（MMP-9）などのコラーゲン分解酵素が存在するが，熟成時における結合組織への影響は不明である．

3）食肉のおいしさと熟成

食肉を低温で熟成すると，筋線維たんぱく質の分解により軟らかくなるとともに風味が強くなり美味しくなる．熟成により変化する主な呈味成分は遊離ペプチドおよびアミノ酸，ならびにイノシン酸（IMP）である．熟成過程ではプロテアーゼ（エンドペプチダーゼおよびエキソペプチダーゼ）が重要な役割を果たしている．まず，筋線維たんぱく質や筋漿たんぱく質がカルパイン類やカテプシン類などのエンドペプチダーゼにより分解され，ペプチドが遊離する．その後はエキソペプチダーゼであるアミノペプチダーゼ類（アミノペプチダーゼH，アミノペプチダーゼPなど），ならびにジペプチジルペプチダーゼ類などの作用により，ペプチドがさらに消化されて遊離アミノ酸が生成する．遊離アミノ酸は熟成に伴い増加し，その速度は牛肉，豚肉，鶏肉の順で遅く，熟成に要する日数に対応している．遊離アミノ酸の中でもグルタミン酸の増加は食肉の旨味に大きく影響する．IMPはATPの代謝により生成する．ATPの加水分解により生じたADP2分子からミオキナーゼの作用により，ATPおよびアデノシン一リン酸（AMP）が各1分子ずつ生成する．次に，AMPデアミナーゼの作用によりAMPからIMPが生成する．IMPはさらにイノシンやヒポキサンチンへと代謝される．IMPは重要な呈味成分であるが，遊離アミノ酸と異なり，牛では筋肉中のIMP含量が最大になるのは，と畜後1～2日であり，その後は徐々に減少していく（図2-11）．

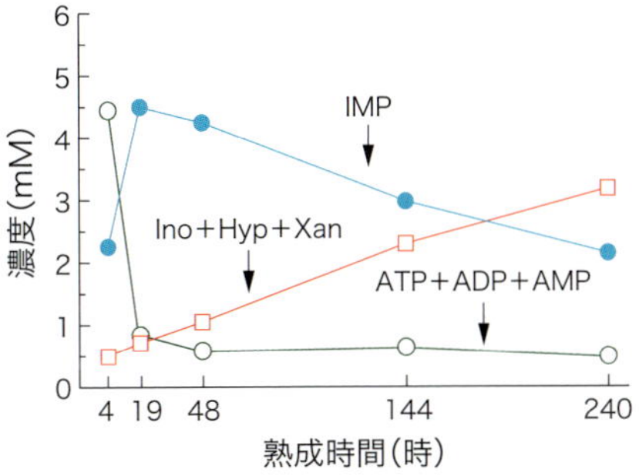

図2-11　ATPおよび関連化合物の熟成中の変化
IMP：イノシン酸，Ino：イノシン，Hyp：ヒポキサンチン，Xan：キサンチン．ATPの代謝産物であるIMPは熟成初期に最大になる．（Watanabe, A. et al.：Journal of Food Science 54, 1169-1172, 1989の表をグラフ化）

4）色　　調

食肉の色は，主にミオグロビンという色素たんぱく質に由来する．ミオグロビンはグロビンと呼ばれるたんぱく質1分子と補欠分子族のヘム（プロトヘム）1分子が結合したもので，分子量は約16,000～18,000である．グロビンはおおむね球状の形をしており，内部にある疎水性のポケット構造にヘムが位置している．ヘムは平面状のポルフィリン環の中心に鉄イオンが配位結合している（図2-12）．鉄イオンは結合のための手を6本持っており，そのうちの4本はポルフィリン環の窒素原子と結合している．残りの2本はポルフィリン環の平面に対して上下に出ており，1本（第5配位座）はグロビンのヒスチジン残基と結合している．反対部分には間隙があってさまざまな分子が入ることができ，それがリガンドとして，もう1本（第6配位座）と結合することができる（図2-12）．ヘムを含有する近縁のたんぱく質に，血液の赤血球中に存在して酸素を運搬するヘモグロビンがあるが，と畜・と鳥時には放血するため，食肉の色調にはヘモグロビンはほとんど関与していない．

一般に食肉の色調は，①ミオグロビンの含量，②その状態，③pHに大きく影響を受ける．畜種による食肉の赤色度の違いは，表2-2に示すようにミオグロビン含量に起因する．ミオグロビン含量の低い鶏肉などでは食肉の色調は淡く，ミ

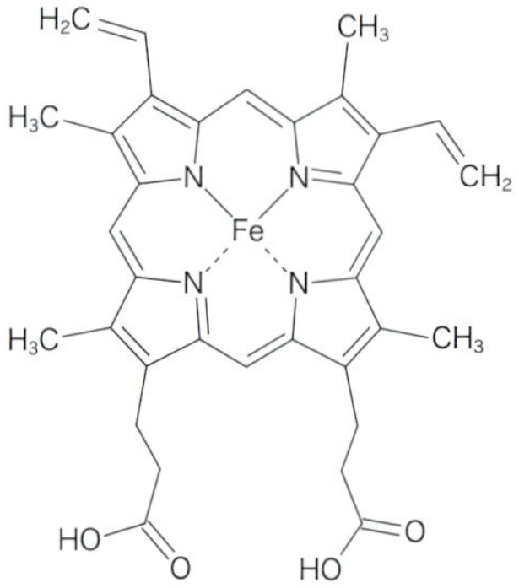

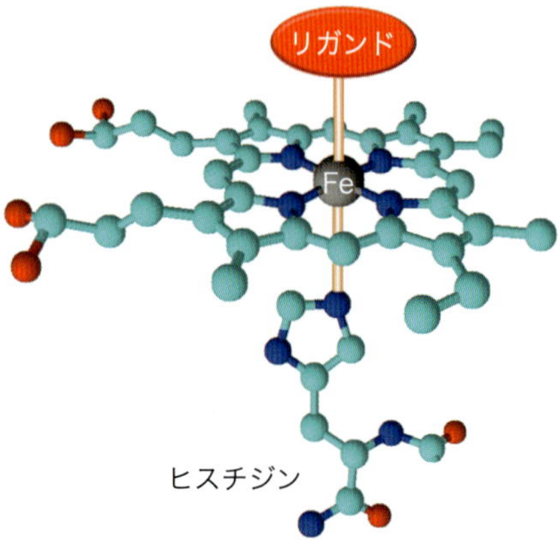

図2-12　ヘム（プロトヘム）の構造（左）とヘムポケット内のヘムの鉄原子に配位するリガンド（右）

畜　種	ミオグロビン含量	色　調
鶏　肉	0.1 ～ 0.15%	淡赤色
豚　肉	0.05 ～ 0.15%	↑
羊　肉	0.25%	
牛　肉	0.5%	
馬　肉	0.8%	↓
鯨　肉	1 ～ 8%	濃赤色

表 2-2　食肉中のミオグロビン含量と色調

オグロビン含量の高い馬肉や鯨肉では濃い赤色を呈する．家畜の種類だけでなく，年齢や雌雄，筋肉部位，筋線維型などによってもミオグロビン含量は異なり，食肉の赤色度合に影響を及ぼす．

ミオグロビンの状態はヘム中心部の鉄イオンの電荷と，第６配位座に結合しているリガンドの種類の影響を受ける．食肉の色調に及ぼすミオグロビン誘導体の特徴とその生成経路を図 2-13 に示す．われわれが一般的に目にする食肉の鮮やかな赤色はオキシミオグロビンに起因し，鉄イオンの電荷が２価でリガンドに酸素分子（O_2）が結合したものである．一方，肉塊を切った直後の切開面の色調は鮮やかな赤色ではなく，暗く紫がかった赤色をしている．これは肉塊内部には酸素が存在しないため，鉄イオン

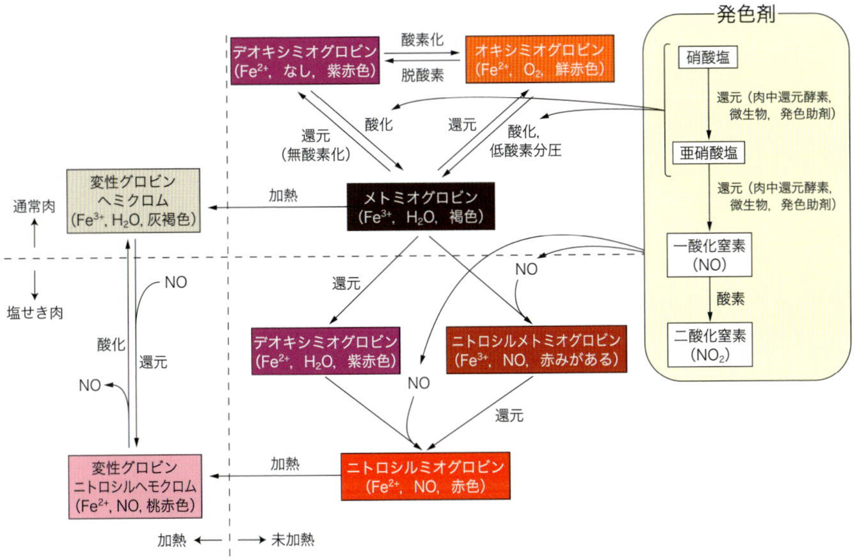

図2-13　食肉ならびに塩せきした食肉の色調に及ぼすミオグロビン誘導体の特徴とその生成経路

各ミオグロビン誘導体の下段かっこ内には，ヘム鉄の電荷，第６配位座のリガンドならびにその色調を示す．ニトロシルメトミオグロビンは中間生成物であり，色調は明らかにされていない．

の電荷が2価で，リガンドには何も結合していないデオキシミオグロビン（以前は還元型ミオグロビンと呼ばれていた）として存在しているためである．しかし，切ってからしばらく放置すると，切り口は見慣れた鮮赤色へとかわる．これは空気中の酸素が切り口のデオキシミオグロビンと結合し（酸素化），オキシミオグロビンに変化するためである．また，食肉を長期間放置すると褐色に変色することが知られており，古い肉の指標とすることが多い．これはオキシミオグロビンなどが酸化してメトミオグロビンに変化するためである．これら3つのミオグロビン誘導体間は可逆的に変化することができ，色の違いは可視部における吸収スペクトルの違いが原因である（図2-14）．これらの変化はヘム部分のみで起こり，グロビンは変化していない．一方，食肉を加熱すると，特徴的な赤色を失って灰褐色になる．これはグロビンが加熱変性を受けるのと同時に，ヘムの鉄イオンは酸化されて3価となり，リガンドには水分子が結合している．鉄イオンが3価のヘムはヘミクロムと称されるので，このときのミオグロビン誘導体は変性グロビンヘミクロムと呼ばれる．

pHはミオグロビンよりも食肉そのものの素地に大きく影響を及ぼし，pH5.0～5.5付近では明るく見え，pHの上昇に伴い暗い色調に見える．DFD肉はpHが高く，暗い色調の典型である（☞ 7)「異常肉の発生と構造」)．

発色剤を使用する塩せき食肉製品におけるミオグロビン誘導体の特徴とその変化を図2-13に示す．発色剤である硝酸塩や亜硝酸塩を食肉に混ぜると，食肉は

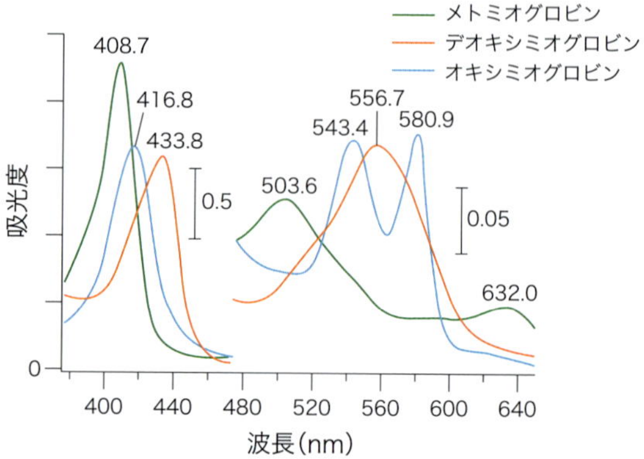

図2-14　ミオグロビン誘導体の吸収スペクトル
（Motoyama, M. et al.：Meat Sci., 84, 202-207, Fig. 5, 2010より一部改変）

直ちに褐色化する．これは硝酸塩や亜硝酸塩の酸化作用によるもので，ミオグロビンが酸化されてメトミオグロビンとなるからである．硝酸塩や亜硝酸塩は食肉内在や微生物由来の還元酵素，アスコルビン酸塩などの発色助剤の働きにより一酸化窒素（NO）が生成される．このNOがヘムの鉄イオンに配位して，安定なニトロシルミオグロビンが生成される．その生成経路は2つあるとされており，1つは発色剤によって酸化されたメトミオグロビンが食肉や微生物由来の還元酵素，あるいはアスコルビン酸塩などの発色助剤によって還元されて，デオキシミオグロビンになったあとにNOが配位してニトロシルミオグロビンとなる経路と，もう1つはメトミオグロビンにNOが配位してニトロシルメトミオグロビンとなったあとに還元されてニトロシルミオグロビンとなる経路である．いずれも直接的な証明はされていないが，形成されたニトロシルミオグロビンはヘムの鉄イオンは2価の還元状態でリガンドにはNOが配位しており，これが塩せきした非加熱食肉製品（生ハム，サラミなど）の色の正体である．塩せきした食肉を加熱するとハムなどで見られる特徴的な桃赤色となる．これはグロビンが加熱変性を受けるが，ヘムのリガンドにNOが配位しているため，鉄イオンは酸化されずに2価のまま保持される．鉄イオンが2価のヘムはヘモクロムと称されるので，このときのミオグロビン誘導体は変性グロビンニトロシルヘモクロムと呼ばれる．変性グロビンニトロシルヘモクロムも比較的安定であるが，酸素や紫外線などにさらされると，NOの解離とヘム鉄の酸化が起こり，変性グロビンヘミクロムに変換されて食肉製品特有の色調が失われる．

発色剤を使用しないで製造されるパルマハムなどの非加熱食肉製品では，ヘム内の鉄が亜鉛に置きかわった亜鉛プロトポルフィリンⅨが形成，蓄積されて，特徴的な色調を呈することが知られているが，形成メカニズムについては不明な点が多い．

5）保水力（保水能）

保水力（保水能）とは，食肉自身が持っている水，あるいは添加した水をどれくらい保持できるかという能力で，食肉においても食肉製品においても品質を左右する重要な要因の1つである．

保水能の悪い食肉では保存中や加熱時に肉汁（ドリップ）が漏出し，硬くぱさ

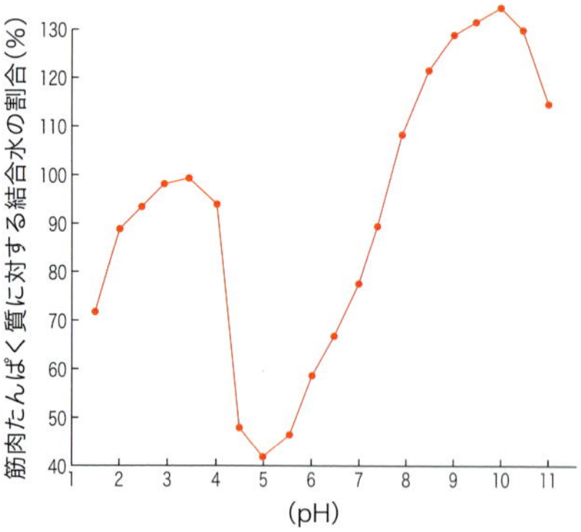

図2-15　牛肉ホモジネートの保水性に及ぼすpHの影響
各pHにおける筋肉たんぱく質に対する，結合した結合水の割合を示す．(Hamm, R.：Adv. Food Res., 10, 355-463. Fig.5, 1960より一部改変)

ぱさした食感になる．食肉の保水性はpHに大きく影響を受け，pH5付近で最低となる（図2-15）．これは多くの筋原線維たんぱく質の等電点である．等電点ではたんぱく質の電荷が等しくなるが，より高いpHではたんぱく質がマイナスに，より低いpHではプラスに荷電するため，互いに反発力が生まれてたんぱく質同士の間に空隙ができ，ここに水分が保持できるようになり保水性がよくなる．同一個体においても，筋肉により至適pHが異なるため，部位によって保水性に差が生じる．

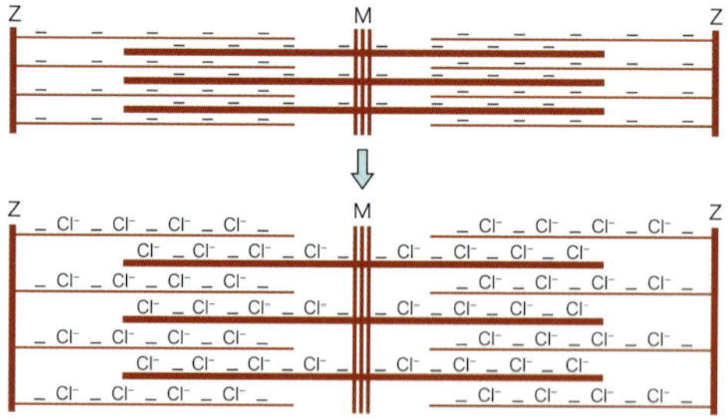

図2-16　食塩による筋原線維の膨潤の模式図
加えた食塩から解離した塩素イオン(Cl^-)がフィラメントに結合して負に荷電し，フィラメント間に反発力が起こって膨潤する．(Offer, G. and Trinick, J.：Meat Sci., 8, 245-281, Fig.11, 1983より引用)

食肉製品には食塩の添加が不可欠で，食塩は食肉の保水性を高める．食塩由来の塩素イオン（Cl^-）が筋原線維たんぱく質に付着することによって，pHを上昇させたときと同様に，マイナスに荷電してたんぱく質同士に反発力が生じ，保水性を高めるとされている（図2-16）．

6）結　着　性

食肉に食塩を加えて混ぜると，粘りが出て糊状になる．これが結着性と呼ばれるもので,ハムやソーセージなどの食肉製品の品質においてきわめて重要である．筋原線維たんぱく質の多くは塩溶性で，0.3M以上の塩濃度（食塩換算で1.75％以上）で溶け出し，特にミオシンが重要な役割を果たす．抽出されたミオシンなどの塩溶性たんぱく質は加熱によりゲルを形成し，肉塊同士を接着して加熱後も崩れず弾力性を示すだけでなく，加えた脂肪や水分を保持できるようになり，加熱食肉製品の保水性の一翼を担う．

死後硬直後の骨格筋ではミオシンはアクチンと硬直結合をしたままであることから，塩濃度を高めてもミオシンの抽出効率が低いままである．結着増強剤として認められている重合リン酸塩を添加するとミオシンとアクチンとの硬直結合が解離するため，ミオシンの抽出効率が飛躍的に増加し，結着性および保水性が増大する．これは，重合リン酸塩が筋弛緩時のATPと同じ働きをすることによる．

一方，近年の減塩志向により食肉製品の塩分含量が減少してきており，食塩だけでは十分な結着性が得られないことから，他の食品素材を添加して補う必要がある．

7）異常肉の発生と構造

罹患した家畜および家禽は，と畜検査およびと鳥検査により排除されるが，解体，加工，あるいは調理する際に，正常ではない畜肉および家禽肉が見出されることがある．と畜前後の原因で発生する異常肉について解説する．

(1) 遺伝的要因，栄養障害などのと畜前の異常に起因する異常肉

a．PSE肉

PSE肉は肉色が淡く（pale），軟らかく（soft），水っぽい（exudative）のが特徴で，それぞれの単語の頭文字から名付けられている．ふけ肉やむれ肉，ウォータリーポークとも呼ばれ，豚肉のロースやももでしばしば見られる（図2-17）．PSE肉の症状を呈するものは，と畜後の筋肉中のpHが急激に低下する（と畜後1時間で5.0付近まで低下するものもある）．と体温度がまだ高い間にpHが低下すると，

筋原線維たんぱく質は変性し，光が散乱して白く見えるようになる．また，細胞膜の崩壊も起こり，細胞液が容易に行ききでき，切り口からしみ出しやすくなる．PSE 豚肉はストレスに敏感に反応する豚に特徴的に現れる現象であったため，このような豚はストレス感受性豚と呼ばれていた．現在では遺伝子疾患である悪性高熱症として，遺伝的な欠陥に起因することが明らかにされた．筋小胞体のカルシウムイオン（Ca^{2+}）放出を調節する受容体の変異により，と畜時の刺激および興奮が引き金となって暴走し，骨格筋細胞内の Ca^{2+} が放出され続け，筋収縮を起こすだけでなく，筋小胞体内への Ca^{2+} の再取込みを行うために多量の ATP が消費され熱が産生される．消費された ATP を補うためにグリコーゲンが消費され，枯渇するまで乳酸と熱が産出され続ける．このため，と畜して血流が停止しても，しばらくは体温が低下しないで pH だけが急速に低下する．PSE 肉は保水性，結着性が乏しく，ドリップロスやクッキングロスが多くて風味も悪い．

b．DFD 肉

DFD 肉は肉色が濃く（dark），硬く締まって（firm），乾いたような（dry）性状が特徴で，それぞれの単語の頭文字から名付けられており，牛肉や豚肉でしばしば見られる（図 2-17）．通常の食肉と比べて，至適 pH がきわめて高いこと（6.5 以上）が特徴である．と畜時における筋肉中のグリコーゲン含量の極端な低下が主な原因で，と畜後の嫌気的解糖による乳酸産生量が低下するため，至適 pH が高いままとなる．高 pH の食肉は光の透過性がよいため，色調はより暗く見える．また，中性付近の pH は筋原線維たんぱく質の等電点から大きく離れているため，保水性が著しくよくなり，硬く締まって，乾いたように見える．発生の理由として，長距離輸送や疲労，と畜前の極度のストレスなどにより，筋肉中のグリコー

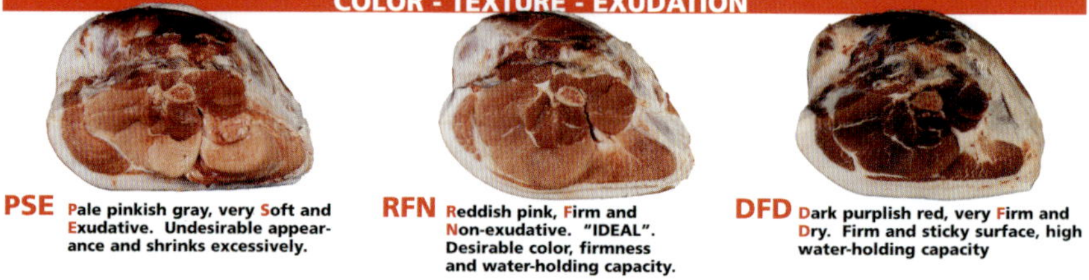

図 2-17　PSE 豚肉（左），理想的な豚肉（中），DFD 豚肉（右）の様相

ゲン含量が消費され，と畜時に十分回復していないことが主な原因である．DFD肉の風味は悪くないが，見た目が悪いだけでなく，高 pH のため微生物が増殖しやすい．PSE 肉と比べると加工特性は悪くはなく，保水性や結着性はきわめて優れている．

c．黄　　豚

体脂肪が黄色で異臭を放つ豚肉のことで，過酸化脂質の蓄積が原因である．多価不飽和脂肪酸を多く含む魚屑などの劣化しやすい飼料や，すでに酸化した油脂を含む飼料を給与した家畜に多く見られ，特に豚における発生が多い．

d．軟　脂　豚

冷と体においても脂肪が軟らかく，締まりがない豚肉のことで，脂肪の融点が低い．正常豚と比べて，リノール酸などの多価不飽和脂肪酸が多く，飽和脂肪酸のパルミチン酸やステアリン酸含量が少ない．飼料中の油脂の組成が影響し，不飽和脂肪酸が多く融点の低い油脂（魚介類のあらなど）の多給により発生する．また，ストレスや疾病，寒冷などにより体内の蓄積脂肪（特に飽和脂肪酸）がエネルギーとして消耗して発生することもある．イモ類や穀物飼料を給餌すると，飽和脂肪酸が蓄積しやすく軟脂豚の発生を抑制する．軟脂豚の食肉は加工用にもテーブルミート用にも適さない．

(2) と畜後の取扱い不備に起因する異常肉

a．寒冷（低温）短縮

衛生的に微生物の増殖を抑制するためには，食肉を迅速に冷却することが望ましい．しかし，硬直発生前に枝肉から筋肉を切り出し，低温条件下に放置すると筋線維方向に著しく短縮する．この現象を寒冷短縮（低温短縮）と呼ぶ．この原因は，低温刺激により筋小胞体から Ca^{2+} が急速に漏出し，残存している ATP を利用して一気に筋収縮（死後硬直）が発生するためである．死後硬直前の枝肉から筋肉を切り出さなければ，筋肉は骨格に結合しているため，物理的に寒冷短縮を抑えることができる．寒冷短縮した食肉は非常に硬く，加工用やテーブルミート用としては適さない．寒冷短縮を回避するために，と畜直後の枝肉に電気刺激を行い，人為的に筋収縮を起こさせて筋グリコーゲンと ATP を消失させる方法があり，海外ではよく使われている．

b. 解凍硬直

硬直発生前の食肉を急速に深温凍結（−40℃以下）すると，解凍時に多量のドリップを出しながら筋線維方向に著しく収縮する．この現象は解凍硬直と呼ばれる．凍結中や解凍中に筋小胞体が壊れて，解凍中にCa^{2+}が一気に放出され，残存しているATPとともに，急激な筋収縮を発生させる．解凍硬直した食肉は非常に硬いだけでなく，多くの呈味成分がドリップとして漏出しているので風味に乏しい．

3．食肉の栄養成分の科学

1）食肉の栄養的特徴

食肉の栄養成分は家畜の種類，年齢，飼養条件，あるいは筋肉部位などによって変動するが，おおむねたんぱく質が約20%，脂肪と水分で75～80%，無機質が約1%，わずかなグリコーゲンなどの糖質から構成される（表2-3）．また，食肉は鉄，亜鉛，ビタミンB群，葉酸などの微量栄養成分のよい給源でもある．和牛肉と輸入牛肉の成分組成を比べると，和牛肉の方が脂質含量は高く水分とたんぱく質含量は低い．その傾向はももよりもサーロインで顕著である．筋肉部位の特徴を見ると，牛，豚肉のいずれもサーロインとロースの方がももに比べて脂質量が多い．鶏肉では，むねよりももの方が脂質含量は高く，たんぱく質含量が低い傾向にある．日本の長寿社会は食肉などの動物性食品の摂取量の増加による

表2-3　食肉の一般成分組成

	和牛肉		輸入牛肉		豚　肉		鶏　肉	
	サーロイン	もも	サーロイン	もも	ロース	もも	むね	もも
エネルギー（kcal）	456	220	238	165	202	148	108	116
水分（g）	43.7	64.4	63.1	69.1	65.7	71.2	75.2	76.3
たんぱく質（g）	12.9	19.8	19.1	21.7	21.1	21.5	22.3	18.8
脂質（g）	42.5	14.2	16.5	7.6	11.9	6.0	1.5	3.9
炭水化物（g）	0.3	0.6	0.4	0.5	0.3	0.2	0	0
灰分（g）	0.6	1.0	0.9	1.1	1.0	1.1	1.0	1.0

試料：牛肉（皮下脂肪なし），豚肉（大型種肉，皮下脂肪なし），若鶏（皮なし）．

（五訂日本食品標準成分表より抜粋）

ところが大きく，食生活の栄養改善に大きく貢献している．しかし，メタボリックシンドロームと関連させて悪いイメージが持たれ，食肉などの動物性食品が避けられる一面もある．食肉は高たんぱく質，低糖質であることから，グリセミック指数が低いため，血糖値の急激な上昇を抑え，インスリン分泌を抑制し，肥満，糖尿病の抑制にポジティブな効果も期待できる．今後，ますます高齢化が進行する社会では，動物性たんぱく質の摂取不足から低栄養状態に陥りやすい高齢者の増加が懸念されている．このような高齢者にとって食肉は，大切なたんぱく質源でもある．

2）水　　分

水分は，動物の体液として生命活動に必要な成分を細胞に運搬したり，細胞の構造を維持するなど，きわめて重要な働きをしている必須の成分である．水分には細胞内に存在する細胞内液と血漿，間質液，リンパ液に存在する細胞外液とがある．食肉中には約70%の水分が含まれているが，脂質の蓄積の程度に応じて変動し，脂肪率の高い肉では水分含量が低くなる傾向にある．食肉中の水分の70%は筋原線維中に，20%は筋漿中に，10%は結合組織中に存在している．水分には筋漿成分を中心にさまざまな呈味成分や栄養成分が溶解しており，肉質や食味性に大きく影響している．保水性の悪い肉はドリップ損失が多くなり，保水性のよい肉に比べて風味に乏しい．食肉の水分は，風味の他にテクスチャー，色調，保存性など多くの肉質に関係する．ドリップ損失を抑制することは，肉質をよい状態で維持するために重要である．

3）たんぱく質

(1) 食肉たんぱく質のアミノ酸組成

骨格筋を構成するたんぱく質は大きく筋漿，筋原線維および肉基質（結合組織）に分類される．たんぱく質の栄養価は構成するアミノ酸組成が大切で，特に体内で十分に合成することができないイソロイシン，ロイシン，リジン，メチオニン，フェニルアラニン，スレオニン，トリプトファン，バリン，ヒスチジンなど9種類の必須アミノ酸の構成比率が重要である（表2-4）．食肉たんぱく質の栄養的価値をアミノ酸スコアで比較すると，食肉（牛，豚，鶏肉），牛乳，卵，魚，

表 2-4　食品のアミノ酸組成の比較

	牛肉	豚肉	鶏肉	牛乳	卵	魚	ダイズ	精白米	コムギ
アミノ酸スコア	100	100	100	100	100	100	100	61	42
イソロイシン	300	310	310	340	340	290	300	250	230
ロイシン	540	510	520	620	550	500	490	500	450
リジン	590	570	570	520	450	580	390	220	150
含硫アミノ酸	260	250	260	230	370	260	190	290	240
芳香族アミノ酸	470	470	480	540	580	480	550	580	470
スレオニン	300	290	290	260	290	290	240	210	180
トリプトファン	71	76	73	83	94	70	85	87	65
バリン	310	330	320	410	420	320	310	380	270
ヒスチジン	260	320	230	180	160	260	170	160	140

単位：食品可食部の全窒素 1g 当たりのアミノ酸組成（mg）．試料：牛肉（和牛サーロイン，脂身なし），豚肉（ロース，脂身なし），鶏肉（もも，皮なし若鶏），魚（アジ），ダイズ（豆乳），コムギ（食パン）．

（五訂日本食品標準成分表より抜粋）

ダイズが 100 で，精白米 61，小麦粉 42 を大幅に上回り，栄養学的に良質なたんぱく質である．ダイズのアミノ酸バランスも良好であるが，食肉に比べてリジン，含硫アミノ酸，あるいはスレオニン含量が少ないなど劣っている．また，精白米とコムギはリジンが第 1 制限アミノ酸になっている．食肉は他の動物性食品と同様に必須アミノ酸の構成比率が高く，食餌性のたんぱく質源として栄養学的にたいへん優れている．

(2) 食肉たんぱく質を構成する成分

骨格筋のたんぱく質は，ミオグロビンなどが含まれる筋漿たんぱく質 30%，ミオシン，アクチン，トロポニン，コネクチンなどの筋原線維たんぱく質 60%，コラーゲンなどの肉基質（結合組織）たんぱく質 10%に分類される．筋漿は骨格筋線維の内部構造のうち，筋原線維を除いた残りの部分で，細胞内液を形成している．筋漿には核，ミトコンドリア，筋小胞体，ゴルジ体などの細胞小器官や細胞液が含まれ，筋肉中に約 5.3%存在する（表 2-5）．細胞小器官に含まれるたんぱく質としては，グリセルアルデヒド -3- リン酸デヒドロゲナーゼ，アルドラーゼ，クレアチンキナーゼ，ホスホリラーゼなどの解糖系酵素が含まれる．細胞液には色素成分のミオグロビンやヘモグロビンなどが含まれる．特に，ミオグロビンは食肉の色調の決定因子として重要な成分である．

筋原線維は骨格筋を構成する筋線維に存在する直径 1 ～ 2 μｍの細線維状の

表2-5　筋漿を構成するたんぱく質		
たんぱく質名称	含量（%）	構成（%）
グリセルアルデヒド-3-リン酸デヒドロゲナーゼ	1.2	22.7
アルドラーゼ	0.6	11.3
クレアチンキナーゼ	0.5	9.4
ホスホリラーゼなどの解糖系酵素	2.2	41.5
ミオグロビン	0.2	3.8
ヘモグロビンなど	0.6	11.3

収縮性細胞小器官である．Z線で仕切られたサルコメアが連なって構成されており，サルコメアが筋収縮の基本単位となっている．筋原線維には明暗の縞模様が周期的に見られ，暗く見える領域には太いフィラメントが，明るく見える領域には細いフィラメントが配列している（☞ 図2-2）．太いフィラメントの軸はミオシン尾部のL-メロミオシン（LMM）が自己集合して形成され，ミオシン頭部は軸表面に位置して細いフィラメントと相互作用をすることによって筋収縮を引き起こす（図2-18）．細いフィラメントはアクチン，トロポニンT，I，C，トロポミオシンから構成される（図2-19）．また，太いフィラメントとZ線とを連結する弾性たんぱく質のコネクチン（タイチン）およびZ線から細いフィラメントの先端にまで至るネブリンが存在する．また，Z線は主に α-アクチニンから構成される．筋原線維たんぱく質は筋肉中の約11.6%を占めており，その内訳はおおよそミオシン47%，アクチン22%，コネクチン7.8%，トロポミオシン5.2%，トロポニン5.2%，α，β，γ-アクチニン4.3%，ネブリン2.6%，M-たんぱく

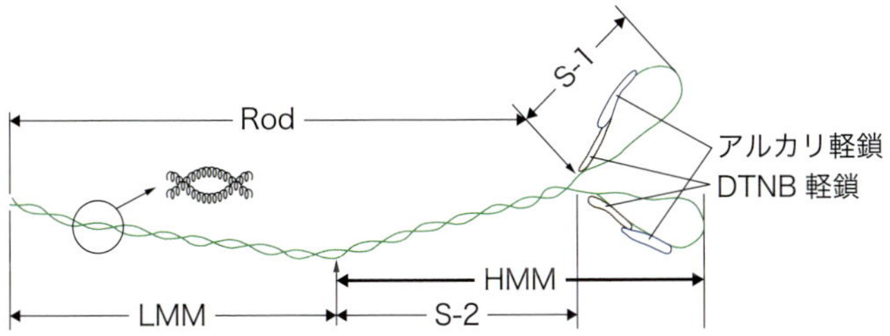

図2-18　ミオシンの構造と各部分の名称
HMM：H-メロミオシン（heavy meromyosin），LMM：L-メロミオシン（light meromyosin），S-1：サブフラグメント-1（subfragment-1），Rod：尾部（rod）．（山本啓一・丸山工作：筋肉，p.69，図3-2，1986に加筆）

質 1.7%から構成される（表 2-6）．表 2-7 はウサギ筋原線維のアミノ酸組成の特徴を示している．芳香族アミノ酸は他のたんぱく質に比べ，アクチン，アクチニン，トロポニン C，H- メロミオシン（HMM）で高含量である．また，プロリン含量に注目すると，アクチンとアクチニンで比較的高く，LMM とトロポニン C で低いことがわかる．

結合組織は筋膜，筋周膜，腱などの組織をつくり，結合組織の線維はコラーゲン，エラスチンおよびレティクリンなどのたんぱく質から構成される．結合組織のたんぱく質は筋肉中に約 5%程度含まれ，その 95%以上はコラーゲンで残りがエラスチンなどである．その他に結合組織の細胞周囲のたんぱく質としては，コラーゲンなどとともに細胞外マトリックス中の基質を形成するプロテオグリカンやフィブロネクチン，ラミニン，ヒドロネクチンなどの細胞接着因子が存在する．

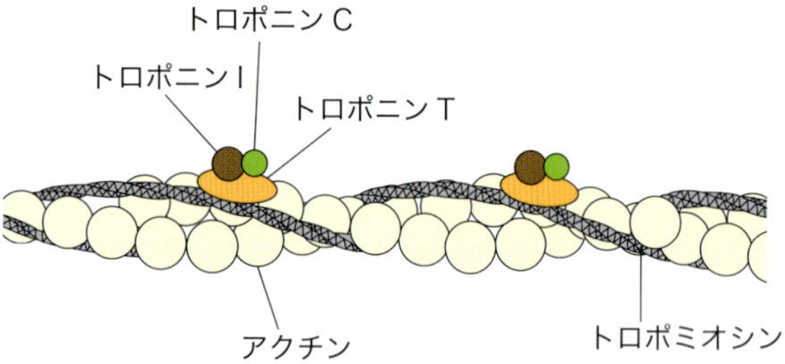

図2-19　細いフィラメントの構造
（山本啓一・丸山工作：筋肉，p.85，図 3-15，1986 に加筆）

表 2-6　筋原線維を構成するたんぱく質

たんぱく質名称	含量（%）	構成（%）	局在場所
ミオシン	5.5	47.4	A 帯
アクチン	2.5	21.5	I 帯
コネクチン	0.9	7.8	A，I 帯
ネブリン	0.3	2.6	N_2 線
トロポミオシン	0.6	5.2	I 帯
トロポニン C，I，T	0.6	5.2	I 帯
α-アクチニン	0.5	4.3	Z 線
β-アクチニン			アクチンの自由端
γ-アクチニン			
M-タンパク質	0.2	1.7	M 線
デスミン，フラミン，C-，F-，I- たんぱく質，ビンクリン，タリンなど	0.5	4.3	

表 2-7　ウサギ筋原線維たんぱく質におけるアミノ酸の分布（全アミノ酸残基に対する割合%）

たんぱく質	芳香族アミノ酸	プロリン	塩基性アミノ酸	酸性アミノ酸
アクチン	7.8	5.6	13	14
α-アクチニン	7.7	5.9	12	14
β-アクチニン	7.5	5.7	13	12
トロポミオシンB，αとβ	3.0	0.1	18	36
トロポニンC	7.8	0.6	10	33
トロポニンI	3.7	2.8	20	28
トロポニンT	5.3	3.5	22	32
ミオシン	5.3	2.6	17	18
HMM	7.2	3.4	15	15
LMM	2.8	1.0	19	18

4）脂　　質

脂質含量は食肉成分の中では最も変動しやすい成分で，家畜の種類，年齢，栄養状態，部位などの影響を受ける．脂質は動物体内のすべての組織，臓器に広く存在しており，蓄積脂質（depot fat）と組織脂質（tissue fat）に大別される．蓄積脂肪は皮下，腎周囲，腸間膜，筋肉などで脂肪組織を構成して存在している．蓄積脂肪の大部分は中性脂質から構成されており，その主体はトリアシルグリセロール（トリグリセリドとも呼ばれる）である．その他に，ジアシルグリセロール，モノアシルグリセロール，遊離脂肪酸，コレステロールなどが含まれている．トリアシルグリセロールは，グリセロール1分子に3分子の脂肪酸がエステル結合したものである（図 2-20）．家畜を肥育した際に筋線維束の間の結合組織に蓄積する脂肪は脂肪交雑と呼ばれ，牛肉の品質を左右する重要な因子の1つである．各種食肉の飽和と不飽和脂肪酸の構成割合を比較すると，脂質を構成する脂肪酸の内容は家畜の種類や筋肉部位で異なることが分かる．総脂肪酸に占める飽和脂肪酸の割合は輸入牛肉が最多で，次に豚肉，和牛肉，鶏肉の順に少ない．多価不飽和脂肪酸の割合は鶏肉が最も多く，次に豚肉で，牛肉ではきわめて少ない（表 2-8）．

家畜の中性脂肪を構成する脂肪酸は，オレイン酸，パルミチン酸が多く，次いでステアリン酸，パルミトレイン酸，リノール酸などが多く含まれる．不飽和脂肪酸のリノール酸や多価不飽和脂肪酸を多く含む豚や鶏の脂肪の融点は，牛の

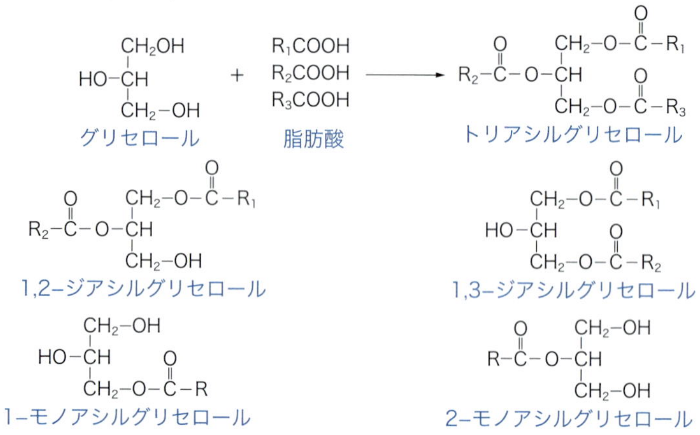

図2-20　トリアシルグリセロール，ジアシルグリセロール，モノアシルグリセロールの構造

ただし，R_1，R_2，R_3 はアルキル基を示す．

表 2-8　各種食肉の飽和，不飽和脂肪酸の割合（五訂日本食品標準成分表より抜粋）

	和牛肉		輸入牛肉		豚　肉		鶏　肉	
	サーロイン	もも	サーロイン	もも	ロース	もも	むね	もも
脂肪酸総量（mg/ 脂質 1g）	894	866	862	822	911	864	765	828
飽和脂肪酸（%）	38.5	37.8	52.2	44.6	43.8	38.8	34.1	33.4
一価不飽和脂肪酸（%）	58.8	58.5	45.6	51.4	44.5	47.9	47.1	49.6
多価不飽和脂肪酸（%）	2.7	3.7	2.2	4.0	11.7	13.3	18.8	17.0

脂肪よりも低い．特に，融点が最も低い鶏肉の脂質には飽和脂肪酸であるステアリン酸の含量が少なく，不飽和のリノール酸や多価不飽和脂肪酸が多く含まれる（表 2-9）．組織脂肪は脂肪組織以外の組織，臓器に存在し，複合脂質の含まれる割合が多く，細胞構造や膜機能の維持で重要な働きをしている．この脂質画分の含量は，家畜の栄養状態などの外的要因にそれほど影響されない．リン脂質は各種細胞および細胞内の小器官の膜構造成分として存在し，レシチン，ケファリン，スフィンゴミエリンなどがある．コレステロールは遊離コレステロールまたは脂肪酸と結合したコレステロールエステルとして存在している．以前は飽和脂肪酸を多く含む動物性脂肪は血清コレステロール値を上昇させ，動脈硬化を引き起こす因子とされていたが，最近の脂質栄養学ではリノール酸のとり過ぎによる弊害も指摘されるなど，一概に動物性脂肪がすべて悪いという考えは否定されている．

表 2-9　各種食肉の脂肪酸組成

脂肪酸	炭素数：二重結合数	和牛肉		輸入牛肉		豚　肉		鶏　肉	
		サーロイン	もも	サーロイン	もも	ロース	もも	むね	もも
デカン酸	10：0	0	0	0.1	Tr	0.1	0.1	0	0
ラウリン酸	12：0	0.1	0.1	0.1	0.1	0.1	0.1	Tr	Tr
ミリスチン酸	14：0	3.0	2.8	3.0	3.0	1.5	1.5	0.8	0.8
ペンタデカン酸	15：0	0.4	0.4	0.6	0.5	Tr	0.1	0.1	0.1
パルミチン酸	16：0	24.8	24.6	26.6	26.0	25.5	24.0	25.2	24.3
ヘプタデカン酸	17：0	0.8	0.9	1.4	1.2	0.4	0.3	0.2	0.2
ステアリン酸	18：0	9.5	9.0	20.2	13.7	15.8	12.5	7.8	7.8
アラキジン酸	20：0	0.1	Tr	0.2	0.1	0.2	0.2	0.1	0.1
ミリストレイン酸	14：1	1.5	1.4	0.5	1.0	0	Tr	0.5	0.2
パルミトレイン酸	16：1	5.5	5.3	2.9	4.1	2.8	2.1	5.9	6.1
ヘプタデセン酸	17：1	0.9	1.1	0.8	1.0	0.3	0.2	0.1	0.1
オレイン酸	18：1	50.4	50.5	41.0	45.0	44.1	41.3	40.1	42.7
エイコセン酸	20：1	0.4	0.4	0.3	0.3	0.7	0.8	0.4	0.5
リノール酸	18：2（n-6）	2.4	3.2	1.2	2.6	10.1	10.8	12.7	12.6
α-リノレン酸	18：3（n-3）	0.1	0.1	0.6	0.5	0.4	0.4	0.5	0.4
イコサジエン酸	20：2（n-6）	0	Tr	Tr	Tr	0.5	0.5	0.5	0.4
イコサトリエン酸	20：3（n-6）	0.1	0.1	0.1	0.2	0.1	0.2	0.6	0.3
イコサテトラエン酸	20：4（n-3）	0	0	0.1	0.1	0	0	0	0
アラキドン酸	20：4（n-6）	Tr	0.2	0.1	0.4	0.4	1.0	2.5	2.1
イコサペンタエン酸	20：5（n-3）	0	0	Tr	0.1	0	Tr	0.2	0.1
ドコサテトラエン酸	22：4（n-6）	0	Tr	0	Tr	0.1	0.1	0.5	0.5
ドコサペンタエン酸	22：5（n-3）	0	0	0.2	0.2	0.1	0.2	0.5	0.2
ドコサペンタエン酸	22：5（n-6）	0	0	0	0	0	0	0	0.1
ドコサヘキサエン酸	22：6（n-3）	0	0	Tr	Tr	0.1	0.1	0.7	0.3

単位：総脂肪酸 100g 当たりの脂肪酸（g），かっこ内の n-3，n-6：n-3，または n-6 系多価不飽和脂肪酸．
試料：牛肉（皮下脂肪なし），豚肉（大型種肉・皮下脂肪なし），若鶏（皮なし）．

（五訂日本食品標準成分表より抜粋）

動物性脂肪と植物性脂肪とをバランスよく摂取することが大切である．

5）糖　　質

食肉に含まれる糖質含量は 0.3%以下できわめて低く，その大部分がグリコーゲンである．グリコーゲンは動物の貯蔵多糖としてほとんどあらゆる細胞に顆粒状態で存在し広く分布している．特に，肝臓と筋肉中に多く，肝臓には 5 ～ 6%のグリコーゲンが存在する．筋肉中のグリコーゲンは 0.5 ～ 1%と量的に少ないが，筋収縮のエネルギー供給源であり，生理学的には重要な役割を果たしている．と畜後，食肉中のグリコーゲンは無酸素状態下で経時的に分解（解糖）されて乳酸に変化し，死後の pH 低下の原因となっている．グリコーゲン（$(C_6H_{10}O_5)_n$）

はグルコース分子がグリコシド結合で重合した高分子化合物で，その重合度は約 31×10^3 である．グリコーゲンのグリコシド結合の特徴は D- グルコースが α1→4 結合で直鎖状に結合し，ところどころで α1→6 結合で枝分かれし，さらにそこから高度に枝分かれして網状構造を形成している．食肉中に存在するその他の糖質としては，結合組織に存在するプロテオグリカンなどの複合糖質がある．プロテオグリカンはグリコサミノグリカンとたんぱく質との共有結合化合物の総称で，コラーゲンなどとともに結合組織の細胞外マトリックス中の基質を形成している．グリコサミノグリカンとしては，ヒアルロン酸，コンドロイチン，コンドロイチン硫酸，ヘパリン，ヘパラン硫酸などが知られている．

6）ミネラル

食肉中のミネラルは1％前後含まれている．主なものは含量の多い順に，カリウム，リン，ナトリウム，マグネシウム，カルシウム，亜鉛，鉄，銅である（表2-10）．食肉中の鉄にはヘム鉄と非ヘム鉄とがあり，ヘム鉄はミオグロビンやヘモグロビンに由来する鉄である．ヘム鉄は野菜などに含まれる非ヘム鉄よりも吸収率が2～5倍もよく，体内での利用効率が高い．また，食肉は亜鉛の供給源としても大切な食品であり，特に牛肉で亜鉛含量が高い．亜鉛は DNA および RNA ヌクレオチジルトランスフェラーゼ，カルボキシペプチダーゼ，アルコールデヒドロゲナーゼ，アルカリホスファターゼなど，多くの酵素の働きを助ける補酵素としての役割を持つ．

表2-10　各種食肉のミネラル含量（可食部100g 当たり）

	和牛肉		輸入牛肉		豚　肉		鶏　肉	
	サーロイン	もも	サーロイン	もも	ロース	もも	むね	もも
ナトリウム（mg）	34	46	42	45	45	49	42	69
カリウム（mg）	200	320	320	350	340	360	350	340
カルシウム（mg）	3	4	4	4	5	4	4	5
マグネシウム（mg）	13	23	20	24	24	25	27	23
リン（mg）	110	170	170	190	200	210	200	190
鉄（mg）	0.8	0.9	1.3	1.0	0.3	0.7	0.2	0.7
亜鉛（mg）	3.1	4.2	3.4	4.2	1.8	2.1	0.7	2.0
銅（mg）	0.05	0.08	0.07	0.08	0.06	0.08	0.03	0.05

試料：牛肉（皮下脂肪なし），豚肉（大型種肉，皮下脂肪なし），若鶏（皮なし）．

（五訂日本食品標準成分表より抜粋）

7）ビタミン

ビタミンは溶解性から大別してビタミンA，D，E，Kの脂溶性ビタミンとビタミンB_1，B_2，ナイアシン，葉酸，パントテン酸，B_6，B_{12}，ビオチン，Cの水溶性ビタミンとに分類される．食肉中の脂溶性ビタミンの含量はわずかであるが，ビタミンB群は比較的多く含まれる（表2-11）．特に豚肉はビタミンB_1が豊富で，120gほど食べれば成人の1日の所要量（女0.8～男 1.1mg）を補うことができる．ビタミンB_1はエネルギー代謝が活発な場合には必要量が増すため，重労働，長時間のスポーツトレーニングを行う人たちは十分に摂取する必要がある．また食肉にはナイアシン，葉酸，パントテン酸なども含まれている．副生物である内臓のうち，特に肝臓はビタミンAが多く，ビタミンB，Cも比較的多い．

表2-11　各種食肉のビタミン含量（可食部100g当たり）

	和牛肉		輸入牛肉		豚　肉		鶏　肉	
	サーロイン	もも	サーロイン	もも	ロース	もも	むね	もも
A								
レチノール（μg）	3	Tr	8	4	5	3	8	18
カロテン（μg）	Tr	0	3	Tr	0	0	Tr	Tr
レチノール当量（μg）	3	Tr	9	5	5	3	8	18
D（μg）	0	0	Tr	Tr	Tr	Tr	0	0
E（mg）	0.6	0.2	0.6	0.5	0.3	0.3	0.2	0.2
K（μg）	9	5	4	4	2	2	14	36
B_1（mg）	0.05	0.09	0.06	0.09	0.75	0.94	0.08	0.08
B_2（mg）	0.13	0.21	0.13	0.21	0.16	0.22	0.10	0.22
ナイアシン（mg）	4.0	5.8	5.4	5.5	8.0	6.5	11.6	5.6
B_6（mg）	0.26	0.35	0.46	0.49	0.35	0.32	0.54	0.22
B_{12}（μg）	1.1	1.2	0.7	1.7	0.3	0.3	0.2	0.4
葉酸（μg）	6	8	5	8	1	2	8	14
パントテン酸（mg）	0.72	1.11	0.57	0.85	1.05	0.87	2.32	2.06
C（mg）	1	1	1	1	1	1	3	4

試料：牛肉（皮下脂肪なし），豚肉（大型種肉・皮下脂肪なし），若鶏（皮なし）．

（五訂日本食品標準成分表より抜粋）

8）可溶性非たんぱく態窒素化合物

食肉の熱水抽出物には水溶性たんぱく質，脂質，ミネラル，ビタミン，非たんぱく態窒素化合物が含まれ，一般に肉エキスと呼ばれる．非たんぱく態窒素化合

表 2-12　食肉の総カルニチン含量（mg/ 可食部 100g 当たり）

種　類	総カルニチン
牛肉（ランプ）	130.7
豚肉（ロース）	69.6
鶏肉（もも）	32.8
鶏　卵	0
牛　乳	3.4

物としては，クレアチン，クレアチニン，ヌクレオチド，アミノ酸，ペプチドがある．クレアチンは生体内で筋収縮に重要な役割を持つ．生肉中のヌクレオチドで重要な成分は ATP と ADP である．これらは家畜の死後熟成とともに加水分解されて生成した AMP を経て，イノシン酸（IMP）を生成する．IMP はかつお節などのうま味物質の本体であり，食肉のうま味とも関連する．また，熟成の進行に伴い，ペプチド類やアミノ酸類が増加し，食肉の味に関係する物質も多くなる．ペプチド類の中には生体調節作用や保健効果が期待されるものもある．カルノシンは β-アラニンと L-ヒスチジンからなるジペプチドである．アンセリンもカルノシンやバレニンなどと同じくヒスチジン含有ジペプチドの 1 種で，β-アラニンと 1-メチル-L-ヒスチジンからなる（☞ 図 2-55）．これらのペプチドは多くの脊椎動物の骨格筋や脳に広く存在し，抗酸化作用，pH 緩衝作用，抗疲労効果などの機能が報告されているが，実際の機能については不明な点が多い．また，L-カルニチンは肝臓や腎臓でメチオニンとリジンから生合成される，分子量 162.21 の水溶性化合物である．カルニチン（☞ 図 2-56）は生体内では脂質代謝の補因子で，ミトコンドリア内への長鎖脂肪酸の取込みに不可欠な物質である．カルニチンは牛肉や羊肉などの反芻動物の赤肉に多く含まれる（表 2-12）．

4．食肉および食肉製品の安全性と品質の確保

安全でかつ品質のよい食肉，食肉製品を消費者へ提供することは重要である．そのため，法律で商品の規格や基準などが定められ，それらを検証するための検査法も示されている．

1）食肉および食肉製品に関連する法規と規格

(1) 食品衛生法

食品衛生法は昭和 22 年に制定された食品衛生に関する法律で，「飲食に起因

する衛生上の危害の発生を防止し，もって国民の健康の保護を図ること」を目的としている．この法律により，腐敗，変敗した食品や食中毒（病原菌，化学物質，自然毒など）の恐れのある不衛生な食品の販売が禁止されている．また，このような食品が販売されないように，さまざまな規格，基準が定められている．

a．食肉と食肉製品の分類

食肉とは，畜肉（牛肉，豚肉，馬肉，めん羊肉，山羊），家兎肉，食鳥肉の総称である．畜肉は生産農家からと畜場へ搬入される．と殺後，血液や皮，頭部，内臓などが除去され，背骨に沿って2分割された枝肉となる．枝肉は冷却後，かた，ロース，ばら，ももなどの部位に分割され，部分肉として流通する．部分肉は，加工処理施設で精肉へ加工され，販売される．精肉とは，消費者が料理しやすいように，部分肉をカットしたカット肉，スライス肉，挽き肉などをいう．部分肉は食肉製品などの原料食肉としても販売される．食鳥肉の多くはブロイラー（肉用若どり）であり，生産農家から食鳥処理場へ搬入された鶏は，と殺，解体処理が一貫して行われる．その後，加工工場で，もも肉，むね肉，手羽先などの部分

表 2-13　食品衛生法による食肉および食肉製品の分類

食　肉		食肉製品
食　肉	食肉加工品（半製品）	ハム，ソーセージ，ベーコン，その他これらに類するもの
鳥獣の肉及び内臓等 ［枝　肉 カット肉 スライス肉 挽き肉］	食肉（鳥獣の肉及び内臓等）の含有率が50％を超える半製品 ［トンカツ材料 味付生肉 つけもの 生ハンバーグ等］ ※食品衛生法上，食肉として取り扱う．	1　非加熱食肉製品として販売するもの． 2　乾燥食肉製品として販売するもの． 3　特定加熱食肉製品として販売するもの． 4　加熱食肉製品として販売するもの．
1　他の食品と一緒に単に食品の素材として寄せ集めたものは，その量の如何を問わず，当該食肉の部分は食肉として取り扱う．		1　食肉製品を更に細切，乾燥等簡易な加工を施したものも食肉製品とする． 2　食肉製品に他の食品を単に寄せ集めたものは，当該食肉製品の部分は食肉製品とする． 3　ただし，食肉製品を更に調理，加工し，他の食品としたものは食肉製品とはいわない． （ハムサラダ，ハムサンド，弁当等）

（(社)日本食肉加工協会（編）:2010年版食肉加工基礎講座，(社)日本食肉加工協会，2010を一部改変）

表 2-14　食品衛生法に基づく食肉製品の規格基準と代表的製品例

分類		成分規格		製造基準（一部）	pH，水分活性（Aw）	保存基準	代表的製品例
		亜硝酸根	微生物規格	加熱殺菌			
加熱食肉製品	包装後加熱	0.070g/kg以下	大腸菌群：陰性 クロストリジウム属菌：1,000/g以下	63℃ 30分間	—	① 10℃以下 ②常温（ただし密封包装後120 ℃，4分間で加熱した製品）	加熱後，開封されることなく販売されるプレスハム，ソーセージなど
	加熱後包装		*E. coli*：陰性 黄色ブドウ球菌：1,000/g以下 サルモネラ属菌：陰性				加熱後，開封され，スライスなど小分け包装されるロースハム，ウインナーソーセージなど
特定加熱食肉製品			*E. coli*：100/g以下 黄色ブドウ球菌：1,000/g以下 クロストリジウム属菌：1,000/g以下 サルモネラ属菌：陰性	① 55℃(97分間)～63℃(瞬時) ② 35 → 52℃ 170分間以内 ③ 55 → 25℃ 200分間以内 （②～③は芽胞菌の加熱，冷却の際の増殖抑制条件）	① Aw0.95未満 ② Aw0.95以上	①は10℃以下 ②は4℃以下	ローストビーフ，ローストポーク，スモークドビーフなど
非加熱食肉製品	単一肉塊		*E. coli*：100/g以下 黄色ブドウ球菌：1,000/g以下 サルモネラ属菌：陰性		① Aw0.95未満 ② Aw0.95以上	①は10℃以下 ②は4℃以下	ラックスハム，ラックスシンケンなど（国内で生産される生ハムの多くが，この分類に属する）
	挽き肉				① Aw0.91未満 ② pH5.0未満 ③ Aw0.96未満，pH5.3未満 ④ pH4.6未満 ⑤ Aw0.93未満，pH5.1未満	①～③は10℃以下 ④～⑤は常温	ソフトサラミソーセージ，セミドライソーセージ，サマーソーセージなど
乾燥食肉製品			*E. coli*：陰性		Aw0.87未満	常温	ドライソーセージ，ビーフジャーキーなど

E. coli：大腸菌 *Escherichia coli*，Aw：水分活性.

（小久保彌太郎：HACCPにおける微生物危害と対策，中央法規出版，2000を一部改変）

肉にカットされ，出荷される．

食肉製品は，加熱殺菌の条件（温度および時間）や水分活性の違いなどにより加熱食肉製品，特定加熱食肉製品，非加熱食肉製品，乾燥食肉製品の4種類に大別されている．さらに加熱食肉製品は，「容器包装に入れた後，加熱殺菌したもの（包装後加熱）」と「加熱殺菌した後，容器包装に入れたもの（加熱後包装）」に分類される（表2-13，2-14）．

b．食肉製品の成分規格と製造基準

食肉製品では，製品の分類ごとに「個別規格（基準）」，すなわち成分規格，製造基準および保存基準が規定されている（表2-14）．

(2) 日本農林規格（JAS法）

JAS法とは，農林物質の規格化および品質表示の適正化に関する法律であり，農林物資の品質を改善することを目的とする「JAS規格制度」と消費者が品質を識別しやすいように表示事項を定めて表示を義務付けた「品質表示基準制度」がある．

「JAS規格制度」は，JAS規格に適合した製品にJASマークを貼付することを認める任意の制度で，食肉製品のJASマークには図2-21のような種類がある．「品質表示基準制度」は，飲食料品を製造，販売するすべての事業者に義務付けられ，食肉製品は加工食品品質表示基準と個別の製品ごとに制定された表示基準に従って表示されている．

a．食肉製品のJAS規格と基準

食肉製品の一般JAS規格としては，表2-15のように制定されており，そのう

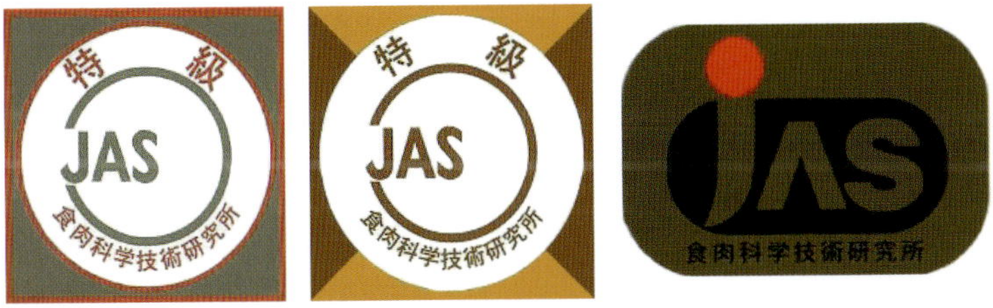

図2-21　食肉製品のJASマーク
左：ベーコン，ハム，中：プレスハム，ソーセージ，右：熟成製品．（土屋恒次ら（編）：食肉加工品の知識，（社）日本食肉協議会，2009）

ちロースハムやウインナーソーセージなどの品質に幅がある製品では，特級，上級，標準などに等級区分されている．熟成JAS規格は，表2-16のように生産方法の基準があり，塩せき温度，塩せき期間，塩せき液（ピックル液）の注入割合の項目が規定されている．

(3) 計　量　法

計量法は，①計量単位を定め，②適正な計量の実施を確保することを目的としている．食肉，食肉製品の製造・販売事業者は，法定計量単位（gまたはkg）

表2-15　食肉製品のJAS規格と等級区分

種　類	品　名	
	等級区分あり	等級区分なし
ベーコン類	ベーコン（上級，標準）	ロースベーコン，ショルダーベーコン
ハム類	ボンレスハム，ロースハム，ショルダーハム（特級，上級，標準）	骨付きハム，ラックスハム
プレスハム	プレスハム（特級，上級，標準）	—
ソーセージ類	ボロニアソーセージ，フランクフルトソーセージ，ウインナーソーセージ（特級，上級，標準） リオナソーセージ，セミドライソーセージ，ドライソーセージ（上級，標準）	レバーソーセージ，加圧加熱ソーセージ，無塩せきソーセージ
混合ソーセージ	—	混合ソーセージ
ハンバーガーパティ	ハンバーガーパティ（上級，標準）	—
チルドハンバーグステーキ	チルドハンバーグステーキ（上級，標準）	—
チルドミートボール	チルドミートボール（上級，標準）	—

（土屋恒次ら（編）：食肉加工品の知識，(社)日本食肉協議会，2009）

表2-16　熟成製品JAS規格と生産方法の基準

種　類	熟成ハム類	熟成ソーセージ類	熟成ベーコン類
品　名	熟成ボンレスハム，熟成ロースハム，熟成ショルダーハム	熟成ボロニアソーセージ，熟成フランクフルトソーセージ，熟成ウインナーソーセージ	熟成ベーコン類，熟成ロースベーコン，熟成ショルダーベーコン
塩せき温度	低温（0℃以上10℃以下）		
塩せき期間	7日間以上	3日間以上	5日間以上
塩せき液の注入割合	原料肉重量の15％以下	—	原料肉重量の10％以下

（土屋恒次ら（編）：食肉加工品の知識，(社)日本食肉協議会，2009）

で示して販売するとともに，「計量法」で定める誤差である量目公差（表2-17）を越えないように，計量しなければならない．量目公差は，表示量に対して不足している場合に適用される．また，計量に使用するはかりは，2年に一度の法定定期検査を受けなければならない．

表2-17　量目公差

表示量	公　差
5g以上50g以下	4%
50gを超え100g以下	2g
100gを超え500g以下	2%
500gを超え1kg以下	10g
1kgを超え25kg以下	1%

(4) 公正競争規約（食肉，ハム・ソーセージ類の表示）

公正競争規約は，不当な表示や過大な景品類の提供による競争を未然に防止し，適正な販売活動を維持することを目的としている．事業者または事業者の団体が表示や景品類に関し，公正取引委員会の認定を受け，自主的に設定する．ハム・ソーセージ業界では，表示の適正化を図るために，平成4年に規約の認定を受け，「ハム・ソーセージ類公正取引協議会」によって運営される．

2）安全性確保のための具体策

(1) 期限表示

食肉，食肉製品には，日付表示が義務付けられている．当初，製造年月日の表示が義務付けられたが，現在は食品が一定の品質を維持していると認められる期限表示となっている．期限表示は，「消費期限」と「賞味期限」に区分され，「消費期限」は生鮮食品など腐敗しやすいものに適用され，「賞味期限」はそれ以外の食品に適用されている．期限表示は，製造業者が微生物試験，理化学試験，官能試験などや商品開発，営業活動などの経験，知識を有効に活用し，科学的かつ合理的な根拠に基づいて設定している．

a．食　　肉

食肉を加工し，販売される精肉などには「消費期限」が適用される．「消費期限」は，開封前の状態で定められた方法により保存した場合，腐敗などの劣化が発生しないことを保証する期限を示した年月日である．表2-18には，精肉の「可食期間」の目安を示した．食肉も含め「消費期限」を表示した食品の多くは，少なからず微生物汚染を受け，腐りやすいため期限を過ぎた食品を食べることは，避

表 2-18　精肉の可食期間の目安

原料肉種	販売時の形態	保存温度	可食期間
牛　肉	肉　塊	10℃	3日
		4℃	6日
		0℃	7日
	スライス	10℃	3日
		4℃	6日
		0℃	7日
	挽き肉	10℃	2日
		4℃	3日
		0℃	5日
豚　肉	肉　塊	10℃	3日
		4℃	6日
		0℃	7日
	スライス	10℃	3日
		4℃	5日
		0℃	6日
	挽き肉	10℃	1日
		4℃	3日
		0℃	5日
鶏　肉	肉　塊	10℃	1日
		4℃	4日
		0℃	6日
	挽き肉	10℃	1日
		4℃	2日
		0℃	4日

試験には冷蔵部分肉を用いた.（厚生省生活衛生局乳肉衛生課（監）：乳製品，食肉製品等の期限表示ガイドライン集，中央法規出版，1995 を一部改変）

けた方がよい.

b．食肉製品

表 2-19 には，食肉製品の「賞味期限」と開封後の保存期間の目安を示した.「賞味期限」は，開封前の状態で定められた方法により保存した場合に，品質の保持が十分に可能であると認められる期限を示す年月日のことである．食肉製品など「賞味期限」が表示されている食品の多くは，微生物汚染による品質の劣化が起こることは少ない．多くの場合，風味の低下，色調の変化など健康危害と直接関係のない官能的な所見により，品質の劣化が認められる．さらに期限設定に当たり，一定の安全係数を乗じているため「賞味期限」を過ぎても品質がすぐに低下することはなく，多くの場合，食べることも可能である．ただし，食べられるかどうかの判断は，消費者に委ねられる.

表 2-19　食肉製品の保存期間の目安

食　品		包装形態	期限表示のために設定されている期間	開封後
ロースハム，ボンレスハム（1本もの）		真　空	（冷）14～70日	（冷）2～7日
プレスハム（1本もの）		真　空	（冷）30～85日	（冷）2～7日
ロースハム，チョップドハム（スライス）		真　空	（冷）7～60日	（冷）2～3日
生ハム（スライス）		真　空	（冷）14～60日	（冷）2～3日
ベーコン	ブロック	真　空	（冷）7～65日	（冷）2～7日
	スライス	真　空	（冷）7～50日	（冷）2～3日
焼き豚		真　空	（冷）40～50日	（冷）2～7日
ウインナーソーセージ		真　空	（冷）5～45日	（冷）2～3日
フランクフルトソーセージ		ガス置換	（冷）5～35日	（冷）2～3日
サラミソーセージ		真　空	（常）（冷）1～4ヵ月	（冷）7日～1ヵ月

（常）：常温（15～20℃），（冷）：冷蔵（0～10℃）．（土屋恒次ら（編）：食肉加工品の知識，（社）日本食肉協議会，2009）

（2）総合衛生管理製造過程

1996年，乳・乳製品および食肉製品を対象に総合衛生管理製造過程の承認制度が施行された．これにより，食品衛生管理方式であるHACCP（Hazard Analysis and Critical Control Point, 危害分析重要管理点）システムが導入された．危害とは，「飲食に起因する健康被害またはそのおそれ」を意味し，HACCPは危害を科学的に特定し，これを重点的に管理することにより食品事故を未然に防止することを目的にしている．総合衛生管理製造過程は，HACCP方式とこれを効果的に機能させるための一般的衛生管理プログラムにより構成される．

a．一般的衛生管理プログラム

一般的衛生管理プログラムは，「①安全で良質な原材料の確保・管理，②施設・設備・器具の保守管理，③施設・設備・器具の洗浄殺菌，④作業員の衛生管理」など，食品取扱い施設の食品衛生管理プログラムである．

b．HACCPシステム

HACCPシステムでは，「①食品の危害分析を行い，それにより②重要管理点を把握した上で，その③管理基準，④モニタリング方法，⑤改善措置，⑥検証方法，⑦記録の維持管理（文書化）のやり方」を取り決め，この7原則を柱に運用していく食品の衛生管理システムである．

食肉製品では，原料食肉や副原材料などに由来するさまざまな危害が関与するが，総合衛生管理製造過程適用に当たって，製造工程で防止措置を講ずるべき危害が厚生労働省より以下の通り示されている．

①生物学的危害…主に微生物による危害であり，食肉製品では，腐敗微生物，黄色ブドウ球菌，カンピロバクター・ジェジュニ，カンピロバクター・コリ，クロストリジウム属菌，サルモネラ属菌，セレウス菌，腸炎ビブリオ，病原大腸菌，旋毛虫が対象となっている．

②化学的危害…化学的危害原因物質には生物に由来するもの，人為的に添加されるもの，偶発的に混入するものに分けられる．食肉製品では，カビ毒であるアフラトキシン，抗菌性物質，抗生物質，殺菌剤，洗浄剤，添加物，内寄生虫用剤の成分である物質，ホルモン剤の成分である物質が対象となっている．

③物理的危害…食品中に通常含まれない硬質異物である．食肉製品でも他食品同様，金属片，ガラス片，木片，硬質のプラスチック片などが含まれる．

(3) 検　査　法

a．理化学検査

食肉と食肉製品に関係が深い理化学検査について解説する．詳細については，巻末の参考図書を参照されたい．

①亜硝酸根（こん）（イオン）…食品衛生法では，食肉製品中の亜硝酸根残存量を0.07g/kg（70ppm）以下と規制している．検査法については，食肉製品中の亜硝酸イオンをアルカリ性で抽出し，除たんぱく剤でたんぱく質および脂質を除去したあとに発色試薬を加えてジアゾ化反応を利用して発色させ，吸光度を測定し定量する．

②水分活性（Aw）…食品中の水は，自由水と結合水に分類することができる．水分活性とは，食品中のすべての水に対する自由水の割合を表す数値で食品の保存性の指標とされる．検査法については，電気抵抗式の水分活性測定装置を用い，検出器内の水蒸気圧が平衡状態になったときの数値を測定する方法とコンウェイユニット内の水蒸気圧が平衡状態になったときの試料重量の増減より水分活性を算出するコンウェイ法がある．コンウェイ法は，アルコールなど揮発性物質の影響を受けやすい．

③肉種鑑別…肉種鑑別法は，免疫反応法とDNA法が主に用いられる．免疫反応法は，肉抽出液（抗原）と種特異的抗血清（抗体）をゲル内で反応させ，沈降反応の有無を確認し鑑別する．しかし，この方法は食肉の鑑別には有効であるが，加熱した食肉製品では鑑別できない．DNA法は，試料からDNAを抽出したあと，特定の動物種だけに反応するDNA配列物（プライマー）を加えて増幅を行う．増幅後，電気泳動によって動物種特有のバンドが得られるかどうかを確認し鑑別する．この方法は，免疫反応法に比べて加熱した食肉製品でも鑑別でき，検出感度も高い．

④動物用医薬品の検査…平成18年5月29日に，約800種類の農薬などに残留基準が設定された（ポジティブリスト制度）．これを契機に食肉中に残留する可能性がある動物用医薬品の検査技術開発が盛んに実施されるようになった．最近では，約80種類の動物用医薬品を同時に分析できる一斉検査法が開発されている．

b．微生物検査

食肉と食肉製品に用いられている微生物検査の原理を示す．詳細については，巻末の参考図書を参照されたい．

①一般生菌数…標準寒天培地による混釈平板培養法により発生した集落を計算する．

②大腸菌群…選択培地により乳糖を分解する菌を分離し，グラム陰性無芽胞桿菌を確認する．

③サルモネラ属菌…増菌培養ののち，選択培地によりグラム陰性菌を分離後，各種性状試験を行う．

④黄色ブドウ球菌…卵黄加マンニット食塩寒天培地による卵黄反応およびコアグラーゼ反応により同定する．

⑤クロストリジウム属菌…嫌気培養により硫化水素産生の嫌気性菌を発現させ，黒色集落数を算定する．

5．食肉と食肉製品（ハム類）の製造技術

1）ロースハム，ベーコン

ハムとは英語で「豚のもも肉」のことをいい，豚のもも肉を骨付きのまま塩漬けしたのち，くん煙したものが本来のハム，すなわち「骨付きハム」である．その後，もも肉から骨を抜いてケーシング（肉を詰めるための一次包装用の資材）に詰め加工した製品をボンレスハムと呼ぶようになり，さらにはもも肉以外の部位を使用して似せてつくった製品も広義の意味でハムと呼ぶようになった．日本では豚ロース肉を使用したロースハムがハムの主流となっている．その他にボンレスハム，肩肉でつくるショルダーハムおよびばら肉でつくるベリーハムなどがあり同じ製法で作られている．

ベーコンは通常豚のばら肉を塩漬けにしてくん煙した加工品のことを指す．ばら肉以外の部位を用いベーコンと同じように作るものを総称してベーコン類という．肩肉でつくるショルダーベーコンやロース肉でつくるロースベーコン，胴肉すなわちロースとばらを切り離さずにつくるミドルベーコンおよび半丸枝肉でつくるサイドベーコンなどがある．ここでは最も一般的なロースハムとベーコンの製造工程について説明する（図 2-22）．

ハム類とベーコン類は製法上よく似ている．大きな違いとして，ハム類がケーシングに充填するのに対し，ベーコン類はケーシングに充填せず，そのままくん煙を行う点である．以下にそれぞれの工程について解説する．

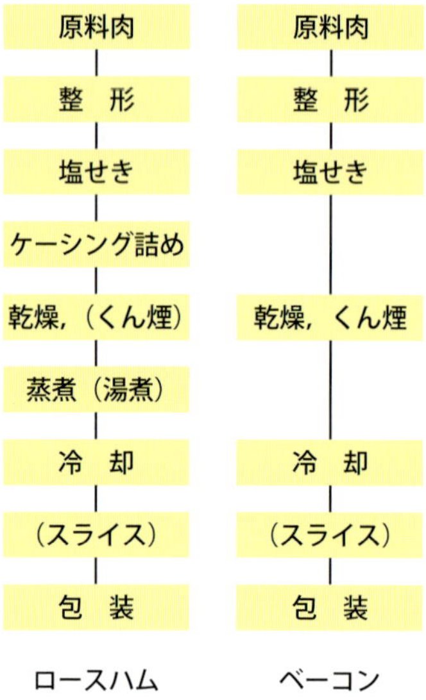

図 2-22　ロースハム（左）とベーコン（右）の製造工程

(1) 原　料　肉

食肉製品の製造に使用する原料肉は鮮度が

良好であって，微生物汚染の少ないものでなければならない．使用する原料肉には輸入品と国産品および冷凍品と冷蔵品とがある．いずれの原料肉も現在は製造工場に半丸枝肉の状態で受け入れることは少なく，大部分が分割，脱骨した部分肉として入荷されている．

(2) 解　凍

冷凍原料肉を解凍する場合は衛生的な場所で行わなければならない．また，水を用いて解凍する場合は，飲用適の流水で行わなければならない．これらの条件を満たす解凍方法として，自然解凍，流水解凍，電磁波解凍およびミスト解凍などが行われているが，解凍方法によって解凍時間と解凍後の肉質に与える影響が異なる．

(3) 整　形

原料肉に付着している軟骨，残骨，骨肌，豚毛および検印などを除去する．赤肉側においては余分な肉片を除去し，脂肪側においては余剰脂肪を除去する．最近の消費者の嗜好により，食肉製品の脂肪量は従来よりもはるかに少なくなっている．整形は最終製品の形状，大きさに合わせて処理する（図 2-23）．

(4) 塩 せ き

塩せきとは，原料肉を食塩や発色剤（硝酸塩，亜硝酸塩）で漬け込むことで，単なる塩漬けとは異なる．この塩せきはハム，ベーコンおよびソーセージを製造するうえで最も重要な工程である．

a．塩せきの目的

塩せきの目的は大きく分けて以下の 4 つがあげられる．

①保存・防腐効果…食塩の添加により，水分活性が低下し微生物の増殖を抑制する．しかしながら，昨今の消費者の嗜好の変化により食塩使用量が減少するようになり，実質的な効果はあまりなくなっているのが現状である．また，硝酸塩や亜硝酸塩には食中毒菌であるボツリヌス菌の発育を抑制する効果があることが知られている．

②肉色の固定（発色効果）…肉中の色素たんぱく質であるミオグロビンと亜硝

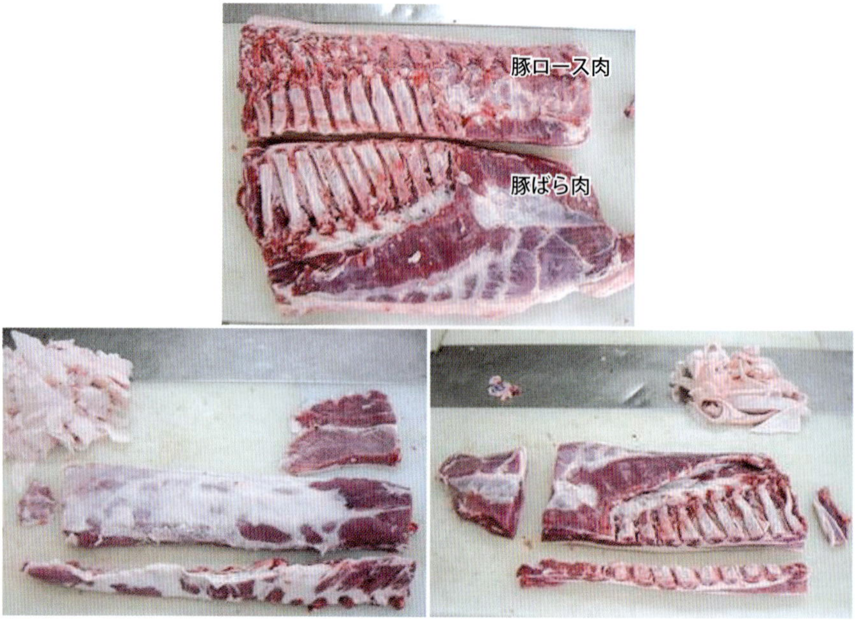

図 2-23　処理前の豚ロース肉および豚ばら肉（上），処理後の豚ロース肉（左），処理後の豚ばら肉（右）

酸塩から生ずる一酸化窒素（NO）との反応によってニトロシルミオグロビンが形成される．これが Cured Meat Color と呼ばれる塩せき肉特有の美しい赤色であり，生ハムなどの非加熱食肉製品の色がこれに相当する．さらに加熱することにより，ハムやベーコンは鮮やかなピンク色の Cooked cured meat color に変化する．

③保水性および結着性の向上…塩せきによって食塩は原料肉に溶け込み，次第に肉全体に浸透，拡散し，肉の組織内に含まれている塩溶性たんぱく質のミオシンやアクトミオシンが溶出してくる．これらのたんぱく質が加熱により水分を保持しながら網目状につながりゲルを形成する．

④風味の改善…塩せき工程によって特有の好ましい風味が付与される．これは食塩，亜硝酸塩，香辛料および調味料などの相乗効果によるものであると思われるが，どのように作用しているかはまだ科学的に解明されていない．

b．塩せきの方法

塩せきは大きく分けて乾塩法，湿塩法およびピックル液注入法（塩せき促進法）の３種類の方法がある．

①乾塩法…原料肉の表面に直接塩せき剤をすり込み，これを肉中に浸透させる方法である．

②湿塩法…塩せき材料を水に溶解してピックル液と呼ばれる塩水溶液を調製し，その中に原料肉を浸せきする方法．

③ピックル液注入法（塩せき促進法）…多針の注射針を通じて肉塊中にピックル液を注入し，肉の深部から塩せき効果をあげていく方法である．乾塩法，湿塩法とも肉塊が大きい場合は塩せきに長時間を要し，また塩分の部位的な偏りが生じる．そこで，短期間に均一に塩せきをするために考案された方法であり，現在ではこの方法が一般的である．ピックル液注入後タンブラーまたはマッサージャーと呼ばれるタンクの中で減圧下の状態にし，内装された羽根で間欠的に撹拌したり，上部から下部へ落下させたりしてピックル液の浸透を促進して塩せき時間の短縮を可能にしている（図 2-24）．

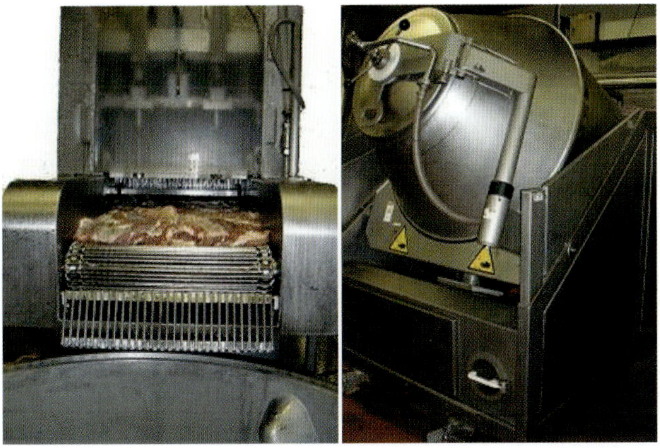

図 2-24　ピックル液注入（左）とマッサージャー（右）

(5) ケーシング詰め（充填）

ハムは形を整えるためケーシングに詰めてから加熱を行う．ケーシングの材質

図 2-25　ロースハムの充填（左）と充填後（右）

としては強度が強く通気性もあるセルロース系ケーシングのファイブラスケーシングが広く用いられるようになった．充填は自動充填機などを用いて行い，両端を結紮する．ギフト用の一本物の製品には，ケーシングとしてネットや綿糸を使用する場合もある．この場合，自然な感じに仕上がり高級感も出る．ハム類はケーシングに充填し，ベーコン類はケーシングを用いず塩せき肉をそのままくん煙処理することが品質表示基準において定義されている（図 2-25）．

(6) 乾燥，くん煙

一般的にハムやベーコンは，塩せき後乾燥させてからくん煙を行う．くん煙前の乾燥はくん煙成分を製品表面に付与しやすくすること，製品の水分活性を低下させることなどの目的がある．その後くん煙工程に入るが，くん煙の本来の目的は保存性を高めることであったが，冷蔵設備が家庭にまで普及し，また包装技術や流通手段の発達に伴って保存を目的としたくん煙処理の必要性は次第に低下した．今日ではくん煙によって生じる特有の色，光沢，風味を製品の表面に付与する効果の方が重視されるようになった．

a．くん煙の方法

くん煙は温度によって冷くん法（10 ～ 30℃），温くん法（30 ～ 50℃），熱くん法（50 ～ 90℃），焙くん法（90 ～ 120℃）の 4 つに分けられるが温度域は必ずしも一定ではない．くん煙を行う際の温度，湿度および時間は製品の種類や大きさ，使用するくん煙装置によってさまざまである．通常ロースハムのくん煙は熱くん法であり，60℃前後で行うのがほとんどである．一方，ベーコンの場合は熱くん法以外に冷くん法で行うこともある．

b．くん煙装置

くん煙および加熱は，くん煙室で乾燥，くん煙を行いその後くん煙室から半製品を搬出し，加熱（湯煮）していたが，今日ではこれらの全工程を1つの装置で行う全自動くん煙装置（スモークハウス）が用いられるようになった．スモークハウスでは乾燥，くん煙，蒸煮，冷却（シャワー）などの工程を自動的に行い，多様な製品が作られるようになった（図2-26）．

c．くん煙材

製品をくん煙するための木材をくん煙材といい，樹脂の含有量が少なく，香りがよく，かつ防腐性物質の発生量が多いものがよいとされている．一般的には，サクラ，ブナ，ナラ，ヒッコリー，カシなどの硬木がよく用いられているが，国によって好みが異なる．わが国ではサクラが好んで使用されており，ヒノキ，スギなどの樹脂の多い軟木はあまり使用されていない．樹種によって発生する煙の成分組成に差があり，これが製品の風味に微妙な影響を与える．

図2-26　スモークハウス（左）と「くん煙」の様子（右）

(7) 加　　熱

ハムはくん煙後，蒸煮もしくは湯煮により加熱を行う．蒸煮はスモークハウス内でくん煙に引き続き連続して行う方法で，作業面，衛生面で優れている．一方，湯煮は一定温度に調節できる湯槽中に浸せきする方法で，浸せき中に肉のうま味成分が流出してしまう欠点がある．したがって，最近ではスモークハウス内で連続してできる蒸煮が主流になっている．

a．加熱の目的

①肉の結着凝固…加熱によりたんぱく質の熱変性が起こり結着凝固する．その結果，生肉とは異なる弾力などの物理的特性が付与され，加熱食肉製品特有の食感となる．

②肉色の固定…塩せき時に生じたニトロシルミオグロビン（赤色）は加熱により安定な変性グロビンニトロシルヘモクロム（変性グロビン酸化窒素ヘモクロム，ニトロソヘモクロム，ニトロシルヘモクロムとも呼ぶ）にかわり，Cooked Cured Meat Color と呼ばれる加熱食肉製品特有の美しいピンク色が保持される．

③殺菌…加熱の大きな目的の 1 つは肉中に存在する微生物を死滅，減少させて製品に保存性を付与することである．食品衛生法により，加熱食肉製品は中心温度 63℃で 30 分間加熱，もしくは同等以上の効力を有する方法で加熱殺菌をしなければならないと定められている．

(8) 冷　　却

加熱殺菌をすることによりほとんどの微生物は死滅するが，一部の耐熱性芽胞菌は生残する．この菌の発育を抑制するために，加熱終了後，速やかに冷却する

図 2-27　ロースハム冷却（左）とベーコン冷却（右）

必要がある（図 2-27）.

(9) スライス，包装

製品の冷却後，それぞれの目的，用途に合わせスライスやブロック，あるいは一本物として包装する．包装時には微生物による二次汚染に注意しなければならない．一般的に，包装室は加熱後の無菌に近い製品が流れていく．それが何らかの原因で微生物により汚染された場合，大規模な品質事故につながりかねない．そのため包装室はクリーンルームになっており，室内に取り入れる空気は天井のフィルターでろ過され，塵埃の侵入を防いでいる．また，入室時にはエアーシャワーを通って入室するなど，衛生面には細心の注意を払っている（図 2-28）.

スライス品の包装にはスタック（積み重ね）包装やずらし包装などがあり，また包装形態は大きく分けて真空包装とガス置換包装に分けられる（図 2-29）．ガス置換包装は窒素などの不活性ガスを充填し，微生物の増殖や酸化あるいは退色を防止する方法である．いずれの包装形態の場合でも深絞り包装機が多く用いられている（図 2-30）．包装品の例は図 2-32 ⑧に示した．

深絞り包装機は，プラスチックフィルムの下部底材フィルムを金型を使って成型し，包装物を充填してから，上部蓋材フィルムを上から被せて，ヒートシールする前に必要に応じて真空にしたり，ガス充填したりしたのち，密封シールを行

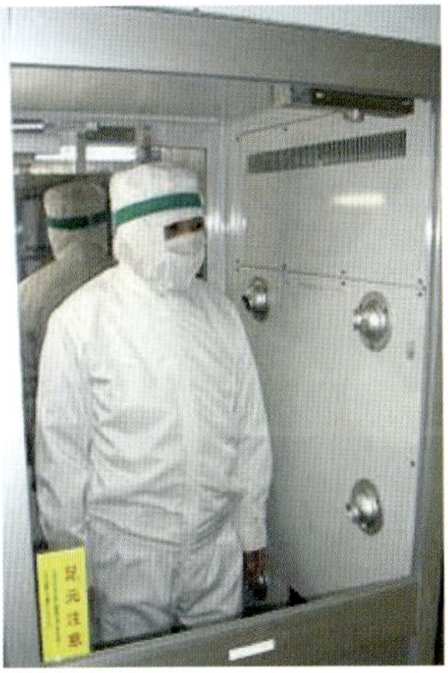

図 2-28　エアーシャワー

図 2-29　スライサー
（写真提供：東京食品機械）

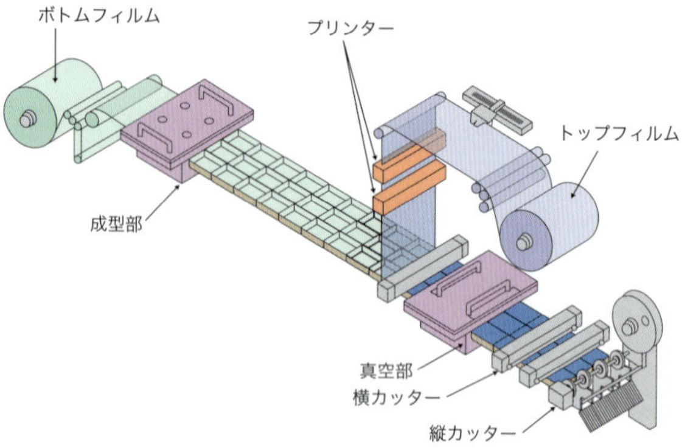

図2-30 深絞り包装機
（大森機械工業）

図2-31 オートチェッカーおよび金属探知機（左）とX線異物検出装置（右）
（右・写真提供：イシダ）

い所定の大きさにカットする.多列で成型および充填ができるため生産性が高い.包装後はオートチェッカーによる計量，金属検出機やX線異物検出装置を用いた異物検出を行い，段ボールに梱包する（図2-31）.

2）焼 き 豚

本来は中華料理のさすまた状の大串に刺して直火であぶり焼いた肉，すなわち

図 2-32　ハムおよびベーコン

①骨付きハム，②ロースハム，③ボンレスハム，④ショルダーハム，⑤ベーコン，⑥ミドルベーコン，⑦サイドベーコン，⑧店頭で見かけるハムおよびベーコン.

叉焼肉（チャーシャオロウ，chashaorou）を指すが，ハムやソーセージと異なり品質表示基準における定義はない．ハム・ソーセージ類の表示に関する公正競争規約施行規則では「豚の肉塊を塩せきし，または塩せきしないで，調味料，香辛料等で調味し，またはしないで，焼いたもの」と定義されている．また，「焼いたもの」というのは高温熱風で処理されたものも含まれ，焼くかわりに煮たものを「煮豚」，蒸したものを「むし豚」として区分している.

焼き豚の製造の流れは，一般的に次のようになる.

①調味…しょうゆ，みりん，砂糖などを使ったたれに漬込む.

②加熱，冷却…オーブンや炭火で焙焼して加熱を行う．もしくはスモークハウス内で高温熱風処理を行う．加熱後は速やかに冷却する.

③スライス，包装…ハム類と同様にスライスし，またはスライスせずに包装す

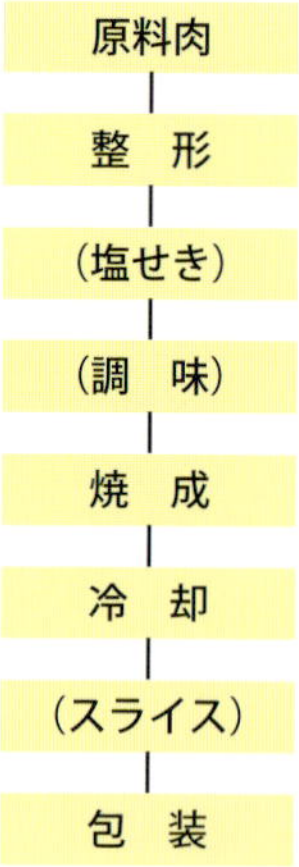

図 2-33　焼き豚の製造工程

図 2-34　焼き豚の焼成

図 2-35　店頭で見かける焼き豚

る．

3）プレスハム

カットした畜肉や家禽肉（鶏肉など）を塩せきし，または畜肉，家兎肉，家禽肉を挽き肉にしたものや，でん粉，植物性たんぱく質などを加えて練り合わせた「つなぎ」を加え，調味料や香辛料で調味し，ケーシングに充填し，加熱したものである．終戦後に食肉製品の大衆化を図った代表的な製品で，もともとハム用の原料肉を整形した際に取り除かれた肉を寄せ集め，ハムに似せてつくられた日本独特のものであり，当時は寄せハムと呼ばれていた．プレスハムの品質表示基準によると，肉塊は 10g 以上であること，つなぎは 20％以下であることが定義されている．また，肉塊やつなぎとして 50％以下の魚肉を使用したものは混合プレスハムとして区分している.

プレスハムの製造は次の①～④の工程に従って行う.

①調味…塩せきした肉塊，またはつなぎと混合し，調味料や香辛料を用いて味付を行う.

②充填…くん煙を行わないことが多いため，ハムとは異なり非通気性の塩化ビニリデンケーシングに詰める．真空定量充填機を用いて充填したのち，結紮し，丸型や角型などのリティナーに詰めて成型する（図 2-37）.

③くん煙，加熱，冷却…一般的にくん煙は行わず，湯煮もしくは蒸煮によって加熱を行う（図 2-37）．加熱後は速やかに冷却する.

④スライス，包装…ハム類と同様にスライスし，またはスライスせずに包装する.

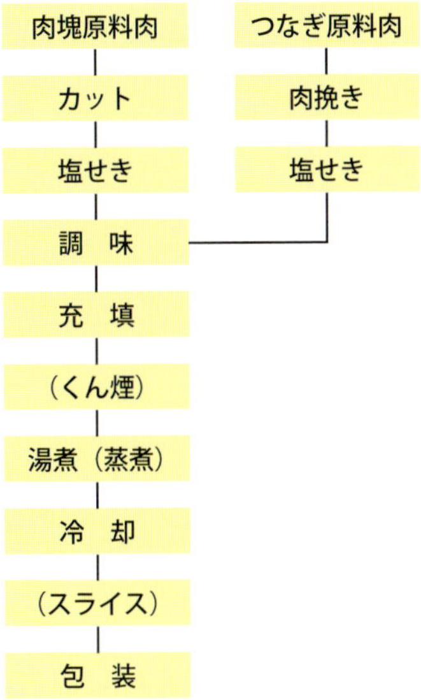

図 2-36　プレスハムの製造工程

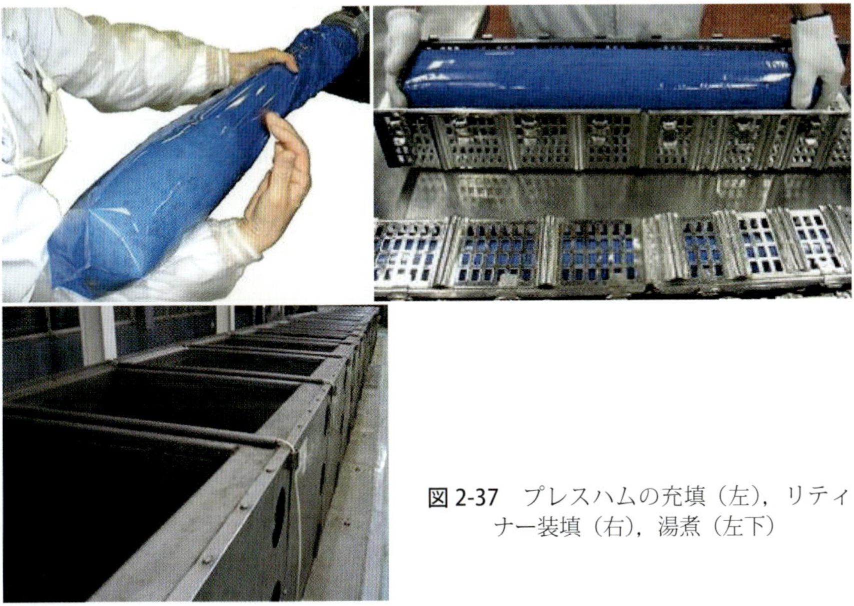

図 2-37　プレスハムの充填（左），リティナー装填（右），湯煮（左下）

図 2-38　プレスハム（左）と混合プレスハム（右）

4）生　ハ　ム

食肉製品に対する嗜好の多様化，製造技術の進歩，諸外国における生産および流通の実態などを勘案し，それまで製造が認められていなかった非加熱食肉製品について昭和 57 年 5 月 17 日付厚生省告示第 95 号により規格基準などが設けられた．非加熱食肉製品は法令上の呼称であるが，ここでは多くの人に理解しやすい「生ハム」と表す．

日本で通常製造されている生ハムはラックスシンケンタイプである．ラックスシンケンタイプの生ハムは主にドイツやデンマークなどの北部ヨーロッパで製造されており，「ラックス」とはドイツ語でサケを意味し，サケのような色調を示すことから名付けられている．また，発色剤を使用せずに塩漬けし，長期間熟成，乾燥するパルマハムのようなタイプがあるが，日本での製造はほとんどなく，主にイタリアやスペインなどの南部ヨーロッパで製造されている．

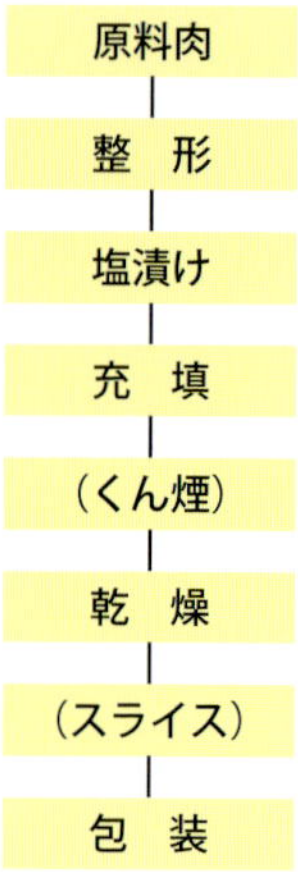

図 2-39　ラックスハムの製造工程

ラックスハムの品質表示基準によると，「豚の肩肉，ロース肉，もも肉を整形し，塩せきし，ケーシング等で包装した後，低温でくん煙し，またはくん煙しないで乾燥したもの」と定義されている．豚ばら肉を使用したものはベーコンとして区分されている．生ハムとハム類とは製法上よく似ているが，大きな違いとしては，中心部の温度を63℃で30分間加熱する方法またはこれと同等以上の効力を有する方法による加熱殺菌を行っていないことである．

(1) 原　料　肉

製造に使用する原料肉は鮮度が良好であって，微生物汚染の少ないものでなければならないが，生ハムに使用する原料肉は，これに加えてと殺後24時間以内に4℃以下に冷却し，冷却後4℃以下で保存したものであって，pHが6.0以下でなければならないことが食品衛生法で定められている．また，豚肉を加熱しないで喫食することにより，旋毛虫に感染する事例も報告されているが，旋毛虫が不活化するために豚肉を−15℃以下で20～30日間冷凍することが米国農務省（USDA）規則で規定されている．したがって，安全な生ハムを製造するためには冷凍原料を使用することが多い．

(2) 解　　凍

冷凍原料肉を解凍する場合は衛生的な場所で行い，水を用いるときは飲用適な流水で行わなければならない．さらに解凍には食肉の温度が10℃を超えることのないようにして行わなければならない．

(3) 整　　形

原料食肉の整形は，食肉の温度が10℃を超えることのないようにして行わなければならない．

(4) 塩　漬　け

生ハム製造における塩漬けは，亜硝酸ナトリウムを使用する場合と使用しない場合に分けられる．通常，日本で流通している生ハムの多くは亜硝酸ナトリウムを使用したものである．

亜硝酸ナトリウムを使用して製造する場合には，乾塩法，塩水法または一本針を用いる手作業による注入法により，肉塊のままで食肉の温度を5℃以下に保持しながら，水分活性（Aw）が0.97未満になるまで行わなければならない（この水分活性の基準は最終製品の水分活性が0.95未満の製品を製造する場合で，最

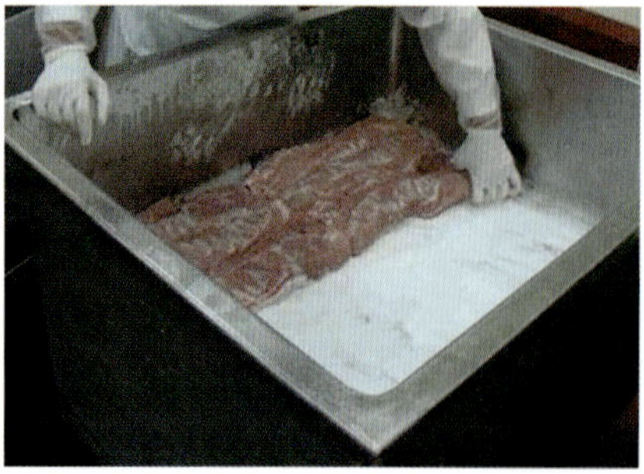

図 2-40　生ハムの塩漬け（乾塩法）

終製品の水分活性が 0.95 以上とするものについてはこの限りではない）.

乾塩法による製造では，食肉の重量に対して 6％以上の食塩，塩化カリウムまたはこれらの組合せおよび 200ppm 以上の亜硝酸ナトリウムを用いて塩漬けする（図 2-40）．塩水法または一本針注入法による製造では，15％以上の食塩，塩化カリウムまたはこれらの組合せおよび 200ppm 以上の亜硝酸ナトリウムを含む塩漬け液を用いて行わなければならない．また，塩水法で行う場合には，食肉を塩漬け液に十分浸して行わなければならない．

(5) 塩　抜　き

塩漬け完了後の原料肉の表面付近の塩濃度が中心部より高くなっているので，均一な塩濃度になるように塩抜きを行うこともある．生ハムの塩抜きを行う場合は 5℃以下の飲用適の水を用いて換水しながら行わなければならない．

(6) 充　　填

塩抜きが完了したのち，ハムと同様にケーシングに詰める．

(7) くん煙または乾燥

くん煙または乾燥は，肉塊のままで，肉温を 20℃以下または 50℃以上に保持しながら，水分活性（Aw）が 0.95 未満になるまで行わなければならない（この水分活性の基準は最終製品の水分活性が 0.95 未満の製品を製造する場合で，最終製品の水分活性が 0.95 以上とするものについてはこの限りではない）．通常，日本で流通している生ハムの多くは冷くん法（20℃以下）でくん煙，乾燥したものである．肉温を 50℃以上に保持しながらくん煙または乾燥を行う場合には，微生物の増殖を極力抑えるために肉温が 20℃を超え 50℃未満の状態の時間をできるだけ短縮して行わなければならない．

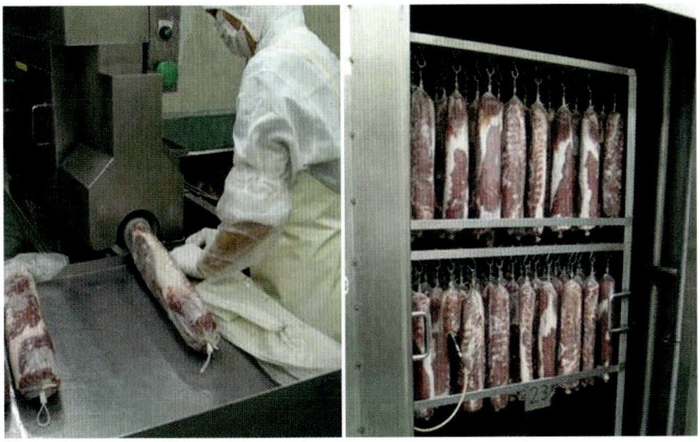

図 2-41　生ハムの充填（左）とくん煙および乾燥（右）

図 2-42　生ハム

①ラックスハム，②ラックスシンケン，③パルマハム，④ハモン・セラーノ，⑤店頭で見かける生ハム．

(8) スライス，包装

ハム類と同様にスライスし，またはスライスせずに包装する．

6．食肉と食肉製品（ソーセージ類）の製造技術

ソーセージとは鳥獣畜肉を食塩や香辛料で調味し，羊の腸などのケーシングに詰めてくん煙，乾燥，加熱して作る食品のことである．いわゆる腸詰に相当するが，ケーシングを用いず練り肉を成型して加熱するタイプの商品も含めて鳥獣畜肉の練り製品全般が広義にソーセージと称される．元来は保存食として世界各地で発生してきたが，フレッシュな商品も存在し，ソーセージはその大きさ，形状，色調，味，香り，食感においてさまざまなバリエーションがあり，多くの品種が存在する．

ソーセージをその特徴によって分類するにも，さまざまな方法がある．日本にはJAS規格があり，ソーセージを主として太さによって分類している．すなわち，使用するケーシングの種類と直径で規格化している．

羊腸に詰めるか，もしくは直径が20mm未満のソーセージはウインナー，豚腸もしくは直径20mm以上36mm未満がフランク，牛腸もしくは36mm以上がボロニアと定義している．さらに，それぞれ使用する原料肉や添加物によって特級，上級，標準という等級に分けている．

食肉加工の本場ドイツでは，ソーセージを製法により次の3つに分けている．

①ブリューブルスト（Brühwurst）…ボイルしたり焼いたりして加熱したソーセージのことで，食前に再度炒めたりゆでたりしても弾力がありスライスできる．日本のソーセージはほとんどがこれに属する．

代表的品名として，ウインナーソーセージ，フランクフルトソーセージ，リオナーソーセージ，ビアソーセージ，バイスブルスト（白ソーセージ），ブラートブルスト（焼きソーセージ），フライッシュケーゼ（ミートローフ）があげられる．

②ローブルスト（Rohwurst）…生のソーセージという意味で非加熱の発酵サラミソーセージなどがこれに相当する．乾燥させてゲル化させスライスできるタイプのものと，スプレッドタイプのものがあげられる．

代表的品名として，サラミソーセージ，サマーソーセージ，セルベラートソーセージ，メットブルスト，テーブルストがあげられる．

③コッホブルスト（Kochwurst）…レバーなどの内臓や血液のソーセージ．あ

らかじめ加熱（ボイル）した原料を使用することからコッホブルストという．再度加熱すると柔らかくなる．

代表的品名として，レバーソーセージ，ブラッドソーセージ（血液ソーセージ），ゼリー固めソーセージがあげられる．

ここでは，このドイツの製法による分類を基本に日本国内市場の現状を加味して以下の３項に分け，各種ソーセージの製法や技術の実際について解説を加える．

1）一般的ソーセージ，細挽きソーセージ，荒挽きソーセージなど

日本の市場のほとんどを占めるウインナーやフランクなどの普通のソーセージについて，細挽きソーセージ，荒挽きソーセージ，無塩せきソーセージ，および使用するケーシングについて解説する．ドイツの分類ではブリューブルストに相当する．

(1) 細挽きソーセージ

最も基本的な細挽きソーセージの製法について，分かりやすい手作り規模でのウインナーソーセージ製造を例に解説する．ここで得られる細挽きのソーセージの練り肉は応用範囲が広く，そのまま天然腸に充填してウインナーやフランクとしたり，等量のブロック肉と混ぜてビアシンケンにしたり，フライッシュケーゼやレバーケーゼなどのミートローフのベースにしたり，種物を混ぜてリオナーソーセージにしたり，かわったところではモザイクソーセージのような製品を製造する際に接着用の糊として使用したりする．

基本的な配合例とフローチャートを図 2-43 に示した．

a．原　　料

赤肉は鮮度のよい肩肉などを使用する．単味品の肉塊をとる際に発生するトリミング肉も使用できるが，結着性の高い骨格筋であることが不可欠である．骨や毛などの異物を除去し脂肪をトリミングしたのち 10cm 角程度に切り分けておく．豚脂肪は背脂肪など融点の高い固い物を使用する．これも毛などを除去したあと赤肉と同じようなサイズにする．

b．カッティング

細挽きソーセージ製造で一番重要な工程である．通常，サイレントカッターと

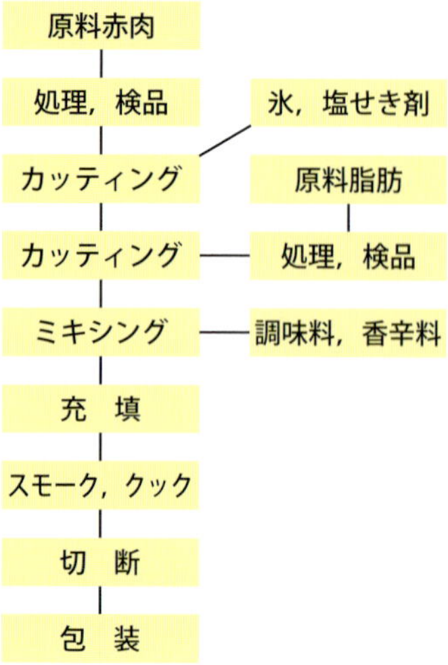

配　合		
原　料	豚赤肉	50
	豚脂肪	30
	氷	20
		100
副原料（対原料添加率）		
塩せき剤	食　塩	1.6
	亜硝酸 Na	0.01
	アスコルビン酸Na	0.08
	重合リン酸塩	0.3
調味香辛料	砂　糖	0.3
	ペッパー	0.2
	メース	0.05
	コリアンダー	0.03
	ジンジャー	0.02

図 2-43　細挽きソーセージの製造工程と配合

いう受け皿自体が回転することで，高速で回転する刃の部分に繰り返し内容物を送り込み，細切混和して乳化する機械を使用する（図 2-44）．

この工程には赤肉を塩類とともに細切することにより，①ゲル化性，保水性および結着性を担う塩溶性たんぱく質を抽出することと，②細切した脂肪をこのたんぱく質で乳化するという２つの目的がある．

手順としては，最初にサイレントカッターに赤肉と氷と塩せき剤を投入し，高速で細切混和して十分に塩溶性たんぱく質を抽出する．この段階で赤肉は糊状に

図 2-44　サイレントカッター（左）と粘りの出た練り肉（右）

なっている（図 2-44）.

次に，一度低速に落として脂肪を投入し，再度高速でカッティングを行う．十分に乳化されエマルションが形成されたら，低速で調味料および香辛料を添加して均一化したらカッティングを完了する．カッティング時の温度管理は重要で，温度が上昇し過ぎると抽出された塩溶性たんぱく質が変性して良好なエマルションが形成されずに脂肪分離を引き起こしたりする．上手くカッティングが完了した際の練り肉は艶があってきれいなエマルションになっており，水に入れて混ぜると乳濁液となってきれいに分散する．練りあがりの肉温度は 12 ～ 15℃が適切である．

c．充填，結紮（けっさつ）

練り肉はスタッファー（充填機）に入れてノズルから羊腸などのケーシングに充填する．充填に際しては空気をかまさないようにする．また，肉量が多過ぎるとケーシングが破裂し，少な過ぎると製品が痩せてしまうので，適正な充填圧で適量を充填することが重要である（図 2-45）.

ケーシングに詰められたあとは一定のサイズにひねって結紮し，くん煙加熱するための竿につるされる．加熱用の台車に積載されて次の工程に進む（図 2-45）.

d．くん煙加熱

通常はスモークハウスの中でくん煙加熱処理がほどこされる．60℃程度で表面を乾燥させたのち，60 ～ 70℃で 20 ～ 30 分くん煙する．好ましいスモーク

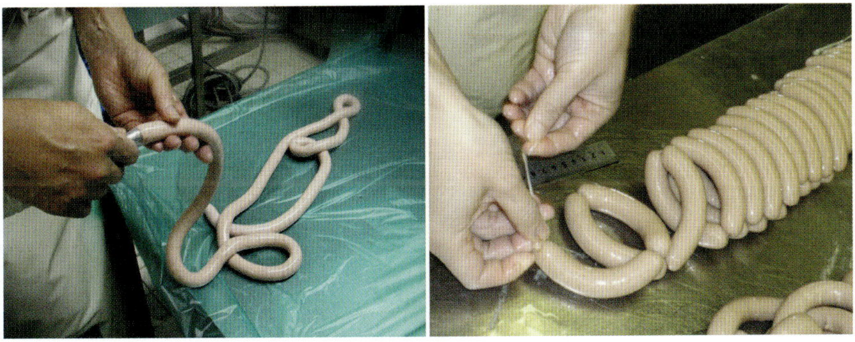

図 2-45　充填（左）と結紮（右）

カラーが得られたら，引き続きスモークハウス内で80℃程度で中心温度が70℃まで蒸煮する．スモークゼネレーターと蒸気配管を備えたスモークハウスがない場合は，密閉した容器の中でスモークウッドで直接くん煙したのちボイル槽でボイルしたり，蒸し器で蒸煮したりする．加熱終了後は速やかにシャーワー水をかけて放冷し，冷蔵庫で冷却する．

e．包　　装

加熱冷却された製品は中身を保護するためにプラスチックのフィルムで包装する．水分や香気成分の蒸散防止，退色変色防止，細菌やカビなどの微生物の汚染防止などが目的で，商品の保存性が強化される．

包装の前処理としてウインナー，フランクの場合は結紮部分を切断して1本ずつに切り離す．ボロニアの場合はスライスや小分するなど，サイズを適正化する．いずれにしても加熱以降は殺菌工程はないので，極力微生物の二次汚染を受けないように衛生的な取扱いをすることと，低温度での管理が重要である．包装形態としては，深絞り真空パック包装や縦ピローや横ピローのガス置換包装が一般的である．

(2) 荒挽きソーセージ

現在，日本の市場で最も一般的に販売されている食肉製品は荒挽きウインナーソーセージである．ここでは，実際のハムソーセージ工場の製造ラインを示すことで，工業スケールでの荒挽きソーセージの製造方法を解説する．基本的な配合例とフローチャートを図2-46に示した．

a．原　料　肉

原料肉の選別と処理検品は細挽きソーセージと同じである．

b．チョッピング

原料肉はミートチョッパーで挽き肉にされる．肉粒のサイズは目的とする商品の荒挽き度合いによるが，5mm以上が目安である．見た目の荒挽き感と食べたときのジューシー感を保持するため，きれいな肉粒が得られるように留意する．よく研磨されたミートチョッパーの刃とプレートを用いて，肉粒がつぶれたり練られないようにすると同時に，肉温の管理が重要である（図2-47）．

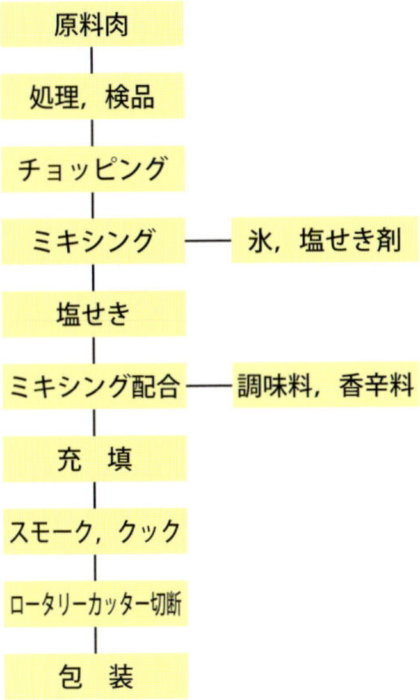

配　合		
原　料	豚赤肉	55
	豚脂肪	30
	氷	15
		100
副原料（対原料添加率）		
塩せき剤	食　塩	1.6
	亜硝酸 Na	0.01
	アスコルビン酸 Na	0.08
	重合リン酸塩	0.3
調味香辛料	砂　糖	0.3
	ペッパー	0.2
	メース	0.05
	コリアンダー	0.07
	ジンジャー	0.05
	パプリカ	0.1

図 2-46　荒挽きソーセージの製造工程と配合

c．一次ミキシング，塩せき

挽き肉にされた原料肉，原料脂肪，冷水および塩せき剤をミキサーで混和する．肉粒をつぶさないように，また脂肪がだまにならないように均一になるまで数分間実施する．

肉温が上昇し過ぎると塩せき中に肉が発酵してしまうので，温度管理が重要である（図 2-47）．

図 2-47　チョッパー（左）と塩せきタンク（右）

d．塩　せ　き

通常，細挽きソーセージがカッターキュアーといってカッティング工程で塩せきを完了してしまうのに対し，荒挽きソーセージでは1日から数日間の塩せき期間が必要となる．具体的には，ミキシング後の肉をタンクに移し0～4℃の冷蔵庫に静置する．塩せき剤の中の食塩とリン酸塩によって赤肉の筋原線維から塩溶性たんぱく質が抽出されて保水性，結着性およびゲル化性が付与される．また，亜硝酸塩は赤肉のミオグロビンと反応して加熱されると，熱に安定な変性グロビンニトロシルヘモクロムとなり，ソーセージがきれいな赤色を呈するようになる．また，この塩せき期間中にソーセージらしいキュアリングフレーバも発現する．

e．二次ミキシング，配合

塩せきが完了すると，次に配合工程に移る．塩せき肉は再度ミキサーに移され，調味料，香辛料を加えて均一になるまでミキシングされる．この際，気泡を除くために軽く真空引きして脱気する場合もある．

充填，加熱，切断，包装工程は細挽きソーセージと同じである（図2-48）．

(3) 無塩せきソーセージとフレーバー

ハム，ソーセージ，ベーコンという食肉製品は食塩と亜硝酸Naによって塩せきされるが，亜硝酸Naを使用しない無塩せきソーセージという商品のグループが存在する．ここでは無塩せきソーセージの特徴について，亜硝酸Naの機能（特にフレーバーに及ぼす影響）と対比して解説する．

図2-48　充填（左），加熱（中），ロータリーカッター（右）

ミュンヘナーバイスブルスト（細挽き），ニュルンベルガーブラートブルスト（荒挽き），チューリンガーブラートブルスト（荒挽き）などが無塩せきソーセージの代表的な製品である．

ブラートブルストは生ソーセージとして腸詰にされたあと，工場では加熱されずに直接食卓でグリルされる場合もあるし，バイスブルストもボイルしてすぐに供されるものがおいしい．このように，無塩せきソーセージは保存食というよりもむしろ鮮度が重視される生鮮食品に近い製品である．

亜硝酸塩の機能としては，①肉色の固定，②微生物抑制，③酸化防止とキュアリングフレーバー発現などがあげられる．無塩せきソーセージの風味の劣化が早いのは③が大きく関わっている．ヘキサナールというアルデヒドが肉および肉製品の酸化臭，獣臭といった不快臭の主因であるとされている．食肉製品の脂質の自動酸化とヘキサナール生成の模式図を図2-49に示した．

脂肪中のリノール酸が3段階の反応を経てリノール酸モノペルオキシドとなり，加熱によって酸化臭の主因とされるヘキサナールになると考えられている．この一連の反応に，肉のミオグロビン中のヘム鉄が酸化反応を触媒すると推察される．亜硝酸塩を加えて塩せきする商品に関しては，亜硝酸から発生する反応性の高い酸化窒素がヘム鉄と結合してしまうため，鉄イオンの働きを抑制するので酸化されにくくなる．

図2-50に実際のソーセージの製造工程と保存中のヘキサナールの変化をガス

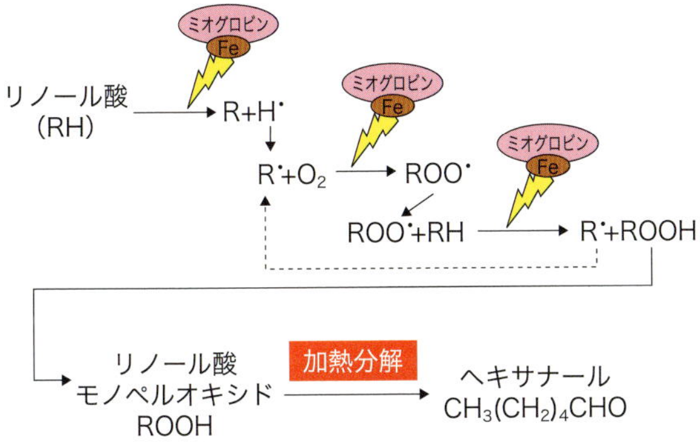

図2-49　脂質の自動酸化の過程
亜硝酸塩から発生する一酸化窒素はヘム鉄と結合し，脂質酸化の触媒能を持つ鉄イオンの働きを抑制する．

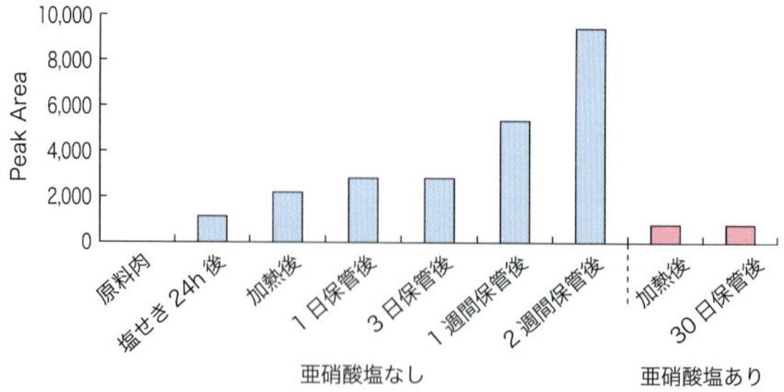

図2-50 ソーセージ製造工程におけるヘキサナール量の変化
ただし，保管は N_2 ガス封入包装して10℃にて行った.

クロマトグラフィーで測定した結果を示した. 左側の無塩せきのソーセージでは，ヘキサナール量は加熱後から保存期間を通じて経時的に増加していく傾向を示した. 一方，塩せきしたソーセージについては，30日保管後もほとんどヘキサナールの増加は認められていない.

このように，無塩せきソーセージは通常品と比べて非常に風味のかわりやすい性質のため，マジョラムなどのハーブ系の香辛料を多用するなど，マスキングにも工夫がなされている.

(4) ケーシングについて

JAS規格がソーセージを使用するケーシングで分類しているように，ソーセージの特徴付けに大きく影響するケーシングについて解説する. ケーシングは天然ケーシングと人工ケーシングに大別され，さらに後者は可食性と不可食性のものに分けられる.

a. 天然ケーシング

羊腸，豚腸，牛腸，豚膀胱などがあげられるが，ウインナーの羊腸とフランクの豚腸が一般的である. 特に，羊腸詰めウインナーは日本のソーセージの中で最も多く販売されている. 羊腸のパリッとした歯ざわりが消費者に好まれるためである. 通気性があってくん煙成分を適度に吸着し，中身の肉と密着性も高くケーシングとして高い機能を有している.

b．人工ケーシング

i）不可食ケーシング

塩化ビニリデンケーシングのように通気性のない直接充填用と，ファイブラスケーシングやセルロースケーシングのように通気性のあるケーシングに分けられる．

前者は魚肉ソーセージやスティックソーセージが代表的な製品で，ケーシングを付けたまま販売され，消費者は皮を剥いて食べることになる．後者ではスキンレスタイプ(皮なし)のウインナーやフランクが製造される．継ぎ目のないチューブ状のセルロースケーシングに，連続的に練り肉を充填結紮する高生産性のシステムが確立されている．くん煙加熱冷却後は，ピーラーという機械で高速でケーシングを剥離させて皮なしソーセージにする．

ii）可食ケーシング

①コラーゲンケーシング…牛皮や豚皮からコラーゲンを再構築して作ったケーシングである．原皮を酸膨潤させ粉砕して，コラーゲン繊維を抽出した物をノズルから塩水を入れながらチューブ状に射出して成型し，乾燥後，コンパクトに圧縮して製造する．

天然腸とほとんど同じように用いられる．長所は天然腸よりもサイズや硬さなどの物性が一定で生産性の高いことがあげられる．短所としては天然腸よりも厚いために食感と歯ざわりが悪いこと，結紮部分が締まらずに魚の口のようになることがあげられる．コンビニエンスストアのカウンター周りに置かれるフランクフルトソーセージによく用いられている．

②コーエクストルージョン(Co-Extrusion)ソーセージ…1980年代に開発され，現在では欧米で広く採用されている高生産性のソーセージ連続製造システムを紹介する．ケーシングに関しては可食性のコラーゲンに属する．Co-Extrusionとは共押し出しという意味で，二重ノズルを用いてソーセージの練り肉にケーシングの原料であるコラーゲンドゥを均一に被せながら充填成形していく．表面を覆ったコラーゲンドゥは，直後に飽和の塩水に浸せきされコラーゲンたんぱく質が塩析することで不溶化し皮膜となる．その後，クリンパーという回転式の定寸のはさみで絞られながら１本１本切断され，くん液を噴霧されてコンベアで連続加熱冷却工程へと進んでいく．塩析で一時的に固まったコラーゲンはくん液のアル

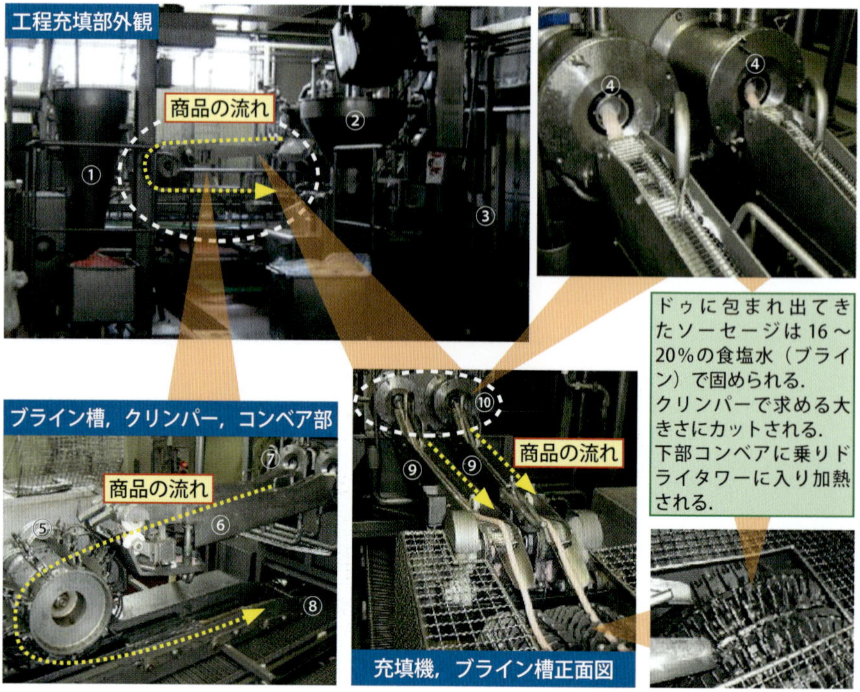

図 2-51　Co-Extrusion の全体図

①ドゥホッパー，②練り肉ホッパー，③ドライタワー，④肉とドゥが出る部分，⑤クリンパー，⑥ブライン槽，⑦充填機，⑧コンベア，⑨ブライン槽，⑩充填機.

デヒドによって架橋を形成し，加熱処理によって固定されて完全なケーシングとなる．図 2-51 にシステムの全体像を，図 2-52 にノズルの詳細について示した．

2）サラミ類

日本の市場に流通しているサラミといわれる商品は 2 種類に大別される．1 つはドイツでいうローブルストに属する非加熱の発酵ソーセージであり，もう 1 つは乾燥品で加熱されたあと乾燥させて製造される珍味に近い商品群である．国内で流通しているのはほとんどが後者の商品で，前者の発酵ソーセージはヨーロッパから特徴ある商品が輸入されているものの，国内の製造量はあまり多くない．しかしながら，非加熱発酵ソーセージは通常のソーセージの製法と全く別の製法を採用しており，微生物による有害微生物の制御や pH と水分活性の調整な

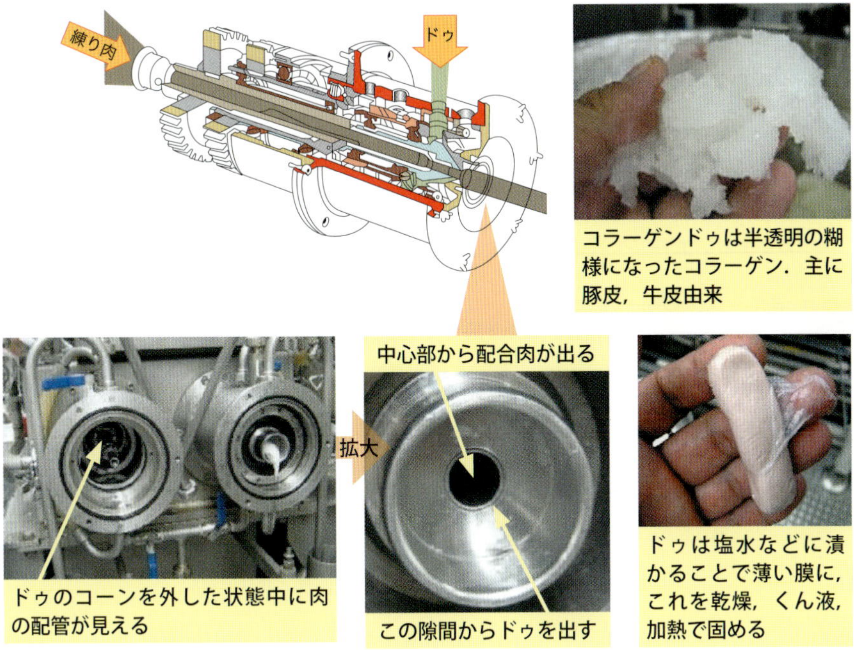

図 2-52　Co-Extrusion のノズル詳細

中心のノズルより肉を，ノズル周辺の隙間から粘度のあるドゥを同時に押し出す．コラーゲンドゥを塩水などで固め『膜』にして成型．加熱工程で固定（くん液による架橋と加熱凝固）．

ど，ソーセージ製造技術という観点からは興味深い対象である．ここでは，非加熱発酵サラミを中心にサラミ類の製造方法について解説する．

(1) 非加熱発酵サラミ

スライスできるタイプの非加熱発酵ソーセージの基本的な配合例とフローチャートを図 2-53 に示した．

a．原　料

原料赤肉は牛肉，豚肉も pH が 5.4 ～ 5.8 くらいのものを選別する．pH が 6 以上と高い肉は，保水力が高く乾燥工程での水分の蒸散速度が遅くなって腐敗したり，有害微生物が生育したりするリスクが生じる．脂肪は融点の高い，硬い背脂を使用する．

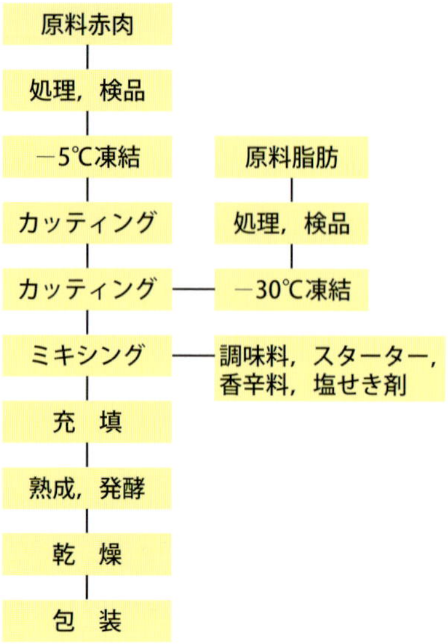

配　合		
原　料	牛赤肉	40
	豚赤肉	30
	豚脂肪	30
		100
副原料（対原料添加率）		
塩せき剤	食　塩	2.8
	亜硝酸 Na	0.02
	アスコルビン酸Na	0.08
調味香辛料	グルコース	0.3
	ペッパー	0.2
	メース	0.03
	ガーリック	0.07
	オニオン	0.07
	スターターカルチャー	0.01

図 2-53　非加熱サラミの製造工程と配合

b．凍　　結

カッティング時に温度が上昇して肉が練れてしまうことを防止し，きれいな粒目が出るように原料肉は凍結しておく．赤肉も脂肪も 5cm 角程度に切り分けて薄く延ばして，赤肉は－5℃，脂肪は－30℃に凍結する．赤肉と脂肪で凍結温度をかえるのは，硬さと溶解速度が異なるからである．

c．カッティング

サイレントカッターはあらかじめ氷水で十分に冷却しておく．赤肉と脂肪を投入後，最初は低速で塊を裁断し，次に高速でカッティングする．赤肉と脂肪の粒がきれいに混じりあって適正なサイズになったら，低速に落として塩類と香辛料，スターターカルチャーなどを添加する．均一化したのち，わずかに結着性が出てきたら終了する．食塩は分散させるだけで，赤肉たんぱくと反応させてはならないことが重要である．たんぱく質が抽出されて保水性が発揮されてしまうと，あとの乾燥工程がうまく進まなくなってしまう．練りあがり温度は2℃以下とする．

d．充　　填

ケーシングは天然ケーシングか，もしくは収縮率の高い，肉との付着性を高めるために内側にコラーゲンを塗布した人工ケーシングを使用する．カッティングできれいに作った目をつぶさないようにスタッファーでケーシングに充填する．この際，空気をかまさないように，できるだけ固く充填することが重要である．

e．熟　　成

充填して台車に吊るされたソーセージは，温度，湿度および風量をコントロールできる熟成乾燥庫に移される．熟成発酵は24℃・湿度94％くらいから始めて，18℃・湿度85％くらいまでに1週間から10日間かけて段階的に温度と湿度を落として実施する．速やかなpHの低下と肉の内部からの水分の均一な蒸散が目的である．表面のみ急速に乾燥が進んでリングが形成されてしまうと内部は腐敗してしまう．乳酸菌スターターの使用は安定的な製造に必須で，専門メーカーが選抜したラクトバチルスやペデイオコッカス属がg当たり10^{11}程度まで濃縮された凍結乾燥品を使用する．サラミの練り肉g当たり10^{6}～10^{8}程度になるように添加する．

pH制御に関しては糖類の添加量も重要である．添加された糖類が乳酸菌スターターに資化されて乳酸となりpHが低下するのであるが，添加量が多すぎると過剰の酸が産生されpHが下がり過ぎてしまう．pHの下がり過ぎは酸味が強くなって味が悪くなるだけでなく，発色も阻害される．熟成2日目までにpH5.2程度に下がって，その後安定するのが望ましい．グルコースが0.2～0.3％添加される場合が多い．

f．乾　　燥

目的とする商品の固さが得られるまで，15℃・湿度75～80％程度で乾燥させる．表面にカビが生えないように空気の循環も行わない．仮に生えてきた場合は，速やかにアルコール綿などで拭き取る．

g．包　　装

プラスチックのフィルムで真空包装し，最終商品とする．

(2) 乾燥サラミ

製造方法は，1)(2)「荒挽きソーセージ」とほとんど同じである．ただし，配合に関しては乾燥製品であるから氷水は使用しない．通常通りくん煙加熱殺菌したあと，温風または冷風で所定の水分活性値まで乾燥させる．カビの生育と脂肪の酸化を防止するために，プラスチックのフィルムに真空包装，もしくはガス置換包装して出荷する.

3）その他ソーセージ，コッホブルスト，ミートローフ

主として製法に特徴のある，あらかじめ加熱した原料を使用するコッホブルストについて，レバーソーセージを例に製法を解説する.

(1) コッホブルスト

図2-54に細挽きレバーソーセージのフローチャートと配合を示した.

a．原　　料

豚レバーは新鮮な物を使用する．血管，胆管，リンパ節を除去し，3～4個に

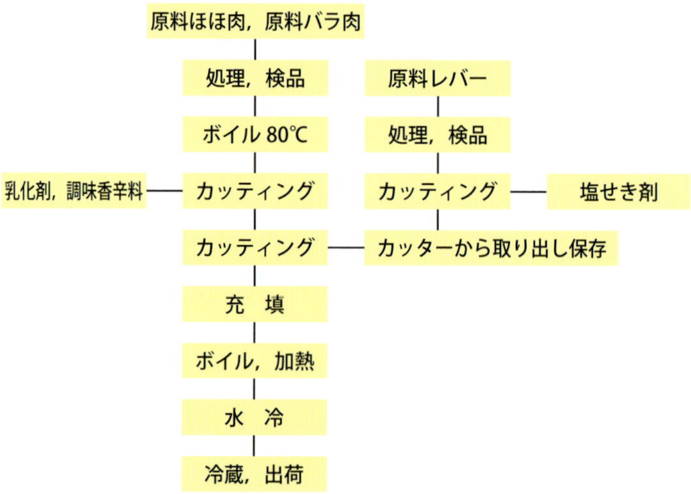

配合					
原　料	豚レバー	20	乳化剤	カゼイン Na	0.5
	豚ほほ肉（脂身 50%）	40			
	豚バラ肉（脂身 50%）	40	調味香辛料	砂　糖	0.3
		100		ペッパー	0.2
副原料（対肉添加率）				ナツメグ	0.03
				マジョラム	0.1
塩せき剤	食　塩	1.8		カルダモン	0.03
	亜硝酸 Na	0.02		ローストオニオン	1.0
	アスコルビン酸 Na	0.08			

図 2-54　レバーソーセージの製造工程と配合

切り分けておく．

b．レバーカッティング

冷却したサイレントカッターにレバーと塩せき剤を入れて，高速で十分にカッティングする．粘り気が出てきて泡が発生するまで実施する．終了後はカッターから取り出して使用するまで冷蔵庫で保管する．

c．原料加熱

原料の豚ほほ肉と豚バラ肉は 80℃で中心温度が 65℃までボイルする．加熱し過ぎると収量が悪くなるので，65℃で止めること．

d．カッティング

湯であらかじめ温めたサイレントカッターに熱した豚ほほ肉とバラ肉を入れ，乳化剤も加えて細かくなるまで高速で 65℃でカッティングする．この際，先の原料加熱時に出た煮汁を５%添加する（ボイル時の目減り分に相当する）．調味料，香辛料も添加し，レバーのたんぱく質が変性しない 50 ～ 60℃になったら先に調整しておいたレバーを添加して，高速で 40 ～ 45℃になるまでカッティングする．

e．充　填

直径 45 ～ 60mm のプラスチックをコーティングしたケーシングに充填する．できるだけきつく充填して，ゼリーおよび脂肪分離を防ぐ．

f．加熱，冷却

80℃で中心温度 70 ～ 74℃に到達するまでボイルする．ボイル後速やかに冷水で冷却する．

(2) ミートローフ

細挽きや荒挽きのソーセージの練り肉を金属性のモールドに詰めてオーブンで焼きあげた商品がミートローフである．140 ～ 180℃の高温で焼きあがるため，表面が焦げて芳ばしい香りがすることと，ふわりとした食感が特徴となる．モールドを用いず，パイ生地やベーコンに練り肉を包んで加熱して作る場合もある．野菜，ナッツ，チーズなどを種物として練り込む場合も多い．

7．食肉と食肉製品の機能性と健康への寄与

食品の有する保健的機能に対する関心が高まり，数多くの機能性食品が誕生してきた．畜産食品においては，ヨーグルトを中心とする発酵乳において機能性食品の研究開発が活発に行われてきたのは，本書（☞ 第1章 7.「牛乳と発酵乳製品の機能性と健康への寄与」）でも詳述されている通りである．一方，食肉や食肉製品では，そのおいしさや栄養価の高さは古くから認識されていたが，機能性食品という観点からは研究開発が遅れていたことは否めない．ここでは，食肉中に存在する主要な保健的機能性成分を解説したうえで，食肉を主原料とする機能性食品の状況について紹介する．

1）食肉の保健的機能性成分

食肉は，必須アミノ酸のバランスが整った良質なたんぱく質を多く含む食品であるし，鉄，ビタミン B_{12}，葉酸などの供給源としても優れている．近年さらに，食肉中に存在する生理活性物質に関する知見の蓄積が急速に進み，食肉摂取と健康の関係が新たな局面を迎えた感がある．そのような食肉由来の物質として，共役リノール酸，カルノシン，アンセリン，L-カルニチン，グルタチオン，タウリン，クレアチンといったものがあげられる．これらの物質の存在は，食肉や食肉製品を積極的に摂取する意義としてもとらえられるし，食品素材として他の食品やサプリメントなどへの利用も期待される．以下に，代表的な食肉由来の保健的機能性成分について解説する．

(1) ヒスチジルジペプチド

抗酸化物質の摂取は，体内における活性酸素（フリーラジカル）による傷害を防ぎ，健康維持や疾病予防に密接な関係を持っているとされている．食品に含まれている代表的な抗酸化物質として，アスコルビン酸，ビタミンE，β-カロテン，ポリフェノールなどがある．食肉（筋肉）中には，トコフェロール類，ユビキノン，カルテノイド類，アスコルビン酸，グルタチオン，リポ酸，尿酸，スペルミンといった抗酸化物質が存在する．カルノシン（β-アラニル-ヒスチジン，図2-55左）

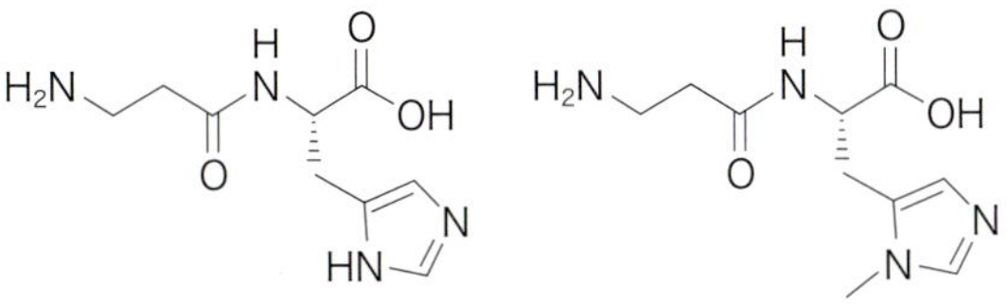

図2-55　ヒスチジルジペプチドの構造
左：カルノシン，右：アンセリン．

やアンセリン（N-β-アラニル-1-メチル-L-ヒスチジン，図2-55右）は食肉（骨格筋）に比較的多く含まれる抗酸化物質で，いずれも構造中にヒスチジンを有するジペプチドである．これらの物質の抗酸化活性は，銅などの金属イオンに対するキレート作用が関係しているとされている．カルノシンやアンセリンの経口摂取は，酸化ストレスに起因する各種疾病や老化の予防，疲労軽減などに寄与することが報告されている．

(2) L-カルニチン

L-カルニチン（β-ヒドロキシ-γ-トリメチルアミノ酪酸，図2-56）は，ヒトを含む動物の体内で生合成される物質で，脂質代謝には必須である．食肉（骨格筋）に多く含まれるが，特に牛肉中に多く，例えば牛もも肉には1,300mg/kg程度含まれている．L-カルニチンはエネルギー産生やコレステロールレベル低下に寄与するとともに，脂肪酸の分解を促進することにより中性脂肪の蓄積を抑制し，脂肪肝の形成を予防する．筋肉の量や強度の増加，アポトーシス抑制による心疾患予防にも有効であることが示されている．L-カルニチンの摂取は，運動時のスタミナ維持や疲労回復にも寄与するデータがあることから，スポーツ飲料などにも用いられている．

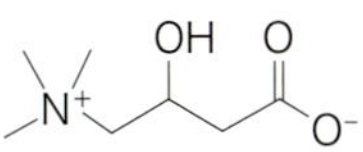

図2-56　L-カルニチンの構造

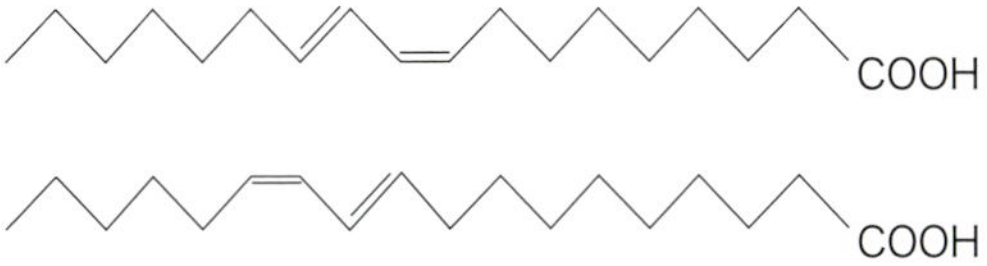

図2-57　共役リノール酸の構造
上：c9, t11-異性体，下：t10, c12-異性体．

(3) 共役リノール酸

共役リノール酸（conjugated linoleic acid，CLA）は，加熱した牛肉（フライドハンバーガー）から抗変異原物質として発見された．構造的には，リノール酸（炭素数 18 で二重結合 2 個を有する不飽和脂肪酸）の位置幾何異性体である（図 2-57）．牛肉など反芻動物由来の畜産物に多いのは，ルーメン細菌がリノール酸を CLA に変換するためである．牛肉脂肪 1g 当たりに 3 ～ 8mg 程度含まれている．牛肉中の含量は，給餌する飼料などによって変化するため，飼養条件の改善により CLA 含量の多い付加価値の高い牛肉生産も試みられている．抗変異原活性以外の生理活性として，抗がん作用，体脂肪減少作用，動脈硬化予防作用，血清コレステロール低下作用，抗酸化作用，免疫調節作用なども報告されている．

2）食肉たんぱく質由来ペプチドの保健的機能

食品たんぱく質がプロテアーゼの作用を受けると，さまざまなペプチドが生成する．このようなペプチドの中には，未分解のたんぱく質には見られない生理活性を有するペプチドが存在する．食品たんぱく質の分解により生成する生理活性ペプチドについては，第 1 章に牛乳由来のものが，第 3 章に鶏卵由来のものが記述されている．また，ダイズなどの植物のたんぱく質分解物にも多くのものが見つけられている．これらのペプチドの主な生理活性として，血圧降下，免疫調節，神経調節，抗酸化，コレステロール低下，抗菌，ミネラル吸収促進などがある．ここでは，食肉たんぱく質から生理活性ペプチドが生成する過程と，これまでに見出されている食肉たんぱく質由来の主な生理活性ペプチドについて述べる．

(1) 食肉たんぱく質の分解によるペプチド生成

未分解の食肉たんぱく質の配列中には，血圧降下ペプチドなどの生理活性ペプチドに相当する部分が存在する．しかし，そのような配列がたんぱく質中にあっても生理活性を示すことはなく，プロテアーゼの作用を受けてペプチドとなって初めて活性を示す．食肉たんぱく質からペプチドが生成する経路の主要なものとして，以下の 4 つがある（図 2-58）．

a．消化酵素

食品を摂取したとき，食品中のたんぱく質は消化管内でさまざまな消化酵素（ペプシン，トリプシン，キモトリプシン，エラスターゼ，カルボキシペプチダーゼなど）により，ペプチドやアミノ酸に分解される．これらの消化酵素を，*in vitro* で食肉たんぱく質に作用させると，血圧降下ペプチドや抗酸化ペプチドが生成する．食肉を摂取した場合に，実際の消化管内で生理活性ペプチドがどの程度生成し，生体へ影響を及ぼしているのかは，まだ明らかにされていない．

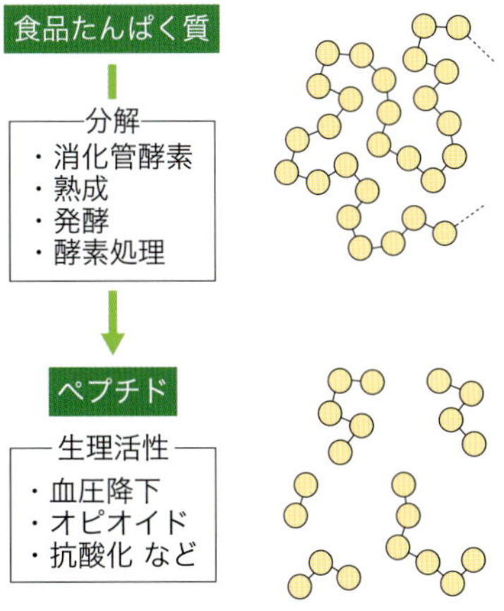

図2-58　食品たんぱく質からのペプチド生成

b．熟　　成

食肉や食肉製品は，熟成期間中にたんぱく質の分解が進むため，ペプチド含量が増加する．熟成や貯蔵中における食肉たんぱく質の分解には，カルパインやカテプシンといった酵素の関与が大きい．熟成中のたんぱく質分解は，食肉や食肉製品の官能特性（嗜好性）の向上に寄与していることがよく知られているが，生理活性ペプチドの生成も考えられる．実際に，牛肉や豚肉を低温で長期貯蔵すると，アンジオテンシンⅠ変換酵素（ACE）阻害活性や抗酸化活性が上昇することが示されており，熟成の利用により食肉や食肉製品の保健的機能性を高めることが期待できる．

c．発　　酵

発酵ソーセージや生ハムといった発酵食肉製品（☞ 6.「食肉と食肉製品（ソーセージ類）の製造技術」）では，発酵過程にたんぱく質の分解がかなり進行する．発酵ソーセージにおける食肉たんぱく質の分解には，骨格筋由来のプロテアーゼの存在が大きいとされている．発酵中に乳酸菌などの細菌が増殖するが，そのプロテアーゼ活性は弱いため，たんぱく質分解への寄与は限定的であると考えられる．発酵ソーセージ中でペプチド・アミノ酸含量が1%に達するという報告もあり，生理活性ペプチドの生成も十分に期待できる．欧米で製造された発酵ソーセージのACE阻害活性を測定したところ，いずれの製品も未発酵の豚肉よりも活性が高かったと報告されており，発酵中にACE阻害ペプチドが生成されたと考えられる．

d．酵素処理

最も効率よく食肉たんぱく質からペプチドを生成させる方法として，食肉ホモジネイト（すりつぶしたもの）に各種プロテアーゼを添加して酵素反応を行う方法がある．動物，植物，微生物由来のさまざまなプロテアーゼが食品用酵素として市販されており，目的に応じて選択することができる．食肉産業においては，古くから食肉の軟化に植物由来のパパイン，ブロメライン，フィシンといったプロテアーゼが利用されてきた．このような食肉生産現場でのプロテアーゼ処理は，生理活性ペプチドの生成も伴うことが考えられるが，その種の検討はまだ行われていない．

(2) 食肉たんぱく質由来の生理活性ペプチド

表2-20に食肉たんぱく質由来の生理活性ペプチドの例をあげた（血液由来のものも含む）．ここでは，食肉たんぱく質由来の生理活性ペプチドとして最もよく研究されているACE阻害ペプチド（血圧降下ペプチド）に加えて，抗酸化ペプチドとプレバイオティックペプチドについて述べる．

a．ACE阻害ペプチド

食品たんぱく質の分解により生成するアンジオテンシンⅠ変換酵素（ACE）阻害ペプチドの多くは，高血圧症予防食品の開発の観点から注目されてきた．ACEはアンジオテンシンⅠをアンジオテンシンⅡ（昇圧物質）に変換することや，ブラジキニン（降圧物質）を分解することにより，血圧上昇をもたらす酵素である．このため，ACEの活性を阻害することで，血圧上昇を抑えることができる．ACE阻害ペプチドの血圧降下作用は，自然発症高血圧ラット（SHR）への経口投与試験により検証されることが多い．食肉たんぱく質由来のACE阻害ペプチドにおいても，Ile-Lys-Trp，Leu-Lys-Pro，Leu-Ala-Pro，Ile-Thr-Thr-Asn-Pro，Met-Asn-Pro-Pro-Lysなどの血圧降下作用がSHRで認められている．

b．抗酸化ペプチド

前述のカルノシンやアンセリン（ヒスチジルジペプチド）は骨格筋に多く存在

表 2-20　食肉たんぱく質の分解により生成する生理活性ペプチド

生理活性	由来家畜，たんぱく質種	アミノ酸配列
血圧降下作用（ACE 阻害活性）	鶏骨格筋（クレアチンキナーゼ）	LKA
	鶏骨格筋（アルドラーゼ）	LKP
	豚骨格筋（アクチン）	VWI
	豚骨格筋（ミオシン）	ITTNP
	豚骨格筋（ミオシン）	MNPPK
	豚骨格筋（ミオシン）	FQKPKR
	鶏骨格筋（クレアチンキナーゼ）	FKGRYYP
	発酵豚肉（ミオシン）	VFPMNPPK
	鶏骨格筋（アクチン）	IVGRPRHQG
	豚骨格筋（トロポニン C）	RMLGQTPTK
	鶏骨格筋（コラーゲン）	GFXGTXGLXGF
抗酸化作用	豚骨格筋	VW
	豚骨格筋	DLYA
	豚骨格筋	SLYA
	豚骨格筋	DLQEKLE
オピオイド作用	牛血液（ヘモグロビン）	VVYPWTQRF
	牛血液（ヘモグロビン）	LVVYPWTQRF
プレバイオティック作用	豚骨格筋（ミオシン）	ELM

する内因性の抗酸化ペプチドであるが，食肉たんぱく質の分解によっても抗酸化ペプチドが生成する．例えば，豚骨格筋たんぱく質の分解物から，Asp-Ala-Gln-Glu-Lys-Leu-Glu，Asp-Leu-Tyr-Ala，Ser-Leu-Tyr-Ala という配列のペプチドが見出されている．このようなペプチドのマウスやラットへの経口投与実験により，抗ストレス作用や抗疲労作用があることも示されている．

c．プレバイオティックペプチド

ヒトの健康に寄与する乳酸菌やビフィズス菌が「プロバイオティクス」として注目され，ヨーグルトなどの発酵乳に盛んに利用されている（☞ 第 1 章）．また，プロバイオティクス細菌の増殖を助けるオリゴ糖などの「プレバイオティクス」も注目されている．これら両者を合わせた「シンバイオティクス」という概念も提唱されている（図 2-59）．オリゴ糖や食物繊維といった糖質系物質に加えて，プレバイオティクス作用を示すペプチドも見出されている．食肉たんぱく質由来のものとして，豚骨格筋のアクトミオシンの酵素分解物がビフィズス菌の増殖を促進することが示され，活性ペプチドとしてトリペプチド（Glu-Leu-Met）が同定されている．なお，このペプチドを構成する 3 種のアミノ酸の混合物や部分配列（ジペプチド）の活性は高くないため，ペプチド構造が重要である．

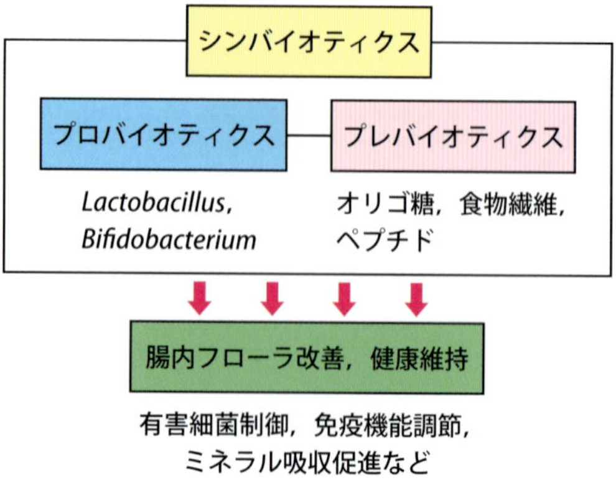

図 2-59　プロバイオティクス，プレバイオティクスおよびシンバイオティクスの概念

3）食肉を原料とする機能性食品の状況

保健的な価値の高い食肉や食肉製品を作るためには，さまざまなアプローチが考えられる（表 2-21）．家畜に与える飼料など飼育条件を改善することにより食肉を生産する段階から，保健的な機能性を有する食品素材を添加するなど食肉製品の製造段階に至るまで，その対応方法は多い．ここでは，食肉の加工段階に注目して開発された機能性食肉製品の状況を紹介する．

機能性食品の中でも法的なお墨付きを得たものが，「特定保健用食品」である．食肉製品においても，これまでに特定保健用食品が登場してきた（表 2-22）．しかし，これらの製品は食物繊維やダイズたんぱく質を利用しただけの製品であり，残念ながら食肉製品ならではの機能性食品とはいい難い．特定保健用食品以外で

表 2-21　保健的価値の高い食肉や食肉製品の生産方法
1. と体組成の改善（家畜の飼育条件改良など）
2. 生体への操作（食肉処理方法改良など）
3. 食肉製品製造時の工夫
・脂肪含量低減
・コレステロール含量低減
・カロリー低減
・食塩添加量低減
・発色剤添加量低減
・機能性成分添加

表 2-22　食肉を主原料とする主な特定保健用食品

食品カテゴリー	使用成分	食品形態
おなかの調子を整える食品	水溶性食物繊維	ウインナーソーセージ ボロニアソーセージ ロースハム
コレステロールが高めの方の食品	ダイズたんぱく質	ミートボール ハンバーグ ウインナーソーセージ フランクフルトソーセージ

は，咀嚼や嚥下の機能が低下した高齢者が容易に食肉を摂取できるよう工夫をした製品がいくつか登場している．高齢者向けの食品は，市場が拡大しつつあるので，多くの企業が参入している領域である．

一方，食物アレルギーが大きな問題になっており，アレルギー対応食品が数多く登場している．食肉はアレルギーの原因になりにくい食品であるが，ソーセージなどの食肉製品では原料に植物たんぱく質などを用いている場合が多い．このため，食肉製品を摂取した際に，食肉以外に由来する成分により食物アレルギーが発症することがある．このような状況から，乳や卵といった主要アレルゲンを含まない食肉製品（ソーセージ，ハンバーグなど）が開発され，「アレルゲン除去食品」の表示許可を得ている（図 2-60）．さらにその後，7 大アレルゲン（乳，卵，小麦，そば，落花生，えび，かに）を一切含まない製品も登場している．

いわゆる「ゼロ食品」と呼ばれる脂質や糖質（カロリー）含量が非常に少ない食品が注目されている．なお，「カロリーゼロ」は，厳密なゼロカロリーを意味しておらず，健康増進法による栄養表示基準では，100ml 当たり 5kcal 未満であれば「カロリーゼロ」や「ノンカロリー」と表示できる．「糖質ゼロ」も同様で，100ml 当たり糖質 0.5g 未満であれば表示可能である．食肉製品においても，「糖質ゼロ」をうたったものが開発されている（図 2-61）．

図 2-60　アレルゲン除去食肉製品（フランクフルトソーセージ）

図 2-61　糖質ゼロ食肉製品（生ハム，ベーコン，ロースハム）

図 2-62　プロバイオティクス乳酸菌を利用した発酵ミートスプレッド

発酵ソーセージなどにおいて乳酸菌の利用は古くから行われてきたが，乳製品のようにプロバイオティクス（図 2-59）の概念の導入はあまり考えられていなかった．しかし，食肉製品における利用も徐々に検討されるようになり，プロバイオティクス細菌（主にヒト腸管由来の乳酸菌やビフィズス菌）の食肉製品への利用が技術的にそれほど困難ではないことが示されている．プロバイオティクス乳酸菌を利用した食肉製品（図 2-62）も開発されている．

8．食肉生産と消費動向

1）世界の食肉生産動向

食肉として利用される動物は，主に牛，豚，鶏である．世界の食肉生産量（表 2-23）を見ると，最も多いのは豚肉で約 1 億 600 万 t，次に鶏肉が 8,000 万 t，牛肉が 6,000 万 t 程度となっており，これで全生産量の約 88％となる．羊肉，七面鳥肉，山羊肉，アヒル肉，水牛肉などがこれに続き，表には示してないが，ラクダ，ガチョウ，ホロホロ鳥，馬，ウサギなどの肉を含めて年間約 2 億 8,000 万 t の食肉が生産されている．また，国別に生産量を見ると，表 2-24 に示すように牛肉は米国と中国で世界の生産量の約30％，豚肉は中国だけで世界の50％近くが生産されている．鶏肉は米国，中国，ブラジルでの生産量が多く，この3カ国で約47％を占めている．

食肉の輸出・輸入量の多い国について表2-25に示す．米国はすべての食肉で主要な輸出国となっている．また，鶏肉の輸出は米国とブラジルが突出している．輸入量を見ると，米国は牛肉の主要な輸入国でもある．豚肉については日本が最大の輸入国であり，鶏肉の輸入はロシアが最も多いが，日本も主要な輸入国である．

表2-23　世界の食肉生産量（2009年，千t）

豚　肉	106,069
鶏　肉	79,596
牛　肉	61,838
羊　肉	8,109
七面鳥肉	5,320
山羊肉	4,939
アヒル肉	3,845
水　牛	3,308
鹿肉など	1,705
その他	6,830
合　計	281,559

FAO統計より．

表2-24　畜産物の国別生産量（2009年，千t）

牛　肉		豚　肉		鶏　肉	
米　国	11,891	中　国	49,879	米　国	16,334
中　国	6,116	米　国	10,442	中　国	11,445
アルゼンチン	2,830	ドイツ	5,277	ブラジル	9,940
オーストラリア	2,148	スペイン	3,291	メキシコ	2,600
ロシア	1,741	ブラジル	2,924	ロシア	2,313

FAO統計より．

表2-25　食肉の輸出および輸入（2008年，千t）

主要輸出国					
牛　肉		豚　肉		鶏　肉	
ブラジル	1,600	米　国	1,689	米　国	3,638
オーストラリア	1,290	ドイツ	1,688	ブラジル	3,268
米　国	804	デンマーク	1,372	オランダ	684
主要輸入国					
牛　肉		豚　肉		鶏　肉	
米　国	1,075	**日　本**	1,201	ロシア	1,139
ロシア	990	ドイツ	1,128	中　国	970
日　本	610	イタリア	1,013	香　港	653
イタリア	486	英　国	961	サウジアラビア	508
英　国	476	ロシア	849	**日　本**	426

2）日本の食肉生産と消費動向

日本における食肉生産量（部分肉）は表2-26に示すように，牛豚鶏を合わせて2008年度で260万t程度（FAO統計では枝肉換算で約310万t）である．自給は困難であり，表2-25に示したように日本の食肉の輸入量は牛肉，豚肉，

表2-26　日本における主要食肉の生産量（t）

	牛　肉	豚　肉	鶏　肉	合　計
2004年度	35万5,817	88万4,037	124万1,981	248万1,835
2005年度	34万8,094	86万9,626	129万2,981	251万　701
2006年度	34万6,437	87万4,289	136万4,413	258万5,139
2007年度	35万8,928	87万2,522	136万2,327	259万3,777
2008年度	36万2,620	88万2,152	137万5,258	262万　30

（農水省食肉流通統計，部分肉ベース）

表2-27　日本の食肉輸入状況（2009年度，t）

牛　肉		豚　肉		ブロイラー	
オーストリア	35万5,488	アメリカ	27万5,268	ブラジル	31万5,202
アメリカ	7万3,823	カナダ	17万4,221	米　国	2万2,676
NZ	2万6,940	デンマーク	12万7,930	その他	5,080
その他	1万9,175	その他	11万4,510		
合　計	47万　526	合　計	69万1,929	合　計	34万2,958

（財務省統計より）

表2-28　1人当たりの年間消費量（2007年）

順　位	国　名	量（kg）
1	ルクセンブルグ	136.7
2	米　国	122.8
3	オーストラリア	122.7
4	ニュージーランド	116.8
5	スペイン	111.6
⋮		
64	韓　国	55.9
⋮		
68	中　国	53.5
⋮		
81	日　本	46.1
	世界平均	40.1

各国の消費量（枝肉ベース）/人口．FAO統計による．

表2-29　畜産物の家計消費（全国1人当たり，kg）

	牛肉	豚肉	鶏肉	合計
2005年度	2.2	5.5	9.9	17.6
2006年度	2.2	5.5	9.9	17.6
2007年度	2.2	5.7	10.0	17.9
2008年度	2.2	5.9	9.9	18.0
2009年度	2.3	6.0	10.1	18.4

総務省「家計調査報告」より．贈答用など自家消費以外も含む．

鶏肉のどれをとっても多い．これらの食肉がどこから輸入されているかについて，2009年度の状況を表2-27に示す．牛肉の輸入は約75％がオーストラリアからである．以前は米国もきわめて大きな輸入先であったが，2003年の米国での牛海綿状脳症（BSE）発生による輸入制限のため，現在の輸入は極端に低下している．豚肉については，アメリカ，カナダ，デンマークが主な輸入先となっている．韓国からも1999年度までは輸入されていたが，2000年の口蹄疫の発生以後は輸入停止となっている．ブロイラーについては2002年度まではタイ，ブラジル，中国などから多く輸入していたが，中国やタイにおける鳥インフルエンザの発生により輸入が停止され，2004年頃よりブラジルからの輸入が急増した．現在ではその90％以上をブラジルに依存している．このように，家畜の疾病は食肉の輸出入に大きな影響を与える場合がある．

年間1人当たりの食肉消費量について，FAOの統計で日本は46.1kgとなっている（表2-28）．しかし，これは国での消費量（枝肉ベース）を単純に人口当たりで算出したもので，実際の家計における消費量とは異なる．総務省が調査した日本国民1人当たりの畜産物の家計消費量は，過去5年間で若干の増加があるが約18kg/人/年となっている（表2-29）．

3）と畜処理工程と流通過程

「と畜」とはと殺される家畜のことを意味するが，と殺にかわる言葉として用いられることもある．食肉生産においては動物の生命を絶つ必要がある．この際，動物福祉的視点や肉質へ及ぼす影響を考慮して，できるだけ苦痛を与えない手法で実施されている．図2-63に牛の処理工程について示す．最初に①「失神」（スタニング，stunning）という処理が行われる．日本国内では牛に対してはキャプティブボルトピストル（captive bolt pistols，図2-64），豚に対しては電撃ショックや炭酸ガスによる麻酔が一般的な方法である．家畜が失神状態にあるうちに「のど刺し」（スティッキング，sticking）により心臓付近の大動静脈を切断し，放血（bleeding）によって命を絶つことになる．失神後は急速に血圧が上昇するために毛細管が破裂し筋肉中に血斑が生じることもあるので，放血はできるだけ速やかに行うことが望ましい．次に，②はく皮が行われるが，その前に諸外国においては電気刺激（electrical stimulation）が行われる場合もある．これは通電によ

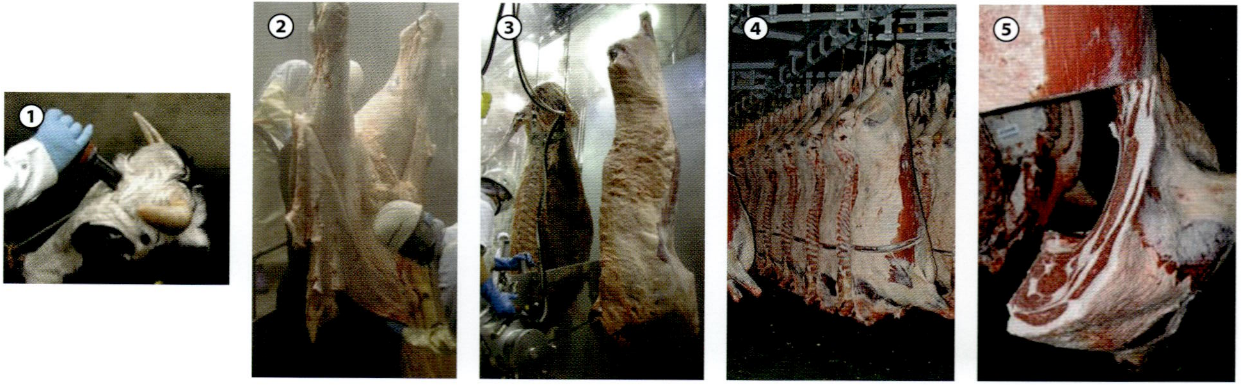

①失神作業，②はく皮作業，③背割り作業，④冷蔵保管，⑤格付け．撮影協力：岩手県食肉流通センター．

搬入 — 生体洗浄 — スタニング（失神） — スティッキング（のど刺し） — 放血 — 食道結紮 — と体懸垂 — はく皮，（頭部，四肢切除），直腸結紮 — 内臓摘出 — 脊髄吸引 — 背割り — 洗浄 — 冷蔵保管 — 格付け

図 2-63　食肉処理施設における牛のと畜，処理工程
（『最新畜産物利用学』，朝倉書店より一部改変）

図 2-64　キャプティブボルトピストル
火薬を利用してスチールボルトを頭部に貫通させる.

り ATP を消失させ，冷蔵庫で保管した場合に起こる寒冷短縮（☞ 2.7)「異常肉の発生と構造」）を防ぐためである．次に，③背割り鋸により 2 分割される．2001 年における日本国内初の牛海綿状脳症（BSE）の発生以降は，脊髄の神経組織を吸引して 2 分割されるようになった．この状態のものを枝肉と称し，④冷蔵庫で保管される.

4）各食肉の特徴と部分肉の名称

(1) 牛　　肉

日本国内で生産される牛肉は，主に黒毛和種，ホルスタイン種，交雑種（黒毛×ホルスタイン），日本短角種などの品種によるものである．枝肉の第 6 と 7 胸椎の間を切断し（図 2-63 ⑤），この切断面から（社)日本食肉格付け協会の牛枝肉取引規格に従って格付けされる．脂肪交雑度，しまり・きめ，肉色などを肉質等級として 1 ～ 5 の 5 段階評価，ロース芯面積，皮下脂肪およびバラの厚さなどから歩留りを計算し，A ～ C の 3 段階評価を行う．したがって，全体で C1 から A5 の 15 段階の評価となり，A5 と格付けされたものは高値で取引きされている．黒毛和種は一般的に脂肪交雑度が高く，日本短角種やホルスタイン種は脂肪含量が低い赤身の牛肉である．枝肉は牛部分肉取引規格により図 2-65 に示すように，分割され部分肉として名称が付けられる．さらに，重量により L，M，S の 3 区分に分けられる．また，国内ではすべての牛に 10 桁番号が付与され個体識別ができるため，この番号から牛肉の生産履歴情報を知ることができる（図

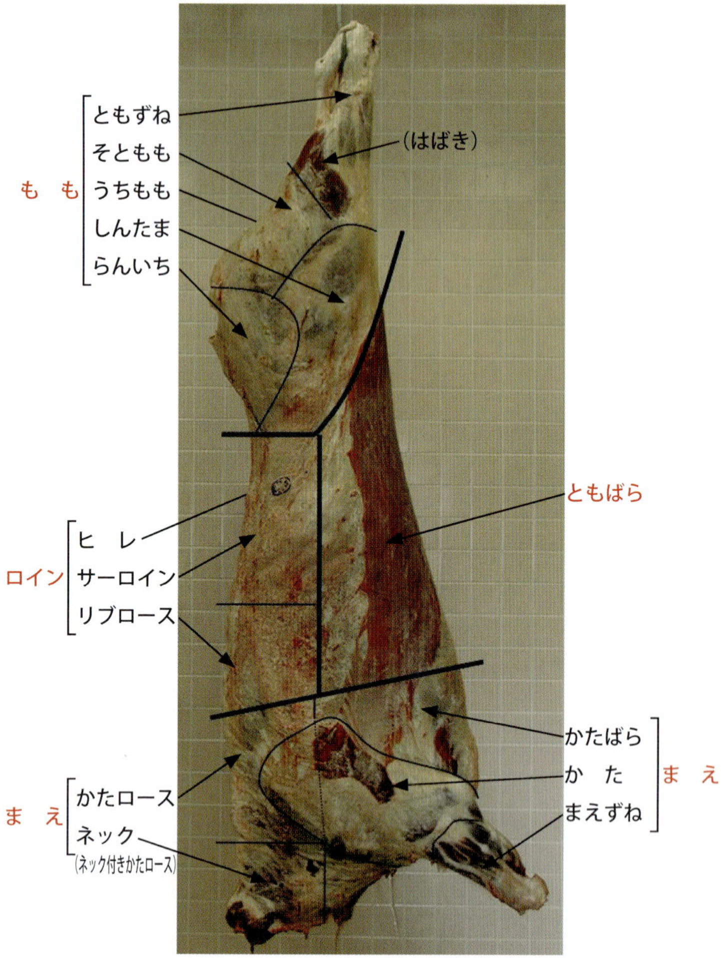

図 2-65　牛部分肉取引規格に基づいた部分肉規格（統一規格）
うちもも，ヒレは内側となるため本写真からは見えない．（『最新農業技術事典』，農文協より）

2-66）．

(2) 豚　　　肉

豚の品種にはランドレース種（L），大ヨークシャー種（W），デュロック種（D），バークシャー種（B），ハンプシャー種，メイシャン（梅山）種などがあるが，通常は繁殖性，産肉量，肉質などを改善する目的で，これら純粋種を利用して３

図 2-66　牛肉に添付された 10 桁の個体識別番号

元交雑豚（L × W × D や L × B × D など）として用いられる．また，日本で黒豚と呼ばれるものはバークシャー種に限られている．枝肉の格付けは（社）日本食肉格付け協会の豚枝肉取引規格により行われ，枝肉の外観，枝肉重量，皮下脂肪厚などから，「極上」，「上」，「中」，「並」，「等外」の５段階で評価される．枝肉は定められた方法により，「かた」，「ヒレ」，「ロース」，「ばら」，「もも」の５つに分割される．これら部分肉は規格により「Ⅰ」または「Ⅱ」の等級と重量区分 L，M，S が付される．

（3）鶏　　肉

鶏肉の多くはブロイラーと呼ばれ，これは 10 週齢以内（8 週齢程度）で出荷される若どりを指す．品種は時代によって異なるが効率的生産のため改良が進められ，近年は父鶏に産肉性に優れた白色コーニッシュ，母鶏に産肉性と産卵性を考慮した白色プリマスロックとするものが主流である．一方，肉質では地鶏に対する人気が高く，各地域の在来種（38 品種）を活用した地域特産の鶏肉が日本各地で生産されている．地鶏肉は JAS により在来種血統の割合が 50%以上であることなど，生産方式が定められている．取引規格については平成５年に食鶏取引規格が農林水産省畜産局通達として出されている．

第3章

卵の科学

1．鶏の産卵生理と卵の構造

産卵鶏はふ化してから5ヵ月で成鶏となり，産卵が始まる．通常の鶏の寿命は15年程度だが，養鶏場では約1年半程度産卵させ，廃鶏とする．産卵が数日間続くと1日休産し，翌日から再び数日間続くという産卵周期があり，これをクラッチと呼ぶ．産卵は気温，照明などにより大きく影響され，卵のサイズは産卵鶏の日齢が進むにつれて大きくなる．

1）卵黄形成と排卵

卵巣は，卵のもとになる卵母細胞を維持および成熟させ，その後放出（排卵）する．通常，脊椎動物の生殖器官は左右相称であるが，鶏を含め多くの鳥類では左側の生殖腺のみが発達し，卵巣を形成する．卵巣の内部には，卵胞と呼ばれる構造が多数あり，それぞれ1つずつの卵母細胞を包んでいる．鳥類の卵胞は哺乳類の卵胞と異なり，卵胞の成長に伴いサイズが大きくなり，卵巣の表面から突出し，卵胞茎（卵胞柄）と呼ばれる茎によって結ばれる．産卵鶏の卵巣では多数の白色卵胞（直径3mm以下）と排卵の約1週間前から急速に成長する数個の黄色卵胞（直径10～35mm）がブドウの房のように

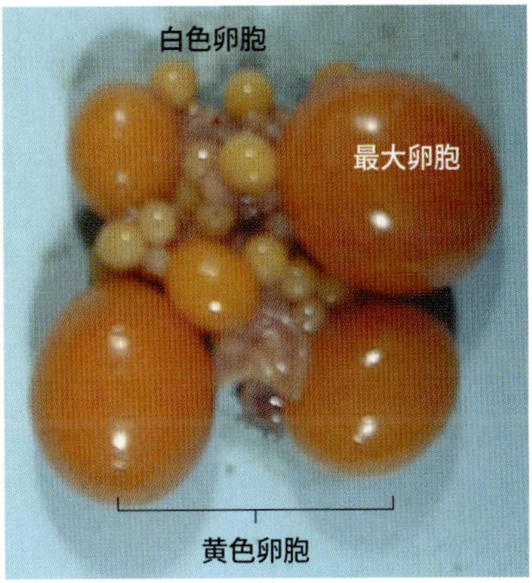

図3-1　産卵鶏の卵巣
（写真提供：(株)ゲン・コーポレーション）

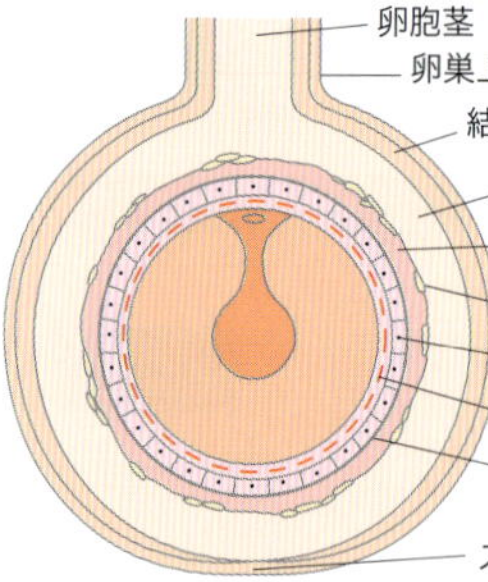

図3-2　卵胞の構造
（細野明義ら：畜産食品の事典，2002）

存在している（図3-1）.

卵母細胞を包む卵胞は，内側から卵黄膜内層，顆粒細胞層，基底膜，卵胞内膜と卵胞外膜からなる卵胞壁，および卵巣上皮で構成されている．卵胞の成長に伴い，卵胞壁は卵巣上皮に接し，融合してスチグマ（排卵溝）を形成する（図3-2）．卵黄の主成分であるリポたんぱく質および卵黄たんぱく質はすべて肝臓で前駆体たんぱく質として合成され，血液を通り，卵胞茎へ伸びた毛細血管から卵胞壁，基底膜，卵黄膜内層を通過し，卵黄内に取り込まれる．

成熟した最大卵胞（F1）では，ステロイドホルモンの影響により，卵胞表面の頂点部，1 ～ 3mm 幅で肉眼的に血管が分布していない帯状のスチグマが開裂し，卵黄膜内層に包まれた卵が卵胞から排卵される．

2）卵白の分泌と卵殻膜の形成

排卵された卵は卵管上部で受け取られる．卵管は 5 部位に区別され，上部から漏斗部，膨大部，狭部，子宮（卵殻腺部）および膣（総排泄腔）よりなる（図3-3）．

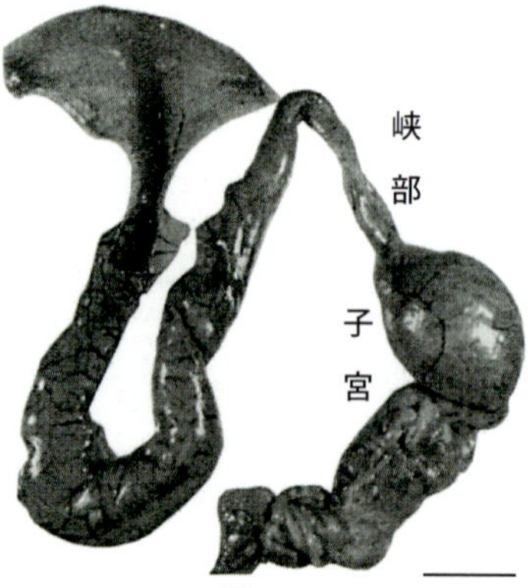

図 3-3　産卵鶏の卵管
（細野明義ら：畜産食品の事典，2002）

漏斗部の先端には繊毛（卵管采）があり，排卵直前に伸長して卵を包み込んで下方へ運ぶ．漏斗部での卵の滞留時間はわずか 20 分前後であるが，その間に卵黄膜内層の外側に卵黄膜外層が形成される．外層は，高分子糖たんぱく質であるオボムチンが繊維を形成し，そこに外膜に特異的な塩基性単純たんぱく質やリゾチームが結合している．

マウスなど哺乳類では膨大部で受精が起こるが，鳥類の受精は漏斗部でのみ起こる．交尾後，精子は漏斗部の腺腔に受精能力を維持した状態で長い間生存し，排卵直後，卵黄膜外層が形成されるまでのわずかな間に受精が起こると推定されている．

膨大部に卵が入ると，卵白たんぱく質が分泌される．この分泌促進には，エストロゲン感受性のたんぱく質の関与が示されている．分泌細胞中には，常時，卵2個分の合成された卵白たんぱく質が蓄積すると推定されている．膨大部で付着した卵白は濃厚卵白で，放卵後のたんぱく質濃度よりも約2倍も高い．

狭部に入ると内卵殻膜と外卵殻膜からなる卵殻膜が形成される．卵殻膜は卵殻に密着した強い繊維質のたんぱく質からなる膜で，鈍端においては，卵殻から離れて空間（気室）をつくる．気室は，産卵直後ではほとんど見られないが，時間の経過とともに大きくなる．

その後，子宮に入ってから卵管の管状腺細胞から分泌されたカリウム，ナトリウム，塩素などのイオンが卵殻膜を通って卵白に加わる．その結果，卵白の浸透圧が高くなり，水が付加されて濃厚卵白と水様性卵白が区別される．

3）卵殻の形成と放卵

子宮（卵殻腺部）で卵殻の形成が行われる．卵殻に沈着するカルシウムは，主として腸管から吸収されたものである．鶏の飼料中カルシウムの吸収利用はきわめて速く，カルシウムの給与後11～14時間で卵殻腺部に運ばれる．飼料中のカルシウムが不足すると骨組織中に貯蔵されているカルシウムも使われ，産卵鶏の体中のカルシウムの約10%が毎日代謝回転している．炭酸カルシウムが卵殻基質（マトリックス）たんぱく質に沈着して石灰化が起こり，卵殻が形成されるが，卵が子宮に入り始めの3～5時間はカルシウムの沈着は少なく，その後に急激に沈着する．その他，卵殻色素の沈着も卵殻腺部で起こる．

卵殻の形成が完了すると，ホルモンの作用で子宮の筋肉が激しく収縮，弛緩運動を起こし，卵は膣に押し出され，さらにその刺激で膣の蠕動，腹筋の収縮運動が起こり，総排泄腔から体外へ放卵される．排卵から放卵までの時間は24～27時間である．漏斗部にはわずか15～20分，卵白の形成される膨大部には約3時間，狭部には約1時間，卵殻形成の起こる子宮には19～22時間と長く，卵は卵管の通過時間全体の80%を卵殻形成部で過ごす．

放卵直後の卵白には，ケトン，アルデヒド，アミン類などの揮発性成分が多く含まれており，卵白臭が強い．放卵から１～３日目までの卵は，卵白の炭酸ガスの分圧が高い．また，卵殻内の炭酸ガス濃度をあげることで，微生物の繁殖を防ぎ，貯蔵期間を延長できることが知られている．

4）卵殻と卵殻膜の構造

産卵直後の新鮮卵の表面は，輸卵管より分泌された粘液で覆われているが，これが数分で乾燥して付着し，卵殻クチクラ（薄膜）となる．このクチクラのため，新鮮な卵の殻の表面はザラザラしている（図 3-4）．

卵 1 個の卵殻には，気孔と呼ばれる直径 15 ～ 65 μm の小孔が多数あり（7,000 ～ 17,000 個），孵化の過程で胚の呼吸に必要な酸素を供給し，代謝産物の炭酸ガスを放出するガス交換を担っている．気孔は鈍端に多い．

卵殻は厚さ 0.27 ～ 0.37mm，その成分の 98％は無機質で，主に炭酸カルシウムからなる多孔質で，炭酸マグネシウムやリン酸カルシウムも少量含まれる．卵殻の有機質（約 2％）はたんぱく質，糖たんぱく質，プロテオグリカンからなり，これらのたんぱく質を核として炭酸カルシウムの秩序だった沈着（結晶化）が起こり，海綿状基質（マトリックス）が形成される．卵殻の色は鶏の品種によるもので，プロトポルフィリンなどの色素成分の含有量に基づく．

卵殻膜は卵殻の内側に密着しており，内膜（厚さ 20 μm）と外膜（厚さ 50 μm）の２層からなる．外層には卵殻組織が部分的に入り込んでいるため，卵殻から完全に分離することは困難である．両膜ともに主成分はたんぱく質（約 90％）で，脂質と糖がおのおの２～ 3％含まれている．放卵後，冷却された卵の内容物の体積が減少して気孔から空気が入るが，鈍端部の卵殻の気孔数が多いため，容易に空気が入りやすい．このため，鈍端部では卵殻膜の内膜と外膜が分

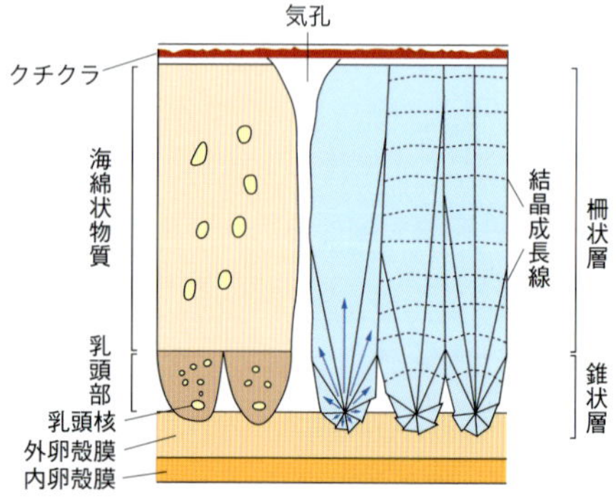

図3-4　卵殻の構造
（King, A. S. and Mcllelland, J.：Form and Function in Birds, Vol.1, Academic Press, 1979）

離して気室ができる．

卵殻膜を構成するたんぱく質は不溶性で，解析は十分に進んでいないが，構成アミノ酸は繊維たんぱく質に特徴的なセリン，スレオニンを多く含み，ペプチド鎖は多くのSS結合やデスモシンによる架橋構造で安定化されている．また，コラーゲンに特徴的なヒドロキプロリンやヒドロキシリシンが存在し，総たんぱく質の約0.6％がコラーゲンである．卵殻膜はその繊維構造により微生物の侵入を物理的に阻止する他，β-N-アセチルグルコサミニダーゼ，リゾチーム，オボトランスフェリンなどの存在により化学的に阻止する機能を持つ．

卵殻の厚さは品種，月齢，飼育条件などにより異なるが，鋭端部では厚く鈍端部で薄い．一般に卵殻は，産卵鶏の加齢に伴い薄くなり，気温が高いとカルシウムの沈着量が減少する．また，寒冷下でも卵殻形成が阻害される．

5）卵白と卵黄の構造

鶏卵は構造上，卵殻部，卵白部および卵黄部に大別され，これらの構成割合（重量比）はおよそ1:6:3である．ただし，この割合は，産卵鶏の月齢，卵重，季節，鶏種などによって若干変化する．

卵白は，濃厚卵白，水様性卵白，カラザに分かれる．卵黄の表面はカラザ層で覆われており，その両端からカラザゴードが伸びて，その先は鋭端部と鈍端部の卵殻に固定されている．このために，胚盤の存在する卵黄が卵の中心部に固定され，卵黄が卵殻に直接触れない構造となっている．カラザは爬虫類の卵には存在せず，鳥類の卵に特徴的な構造である．カラザ層の外側に内水様性卵白があり，

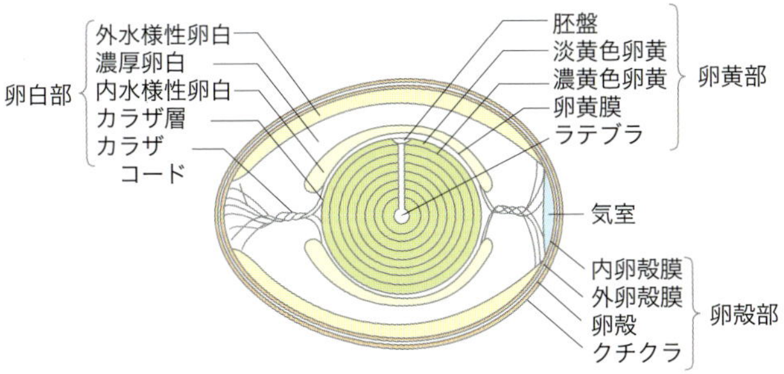

図3-5　卵の構造
（細野明義ら：畜産食品の事典，2002）

その外側を濃厚卵白が取り巻き，さらにその外側，卵殻膜との間に外水様性卵白が存在する（図3-5）．新鮮卵を割卵すると，粘性の高い濃厚卵白は，卵黄を包み込んだ状態でゲルを形成し，粘度の低い水様性卵白は周囲に広がる．

卵白は90％近くの水を含み，その他の成分は大部分がたんぱく質である．各卵白の性状の相違は巨大分子の糖たんぱく質であるオボムチンの含有量に起因している．水様性卵白と濃厚卵白のたんぱく質に占めるオボムチン含有量はそれぞれ3％と6％である．繊維構造のカラザは，たんぱく質の約50％がオボムチンであり，シアル酸含量も高い．新鮮卵の濃厚卵白の割合は高く，全卵白の約60％近くを占めるが，その割合は貯蔵日数の経過に伴って減少する．卵白の生理的な役割としては，胚発生時の水分確保と栄養補給，リゾチーム，オボトランスフェリンなどによる抗菌作用があげられる．

卵黄は半透明の卵黄膜に包まれ，卵白から仕切られている．卵黄膜の内側には直径2mm程度の白い斑点があり，これは有精卵では胚盤に相当する（無精卵では卵核）．胚盤は卵黄中心部の比重の高いラテブラ（直径約5mm）に連結されているため，卵が回転しても胚盤が常に卵黄の頂部に位置する．このため，親鳥の体温が伝わりやすく，孵化が円滑に進む．卵黄は，黄色卵黄と白色卵黄が交互に同心円状の層をなしており，ラテブラは白色卵黄で卵黄の2％を占める．卵黄は約50％の水分，17％のたんぱく質，30％の脂質からなり，脂質はたんぱく質との複合体（リポたんぱく質）の形で存在している．

卵黄は結晶性顆粒（グラニュール）とプラズマからなる顆粒分散系であり，ミクロの視点からは不均一な構造といえる．肝臓で合成されたリポたんぱく質は，血液に運ばれて卵巣の卵胞中に蓄積後，卵母細胞中に取り込まれる．肝臓でのリポたんぱく質の合成の際に取り込まれるカロテノイド系色素の多少により，黄色卵黄と白色卵黄の層が生じる．卵黄の蓄積は排卵の約1週間前から急速に起こるため，通常，約6層の黄色および白色卵黄層が観察できる．卵黄の色は飼料に含まれる色素と関係が深く，卵黄が黄色～橙色を呈しているのはキサントフィルのルテインやゼアキサンチンによるものが多く，少量のクリプトキサンチンやβ-カロテンの影響もある．

卵黄膜はそれぞれ厚さ約4μmの内層と外層からなり，その間にきわめて薄い連続層が存在する．卵黄膜の成分組成は，たんぱく質82％，糖質17％，脂質0.9％

で，糖はすべてたんぱく質と結合している．

2．卵のおいしさの科学

食べ物のおいしさの指標として，味覚，嗅覚による「味」や「香り」，視覚による「外観（見た目）」，食べたときの触感（テクスチャー），聴覚による食べているときの「音」があげられる（図3-6）．テクスチャーとは，「硬い」，「ふわふわしている」，「べたべたしている」などの口ざわり，噛みごたえや飲み込みやすさなどのことで，「音」はたくわんやせんべいなどを咀嚼しているときに出る音のことで，食べている食べ物に対する視覚，聴覚および口腔内刺激などとの関わりが大きい．

1）卵殻色および卵黄色

割卵前の「おいしさ」の指標は卵の「外観」である卵殻色から判断することが多い．卵殻色を大きく分類すると，白色，褐色，青色であり，白色は主として卵用種である白色レグホーン種，褐色またはピンク色は卵肉兼用種のロードアイランドレッド種，ニューハンプシャー種，プリマスロック種，肉用種では青色は南米原産のアローカナ種が産卵したものである．卵殻色の違いは卵殻に沈着する色素の違いであり，卵殻への色素の沈着は産卵の３～５時間前に起こり，褐色卵はプロトポルフィリン，青色卵はビリベルジンの色素が沈着するが，白色卵では色素沈着は見られない．消費者の卵殻色の好みは地域によって異なるが，卵殻色

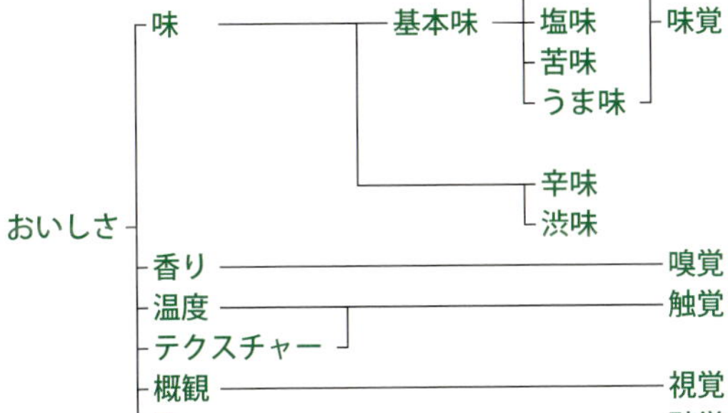

図 3-6 「おいしさ」の指標

表 3-1　褐色卵（赤玉）と白色卵組成

		水分（%）	粗たんぱく質（%）	粗脂肪（%）	粗灰分（%）
卵　白	褐色卵	88.92 ± 0.34	10.93 ± 0.40	0.21 ± 0.03	0.50 ± 0.05
	白色卵	89.32 ± 0.34	9.45 ± 0.39	0.06 ± 0.01	0.56 ± 0.09
卵　黄	褐色卵	48.15 ± 0.50	15.28 ± 0.18	33.74 ± 0.36	1.71 ± 0.10
	白色卵	47.74 ± 0.36	16.28 ± 0.29	33.29 ± 0.32	1.76 ± 0.07

20 個の平均値±標準誤差.

が違っても卵黄および卵白の成分に差はない（表 3-1）．最近では，アローカナ種にハーブを混ぜた飼料を給餌し，青色卵の「青色」と「ハーブ」を「健康」というイメージと結び付けて卵殻色の「外観」を強調して販売している事例もある．

割卵し，食べる前の「おいしさ」の指標は「外観」評価である卵黄の色である．濃厚卵白が残っているほど新鮮な卵であるという知識がある消費者は，「安全」という意識が働き，おいしいと感じることがあるかもしれないが，多くの消費者は卵黄の色から卵のおいしさを評価する．また，マヨネーズ，カスタードクリーム，カステラ，スポンジケーキ，アイスクリームに卵黄を使用することで，できあがりが黄色味を帯びた色になり，嗜好性が高まる．卵黄色の客観的な評価は，一般に DSM 社製のヨークカラーファン（図 3-7）を用い，好まれる卵黄色は 8 程度であったが，最近では 9 ～ 12 とより赤みが強い黄色い色の卵黄色が好まれるようになってきている．

卵黄の色素成分はカロテノイドであり，内訳はキサントフィルが 96 ～ 98%で，あとはカロテンである．キサントフィルの内訳は，ルテインが 63 ～ 76%，ゼアキサンチンが 15 ～ 32%，クリプトキサンチンが 3 ～ 10%であり，卵黄色の

図 3-7　ヨークカラーファン
（写真提供：八田　一）

主要な色素成分はルテインである．卵黄色は遺伝的な要因よりも外的要因である飼料や加熱に由来する．

キサントフィルを多く含有するトウモロコシ，アルファルファ，パプリカ，マリーゴールドを飼料に添加することで卵黄色は赤みを帯びた黄色になる．一方，ビタミンＡの飼料への添加は卵黄色の退色が見られる．また，加熱をすることで卵黄色は退色し，生卵の色が料理のできあがりの色に反映せず，料理のできあがりイメージが予想と異なることもあるので注意が必要である．

2）テクスチャー

テクスチャーがおいしさの評価に占める割合は60%以上といわれており，卵，生卵，調理および加工をした卵料理のいずれも，テクスチャーがおいしさに影響している．食べ物のおいしさの評価は実際に食べて感じるテクスチャーとの関わ

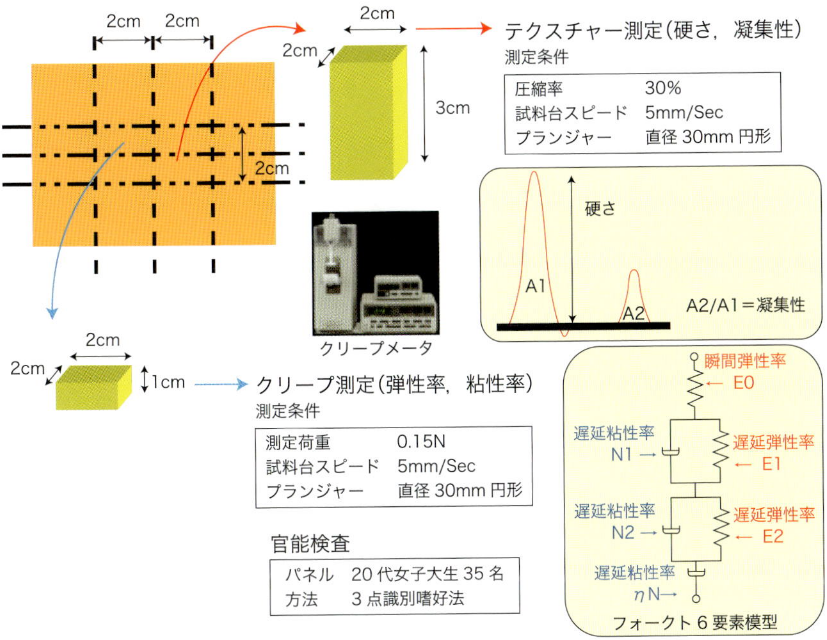

図3-8　厚焼き卵のクリープメータによる測定方法と官能検査方法
「軟らかさ」はテクスチャー測定による「硬さ」から，「ふわふわしている」は「凝集性」から評価．「弾力」はクリープ測定による「瞬間弾性率」から，「くずれやすさ」は「定常粘性率」から評価．官能検査の評価内容は「弾力」．

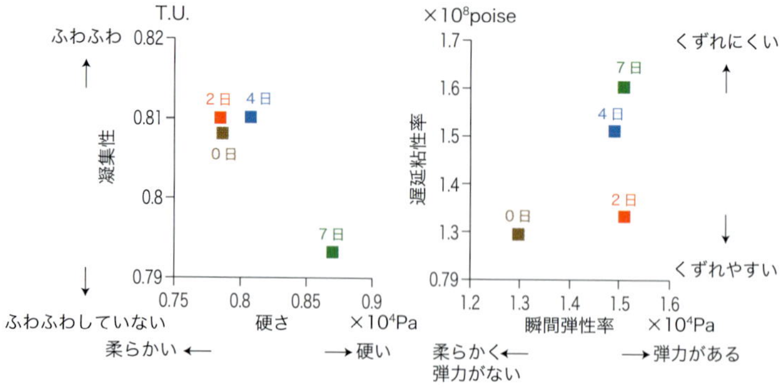

図3-9　鮮度が異なる卵で作成した厚焼き卵のテクスチャー
0日：産卵3時間の卵，2・4・7日：産卵後，卵を25℃で保存した日数.

りが大である．生卵の場合，どろっとしている粘度が高い卵は，食べたときに卵の味をより感じることができたり，すき焼きやたまごかけご飯などに生卵を使用する場合，粘度が高い生卵は，肉やご飯などの食材にからみやすく，食材の味との相乗効果でおいしく料理を味わうことができることから，粘性をおいしさの指標とし，粘度計などで測定を行う．

卵を調理および加工した料理のおいしさをテクスチャーから評価する場合には，まず，「おいしい卵料理」の定義を行うことが重要である．例えば，厚焼き卵の場合なら，「軟らかく，ふわふわしているが，ある程度の弾力があり，少し噛めば，すぐにくずれるもの」と定義したとき，これらのテクスチャー表現に対応する測定方法とそこから得られる物性値を決定する．厚焼き卵の「軟らかい」は「硬さ」から，「ふわふわしている」は「凝集性」から，「弾力がある」は「弾性率」から，「くずれやすさ」は「粘性率」から評価した．鮮度が異なる卵で厚焼き卵を作成し，食品用テクスチャー試験器（クリープメータ）で測定した結果，おいしい厚焼き卵は産卵後2日の卵を用いたものであった（図3-8，3-9）．おいしさをテクスチャーから評価するには，機器測定と併行して官能検査を実施することで，より実態に近いおいしさの結果を得ることができる．

3）味と匂い

卵の味は淡白であり，図3-6に示すような味を感じるのは困難である．しかし，卵のおいしさとして「こくがある」という表現を使用する場合があるが，これは特に卵黄の粘度との関わりが強く，卵黄の粘度が高い卵を「こくがある」と表現しているのではないかと推定する（卵黄の粘度については6.「卵の加工特性」を参照）.

卵の匂いについては「生臭い」とか，「あお臭い」と評価する人がいるが，これは卵白成分の炭素数1～10の有機酸，アンモニア，モノおよびメチルアミン，アセトアルデヒド，ブタノン，ペンタノンに由来する．また，「魚臭い」という評価をされる卵もあり，これは飼料に魚粉，魚油，菜種粕を添加すると魚臭の原因であるトリメチルアミン（TMA）が発生する可能性が高いことが報告されている．このTMAはロードアイランドレッド種が産卵する褐色卵での発生率が高い．TMAは鶏の盲腸で発生し，肝臓で酸化を受けて無臭のトリメチルアミン酸化物となり体外に排出されるが，ロードアイランドレッド種では肝臓での酸化に関わるTMA酸化酵素の活性が弱いために，魚臭の原因であるTMAが酸化されないためである.

砂糖，みりん，酒を調味料として使用し，調理および加工した卵料理は，卵のたんぱく質と調味料の糖質でアミノカルボニル反応を起こすため，香ばしい香りを呈し，「おいしそう」で食欲を刺激する香りが付加される．カステラやスポンジケーキが焙焼中によい香りがするのは，アミノカルボニル反応でメラノイジンが発生することによる.

3．卵の栄養成分の科学

1）卵の栄養的特徴

鳥類の卵にはひな鳥の形成に不足なく十分な栄養素が含まれている．つまり鶏卵には，ひな鳥の脳，神経や全身の細胞を造るのに必要なたんぱく質と脂質とが十分に含まれており，また，骨格づくりに必要なカルシウムとリンも豊富である．ただし，食物繊維とビタミンCは含まれていない.

たんぱく質を構成する20種類のアミノ酸は，栄養学的観点から不可欠（必須）アミノ酸，条件付き不可欠アミノ酸，可欠（非必須）アミノ酸に大別されており，

表 3-2　必須アミノ酸評点パターンと食品たんぱく質のアミノ酸組成（mg/g たんぱく質）

アミノ酸	FAO/WHO/UNU（1985）アミノ酸評点パターン				食品のアミノ酸組成（文部科学省，日本食品標準成分表 2010）						
	乳児	幼児（2～5 歳）	児童（10～12 歳）	成人	全卵	卵黄	卵白	牛乳	牛肉	コムギ（強力粉）	ダイズ
His	26	19	19	16	25	25	25	27	41	44	30
Ile	46	28	28	13	55	53	56	53	48	39	51
Leu	93	66	44	19	88	87	89	97	86	75	82
Lys	66	58	44	16	72	76	69	81	95	23	68
Met＋Cys	42	25	22	17	59	45	70	35	41	44	33
Phe＋Tyr	72	63	22	19	93	83	100	84	76	82	95
Thr	43	34	28	9	46	48	45	41	49	30	41
Trp	17	11	9	5	15	14	16	13	11	11	14
Val	55	35	25	13	68	61	73	64	50	44	52

FAO：国連食糧農業機関（Food and Agriculture Organization of the United Nations），WHO：世界保健機関（World Health Organization），国際連合大学（United Nations University）．

食品たんぱく質の栄養的価値は，不可欠アミノ酸をどれだけバランスよく含むかにより評価される（アミノ酸評点）．全卵がたんぱく質源として優れているのは，その生物学的利用能（消化，吸収，代謝利用率）が高いうえ，アミノ酸組成が優れていることによる．FAO/WHO（国連食糧農業機関 / 世界保健機関）ではたんぱく質の栄養価を評価するのに，年齢に応じた各アミノ酸の必要量をもとに，また，乳児（1 歳以下）では母乳のアミノ酸組成を参考にアミノ酸評点パターンを作成し，食品たんぱく質の栄養学的評価の基準を示している．表 3-2 には，鶏卵のアミノ酸組成を他のいくつかの食品とともに掲載する．なお，脂質の場合，卵の脂肪酸組成は，飼料により大きく影響されるが，アミノ酸組成はほとんどかわらない．なお，表 3-3 に全卵，卵黄および卵白の成分値をまとめた．

2）水　　分

卵殻は約 1.5％の水分を含む．表 3-3 にある全卵は，付着卵白を含む卵殻を除いた卵全体について分析した値である．卵黄の約半分，卵白の約 90％は水分である．

表 3-3　鶏卵の成分

主な成分	単　位	全卵（100g）	卵黄（100g）	卵白（100g）
エネルギー	kcal	151.0	387.0	47.0
水　分	g	76.1	48.2	88.4
たんぱく質	g	12.3	16.5	10.5
脂　質	g	10.3	33.5	Tr
炭水化物	g	0.3	0.1	0.4
灰　分	g	1.0	1.7	0.7
ナトリウム	mg	140	48	180
カリウム	mg	130	87	140
カルシウム	mg	51	150	6
マグネシウム	mg	11	12	11
リ　ン	mg	180	570	11
鉄	mg	1.8	6.0	0
亜　鉛	mg	1.3	4.2	Tr
銅	mg	0.08	0.20	0.02
マンガン	mg	0.02	0.07	Tr
ヨウ素	μg	16	50	2
セレン	μg	32	56	21
クロム	μg	0	0	0
モリブデン	μg	5	14	1
ビタミンA（レチノール当量）	μg	150	480	0
ビタミンD	μg	1.8	5.9	0
ビタミンE（α-トコフェロール）	mg	1.0	3.4	0
ビタミンK	μg	13	40	1
ビタミンB_1	mg	0.06	0.21	0
ビタミンB_2	mg	0.43	0.52	0.39
ナイアシン	mg	0.1	0	0.1
ビタミンB_6	mg	0.08	0.26	0
ビタミンB_{12}	μg	0.9	3.0	0
葉　酸	μg	43	140	0
パントテン酸	mg	1.45	4.33	0.18
ビオチン	μg	25.0	65.0	7.8
ビタミンC	mg	0	0	0
飽和脂肪酸	g	2.84	9.22	Tr
一価不飽和脂肪酸	g	3.69	11.99	Tr
多価不飽和脂肪酸	g	1.66	5.39	Tr
コレステロール	mg	420.0	1400.0	1.0
食塩相当量	g	0.4	0.1	0.5

（日本食品標準成分表，2010）

3）たんぱく質（卵白たんぱく質，卵黄たんぱく質）

(1) 卵白たんぱく質

卵白たんぱく質については，古くから多くの研究がされており，主要なたんぱく質の詳細が明らかになっている．卵白に含まれるたんぱく質を含有量の多い順に表 3-4 に示す．最近，プロテオーム解析[注)]により，卵白に含まれる 158 種類のたんぱく質が同定されている．

オボアルブミンは卵白の主要たんぱく質である．特定のセリン残基のリン酸化の程度によって 3 成分に分かれ，さらに N- 型糖鎖（血清型糖鎖）の高マンノース型糖鎖が結合しているため微視的不均一性が見られる．分子内には 4 個の SH 基（チオール）と 1 個の SS 結合が存在する．オボアルブミンの生理機能は定かではないが，発生の際のアミノ酸供給源と考えられている．オボアルブミン（変性温度 78℃）は卵の貯蔵の際に炭酸ガスの逸散による pH の上昇に伴って構造変化を起こし，S- オボアルブミン（変性温度 86℃）と呼ばれる熱に安定な状態に不可逆的に変化する．卵の発生分化に伴いオボアルブミンが卵黄に移行する際，S- オボアルブミンとして羊膜水や胚組織に移動することが報告されており，

表 3-4　主な卵白たんぱく質の種類と性質

名　称	含量（%）	分子量（kDa）	アミノ酸残基数	等電点	糖含量（%）	N- 末端アミノ酸	特　徴
オボアルブミン	54	45	385	4.9	3	Ac-Gly	リン酸化たんぱく質
オボトランスフェリン	12	77	683	6.1	2	Ala	別称コンアルブミン，金属イオン，特に鉄と強く結合
オボムコイド	11	28	185	4.1	22	Ala	トリプシン阻害活性
G_2 グロブリン	4	49	—	5.5	5.6	—	起泡性に関与
G_3 グロブリン	4	49	—	4.8	6.2	—	起泡性に関与
オボムチン	3.5	180～720	2,108（α）	5	15（α） 50（β）	Met	シアル酸含有糖たんぱく質，粘稠性
リゾチーム	3.4	14.3	129	10.7	0	Lys	溶菌性
オボインヒビター	1.5	49	447	5.1	6	Val	トリプシン阻害活性
オボグリコプロテイン	1	30	—	4.4	16	—	シアル酸含有糖たんぱく質
オボフラボプロテイン	0.8	32	219	4	14	Pyro-Glu	リボフラビン結合性
オボマクログロブリン	0.5	162×4	1,437×4	4.5	9	Lys	別称オボスタチン，プロテアーゼ阻害活性
アビジン	0.05	68.3	128×4	10	8	Ala	ビオチン結合性
シスタチン	0.05	12.7	116	5.1	0	Ser（Gly）	チオールプロテアーゼ阻害

注）ある生物が持つすべてのたんぱく質の構造と機能を解析する研究．

S-オボアルブミンの持つ生理的意義の解明が待たれる．

オボトランスフェリンは，1個のアスパラギン結合糖鎖を持つ糖たんぱく質である．鶏血清中のトランスフェリンと同一のアミノ酸配列を持つが，糖鎖構造は異なる．2つのローブ（葉）と呼ばれるまとまった構造領域のそれぞれに金属イオンの結合部位を持ち，鉄や銅などの金属イオンを1分子当たり2個結合する．このため，卵白中には遊離の鉄イオンが存在せず，金属を生育に必要とする有害微生物の増殖を抑制して，抗菌活性を示す．15個のSS結合を持つが，その存在は金属の結合に影響を与えない．他に，抗ウイルス活性や単球および多核白血球の貪食性亢進作用などが報告されている．

オボムコイドは糖たんぱく質で，カザール型のトリプシンインヒビターとしての機能を有する．ただし，牛や豚膵臓由来のトリプシンを強く阻害するが，ヒトのトリプシンに対しての阻害活性は示さない．オボムコイドは熱安定性の高いたんぱく質で，硬ゆでにした卵白中でも未変性状態を保っている．1分子中に9個のSS結合が存在し，糖鎖とともに，その熱安定性に関与していると考えられる．

オボグロブリンは最初G_1，G_2およびG_3が分離されたが，G_1はリゾチームであることが判明した．G_2とG_3はいずれも糖たんぱく質で，そのアミノ酸組成，糖組成に大きな違いはない．オボグロブリンは卵白の泡立ちの要因であり，生理的には卵殻膜の保護作用をしていると考えられている．

オボムチンは巨大糖たんぱく質で，糖鎖の水和によるゲル形成のため，卵白の粘性の主要成分となっている．濃厚卵白には水様性卵白の約2倍も含まれている．オボムチンにはα-オボムチンとβ-オボムチンがあり，その量比は前者が約70%，後者が約30%で，糖含量に差が見られる．糖鎖はO-型糖鎖（ムチン型糖鎖）とN-型糖鎖の両方が存在する．糖含量が多いため，ウイルスによる赤血球凝集反応を阻害する働きがある．

リゾチームは塩基性の単純たんぱく質で，4個のSS結合を有し，遊離のSH基はない．グラム陽性菌に対して溶菌活性を有し，食品用日持向上剤として利用されている．溶菌活性は菌の細胞壁を構成するペプチドグリカンのN-アセチルグルコサミンとN-アセチルムラミン酸間のβ-1,4結合を切断するエンドグリコシダーゼとしての作用による．また，この逆反応としての糖転移反応も高効率で触媒する．リゾチームは脊椎動物の各種臓器や体液にも含まれており，免疫機能の増進作用や抗炎症作用を持つので医薬品としても利用されている（☞ p.270）.

オボインヒビターはカザール型プロテアーゼインヒビターで，オボムコイドと共通な原始たんぱく質から進化したと考えられる糖たんぱく質である．7つの相同なドメインからなる多機能性インヒビターで，各種のセリンプロテアーゼ阻害活性を持つ.

オボフラボプロテインはリン酸基を持つ糖たんぱく質で，リボフラビンと1：1で結合し，リボフラビンのキャリアーたんぱく質と考えられている．卵白の色（うすい黄色）はこの複合体による色である．9個のSS結合を持ち，C末端部分のセリンがリン酸化されている．また,オボムコイドタイプの糖鎖を有し,2本のアスパラギン結合糖鎖が存在する.

オボマクログロブリンは，オボスタチンとも呼ばれる高分子の糖たんぱく質で4つのサブユニットからなる．種々のプロテアーゼに対して阻害活性を有するが,その阻害機構はオボムコイドのような低分子インヒビターとは全く異なり，血清中のα_2-マクログロブリンと同様に働き，プロテアーゼを包み込むように結合して活性を阻害する．結合したプロテアーゼはそのまま活性を維持しており，その複合体中に侵入できるような低分子の基質に対しては活性を発現する．血清中のα_2-マクログロブリンとは一次構造が異なる.

アビジンは4つのサブユニットからなる糖たんぱく質で，各サブユニットは1分子のビオチンと結合する．その結合力は非常に強く，ビオチンのビタミンとしての生理活性が阻害される．このため，卵白中の有害細菌の生育に必要となるビオチンはすべてアビジンに結合され，細菌の増殖が阻止される．アビジンはその強いビオチンとの特異的な結合性を利用して，細菌由来のストレプトアビジンとともに免疫測定法や免疫染色法の分野で広く利用されている.

シスタチンは最初，フィシンやパパインのインヒビターとして分離された単純たんぱく質である．その他，卵白にはチアミン結合たんぱく質やビタミンB_{12}結合たんぱく質などがある.

(2) 卵黄たんぱく質

卵黄は構造的に不均一で，卵黄を超遠心分離機にかけると上澄（プラズマ）と沈殿（顆粒）部分に分かれ，その割合は4：1である．両者を構成しているたん

表 3-5　卵黄たんぱく質の種類

	存在区分	組成(%)	分子量	特　徴
低密度リポたんぱく質（LDL）	プラズマおよび顆粒	65	10,300kDa（LDL_1） 3,300kDa（LDL_2）	脂質含量は約90%，アポたんぱく質としてアポビテレニンⅠ～Ⅵがある
リポビテリン（高密度リポたんぱく質，HDL）	顆　粒	16	400kDa（α，β-リポビテリン，2量体として）	脂質含量：約25%，アポたんぱく質の分子量は125，80，40，30kDa
リベチン	プラズマ	10	80kDa（α-リベチン） 40kDa，42kDa（β-リベチン） 180kDa（γ-リベチン）	血清アルブミンと同じ ビテロゲニンのC末端断片 IgY（血清IgGに相当）とも呼ばれる
ホスビチン	顆　粒	4	33kDa，45kDa	最もリン酸化されているたんぱく質と類似
卵黄リボフラビン結合たんぱく質	プラズマ	0.4	36kDa	卵白フラボプロテインや血清リボフラビン結合たんぱく質と類似
その他	主にプラズマ	4.6		ビオチン結合たんぱく質，チアミン結合たんぱく質，ビタミンB_{12}結合たんぱく質，レチノール結合たんぱく質，卵黄トランスフェリン

ぱく質の組成は大きく異なるので，ここではプラズマと顆粒に分けて述べる．表3-5には卵黄たんぱく質の種類をまとめて示す．なお最近，プロテオーム解析により，200種類以上の卵黄に含まれるたんぱく質が同定されている．卵白たんぱく質が卵管組織で合成されるのに対して，卵黄たんぱく質の大部分は肝臓で前駆体たんぱく質として合成され，血流中に分泌されたのち，卵黄内に移行したものである．

(3) プラズマたんぱく質

プラズマの主要成分は低密度リポたんぱく質（low density lipoprotein，LDL）とリベチンであり，その他に各種の生理活性を持つたんぱく質が微量に含まれる．卵黄のLDLは，脂質含量（85～89%）が高く，比重も0.98と低いため，血清の超低密度リポたんぱく質（very low density lipoprotein，VLDL）に相当する．脂質のうち約75%は中性脂質で，残りはリン脂質である．リン脂質としては，ホスファチジルコリン，ホスファチジルエタノールアミン，スフィンゴミエリンなどを含む．浮遊密度と大きさの異なる2成分，LDL_1 と LDL_2 がある．

卵黄LDLの前駆体となる血清VLDLはアポたんぱく質Ⅱ（apoVLDL-Ⅱ）とアポプロテインB（apoB）を主要なアポたんぱく質としている．apoVLDL-Ⅱの遺伝子発現はエストロゲンにより制御されており，卵黄LDLに特有の成分である．apoBは血清VLDLと共通のアポたんぱく質であり常に発現されている．

卵黄LDLのアポたんぱく質はアポビテレニンⅠ〜Ⅵ（apovitellenin Ⅰ〜Ⅵ）画分からなる．主要アポたんぱく質であるアポビテレニンⅠ（分子量9.4kDa）は血清のapoVLDLと同一であり，鶏の場合，1つのシスチン残基を持ちSS結合により2量体を形成している．アポビテレニンⅡ（分子量20kDa）は塩溶液に溶けやすい糖たんぱく質で，卵黄LDLに必須の成分ではないようである．アポビテレニンⅢ，Ⅵ（分子量65kDa，170kDa）は水不溶性であり，完全に脱脂された状態では尿素のような変性剤を用いても溶けにくく，いずれもapoBから生成される．

リベチンは，水可溶性卵黄たんぱく質の主要成分で，α-リベチン（分子量80kDa），β-リベチン（分子量40kDa，42kDa），γ-リベチン（分子量180kDa）の3種類に分けられる．α-リベチンとγ-リベチンはいずれも血中から移行したもので，それぞれ血清アルブミンおよび免疫グロブリンG（IgG）と同定されている．γ-リベチンは，ほ乳動物のIgG（150kDa）とその構造や性質が異なるため，特にIgY（Yolk immunoglobulin）と呼ばれ，卵黄抗体として利用されている．β-リベチンは，システインを多く含む糖たんぱく質で，分子量40kDaの主成分と42kDaのものがあり，後述するように，顆粒たんぱく質であるリポビテリンやホスビチンとともに，前駆体である血清ビテロゲニンが卵黄内に移行する際に生じる．

卵黄リボフラビン結合たんぱく質は分子量36kDaの糖たんぱく質で，リボフラビンと1：1で結合する．卵白のオボフラボプロテインや血清中のリボフラビン結合たんぱく質と同一遺伝子産物と思われるが，卵黄リボフラビン結合たんぱく質はオボフラボプロテインのC末端の一部を欠いており，結合している糖鎖構造も異なる．

その他，卵黄のプラズマたんぱく質として，ビオチン，チアミン，ビタミンB_{12}，レチノールなどに特異的に結合する種々のたんぱく質がある．これらは，卵白や血清にあるものに類似しているものが多いが，一部で組成や性質が異なっている．

(4) 顆粒たんぱく質

卵黄顆粒の主要成分はα-およびβ-リポビテリン，ホスビチン，および低密度リポたんぱく質であり，それぞれ全卵黄固形分の約16%，4%，3%を占める．リポビテリンとホスビチンは卵黄プラズマたんぱく質であるβ-リベチンとともに肝臓で合成されたのち，血清ビテロゲニンと呼ばれる前駆体として血流中に分泌される．ビテロゲニンが卵黄内に移行される際，限定加水分解を受けてリポビテリン・ホスビチン複合体とβ-リベチンが生じる．

リポビテリンは，高密度リポたんぱく質（high density lipoprotein，HDL）とも呼ばれるリポたんぱく質で，アミノ酸組成，リン，糖含量の違いからα-リポビテリンとβ-リポビテリンの２成分に分かれる．いずれも亜鉛を含み，その存在比は２：１（α：β）である．両リポビテリンともたんぱく質含量が約75%のリポたんぱく質で，脂質成分は主にリン脂質（15～17%）とトリグリセリド（7～8%）からなり，分子量400kDaの２量体として存在する．卵黄顆粒中ではホスビチンとの親和性により複合体を形成していると考えられるが，イオン強度などを変化させることで分離できる．α-リポビテリンのアポたんぱく質は，４サブユニット（125，80，40，30kDa）からなり，β-リポビテリンのアポたんぱく質は２サブユニット（125，30kDa）からなる．

ホスビチンは，自然界で最もリン酸化されているたんぱく質の１つで，約10%のリンを含む糖たんぱく質である．分子量，リン酸含量，糖含量の異なるいくつかの分子種が知られているが，アミノ酸組成に特徴があり30～50%がセリン残基で，ほとんどのセリン残基にリン酸基が結合しているため，ホスビチンは多くの金属と結合する．最近，金属と結合したホスビチンの大腸菌に対する抗菌性が報告されている．少なくとも５種類のホスビチンB，C，E1，E2，F（40kDa，33kDa，18kDa，15kDa，13kDa）があり，ホスビチンBとCが主要成分である．

顆粒中の低密度リポたんぱく質LDLは，そのたんぱく質や脂質組成の類似性から，プラズマ中のLDLと同一のものと思われる．

4）脂　　質

卵の脂質はほとんどが卵黄に含まれている．その脂質含量は約30%で，たんぱく質と結合し，リポたんぱく質として存在する．卵黄脂質はトリグリセリドとリン脂質が主要成分で，他にコレステロール，カロチノイドや色素などが少量含まれている．卵黄脂質の主要成分組成を表3-6に示す．卵黄の脂肪酸組成ではオレイン酸が最も多く，パルミチン酸，リノール酸，ステアリン酸がそれに続く．他の動物脂に比較して，リノール酸含量が高い．また，アラキドン酸やドコサヘキサエン酸も含まれ，α-リノレン酸もわずかに存在する（表3-7）．

トリアシルグリセロール（トリグリセリド）分子での脂肪酸結合位置は，1位に飽和脂肪酸，2位に不飽和脂肪酸，3位にはどちらも存在し，動物脂肪の一般的パターンとほぼ同じ傾向である．脂肪酸組成は飼料によって著しく変動し，特に不飽和脂肪酸を多く含む油脂を飼料に加えた場合は不飽和脂肪酸の含量が高く

表3-6　卵黄脂質の主要構成成分

脂　質		組成（%）
トリアシルグリセロール		65.0
リン脂質（31%）	ホスファチジルコリン	26.0
	ホスファチジルエタノールアミン	3.8
	スフィンゴミエリン	0.6
	リゾホスファチジルコリン	0.6
コレステロール		4.0

表3-7　卵黄脂質の脂肪酸組成

脂肪酸名	略　号	組　成	
		(mg/100g)	(%)
オレイン酸	18：1	11,000	41.4
パルミチン酸	16：0	6,700	25.2
リノール酸	18：2n-6	4,200	15.8
ステアリン酸	18：0	2,300	8.6
パルミトレイン酸	16：1	580	2.2
アラキドン酸	20：4n-6	480	1.8
ドコサヘキサエン酸	22：6n-3	380	1.4
α-リノレン酸	18：3	140	0.5
ミリスチン酸	14：0	100	0.4
ヘプタデカン酸	17：0	68	0.3
その他		642	2.4
合計（卵黄脂肪酸総量）		26,590	100.0

なり，空気による脂質酸化を受けやすくなるため乾燥卵などの保存には注意が必要である．卵黄を利用する場合，トリアシルグリセロールは重要な成分であり，糖質やたんぱく質と比較して少量で高エネルギーを供給し，また必須脂肪酸の供給源となっている．

リン脂質は，疎水性のアシル基と親水性のリン酸エステル部からなるため両親媒性であり，界面活性作用を示す．卵黄のリン脂質は，その大部分がたんぱく質と結合したリポたんぱく質として存在し，卵黄の乳化性に寄与している．卵黄リン脂質の特徴は，ダイズなど植物由来のものと比べ，ホスファチジルコリンの占める割合が高いのが特徴であり，80％以上がホスファチジルコリンである．その他，ホスファチジルエタノールアミンと少量のリゾホスファチジルコリンとスフィンゴミエリンが含まれている．卵黄リン脂質は，大部分が粗製または精製レシチンとして，その高い乳化特性のために化粧品，医薬品などに利用される．また近年，コリンやアラキドン酸の供給源としての機能が注目されている．

卵黄のコレステロールは，約85％が遊離型で，約15％がエステル型のコレステロールである．卵黄中のコレステロール濃度はほぼ一定であり，飼料成分による影響はほとんど受けない．コレステロールは動物の神経組織に多く存在し，重要な必須成分である．卵黄カロテノイドは，すべて飼料に由来しており，卵黄の黄橙色はこの色素による．卵黄の色を濃厚にするためには，キサントフィルのルテイン，ゼアキサンチンなどを多く含む緑葉が有効である．

5）糖　　質

卵には0.3％の糖質が含まれており，その多くは卵白に溶けている遊離のグルコースである．目玉焼き作りの際，卵白の周辺が褐変するのは，このグルコースの還元基（アルデヒド）とたんぱく質やペプチドなどのアミノ基間のアミノカルボニル反応のためである．

6）ミネラル

卵殻の95％は炭酸カルシウムであるが，卵白，卵黄中のミネラル含量は少ない（表3-3）．卵白・卵黄中のカルシウム濃度は低く，胚の骨の形成には不足する．しかし，胚の発生の途中で骨格の形成が始まる頃になると，血管が伸びて卵殻に達し，そこからカルシウムを吸収する．したがって，卵殻は薄くなり，孵化のときにひなは殻を破って出やすくなる．

7）ビタミン

表3-3にビタミン含量を示す．脂溶性ビタミンのみならずビタミンの大部分は卵黄に存在している．ビタミンCは含まれておらず，ナイアシンとビタミンB_6の含量も少ない．これ以外のビタミンについて日本人の食事摂取基準2010年版の推奨量および目安量の値と比較すると，卵1個で摂取できるビタミンの量は，1日の必要量の10～20％である．卵のビタミン含量は鶏種や飼料の影響を受けてかわる．特に脂溶性ビタミンや色素は卵黄に移行しやすいので，商品価値を高めるためにビタミンを強化した卵が生産されている．

4．卵の鮮度と品質評価

1）鶏卵の貯蔵と鮮度低下

卵の鮮度低下は，まず卵殻表層のクチクラの剥離，卵白pHの上昇や粘性の低下，卵殻膜や卵黄膜の強度低下など，物理化学的な変化から始まる．また，卵殻の微小なひび割れや保存条件（温度と期間）によっては，卵殻表面の付着細菌が内部へ侵入し，最終的には内容成分が腐敗する．

通常，卵の鮮度は保存温度が高いほど早く低下する．殻付き卵の保存条件とその鮮度を示すハウユニット（HU）の変化を図3-10に示す．この中で冷蔵庫（4～6℃）や冬の室内（4.5～15℃）保存では，HUの低下が明らかに抑制されている．殻付き卵の鮮度保持には，少なくとも15℃以下の保存条件で流通および販売することが望ましく，また家庭内では冷蔵庫で保存する必要がある．

また，殻付き卵の卵殻表面には1個当たり100～100万個の細菌が付着している．産卵鶏の輸卵管の出口付近に糞尿が排泄される総排泄腔がつながっているためである．通常，産卵直後の鶏卵内部は無菌であるが，保存条件によっては，卵殻上の細菌が内部に侵入（On Egg汚染）し腐敗する．また，ある種のサルモネラ菌は産卵鶏へ感染して卵巣に定着し，この感染鶏が生まれながらにしてサル

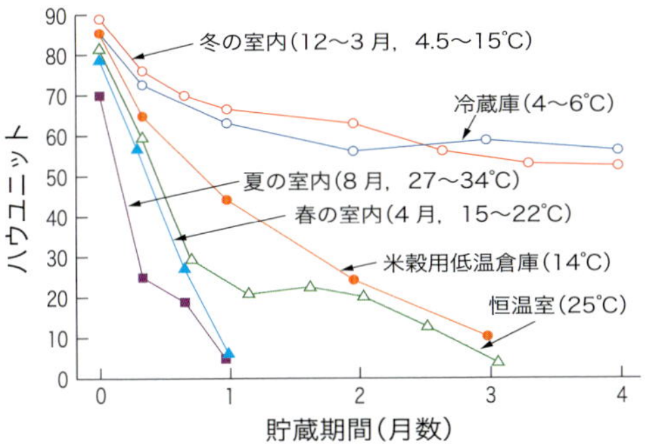

図3-10　殻付き卵の保存条件と鮮度の変化
（佐藤　泰：卵の調理と健康の科学，p.88，弘学出版，1989）

モネラ菌を保菌した汚染卵（In Egg 汚染）を産む．市販の卵には1万個に数個の割合で In Egg 汚染卵が存在する．いずれにせよ，殻付き卵の物理化学的な変化は鮮度の低下と密接に関係し，最終的に細菌による鶏卵内部の腐敗につながり，食中毒の原因となることから，生産，流通，販売の各段階での衛生的管理と低温貯蔵が大切である．

2）物理化学的な鮮度低下と品質評価

通常，卵は産卵の前後で大きな環境変化を受ける．産卵鶏の卵管内 CO_2 分圧は0.1気圧，空気中の CO_2 分圧は0.0003気圧である．したがって，卵白に炭酸として溶けている CO_2 が，産卵直後から，卵殻の気孔を通り外部へ散逸し始める．これに伴い，卵白の pH は7.5（産卵直後）から，数日間で約9.5に上昇する．また，経時的に濃厚卵白の水様化（オボムチンの構造変化）と卵殻膜や卵黄膜の強度低下が進む．殻付き卵の品質（鮮度）評価法は，卵を割らずに調べる方法（非破壊検査）と卵を割って卵白や卵黄の状態を調べる方法がある．

(1) 卵を割らずに調べる方法

a．透光検査

60W の電球光を直径3cm の穴から卵に当て，卵を回転させながら透過光を観察する方法である．透過光検査専用の装置があり，卵白部分は明るく見え，卵黄は暗く見えるため，殻付き卵中での卵黄位置を知ることができる．透光検査だけでは厳密な鮮度判定はできないが,卵殻のひび割れ,腐敗卵（全体が黒く見える),異物卵（血液や肉片を含むもの）などの検査には有効であり，鶏卵の選別包装施設（GP センター）や液卵工場ではインライン透光検査が行われている.

b．気室の高さ測定

透光検査で卵の鈍端部にある気室の大きさを調べる方法である．卵の保存期間が長くなると卵殻の気孔から水分が蒸発し，同時に空気が侵入して気室が大きくなる．産卵直後の気室高は約 2mm 程度で,室温に 1 週間の保存で約 3mm になり,1 ヵ月の保存では約 8mm になる.

(2) 卵を割って卵白を調べる方法

a．ハウユニット（HU）

1937 年に Haugh 博士が開発した方法で，殻付き卵の鮮度判定に最もよく利用されている．あらかじめ卵重量（W）g を測定した卵を，水平なガラス板上に割卵し，濃厚卵白中央部分の高さ（H）mm を測定して次式で計算する.

$$\text{ハウユニット（HU）} = 100 \times \log(H - 1.7W^{0.37} + 7.6)$$

ハウユニットを測定する装置として卵質測定台と卵質計（卵白高測定機）が,また簡易測定用として，ハウユニット計算尺（HU 算出用換算尺）が市販されている（図 3-11)．新鮮卵の HU は 80 ～ 90 で鮮度低下により HU も低下する.日本では HU による等級分けは行われていないが，アメリカでは HU72 以上が AA（食用)，71 ～ 55 が A（食用)，54 ～ 31 が B（加工用)，30 以下が C（一部加工用）とランク分けされている.

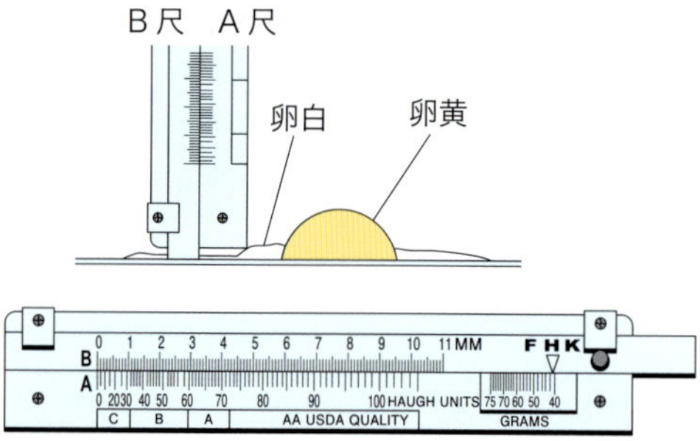

図3-11　ハウユニット計算尺とその使用法
（富士平工業(株)パンフレット，卵質検査機器取扱い説明書）

b．濃厚卵白百分率

9～10メッシュのふるいで卵白液をふるい，分離された濃厚卵白と水様性卵白の重量から，全卵白中に占める濃厚卵白百分率を算出する方法である．卵が古くなると濃厚卵白の水様化が起こるので，濃厚卵白百分率が低下する．新鮮鶏卵の濃厚卵白百分率は約60%であるが，これを25℃で保存した場合，ほぼ直線的に比率が低下し，20日間で約30%となる．

(3) 卵を割って卵黄を調べる方法

a．卵黄係数

割卵して卵白を分離した卵黄を水平なガラス板上に乗せ，卵黄の高さ（H）mmと直径（D）mmを測定する．卵黄係数（Yolk index）は高さ / 直径（H/D）で計算する．新鮮卵の卵黄係数は0.44～0.36で，鮮度低下に伴い卵黄係数が低下する．保存中に卵黄膜が弱くなり，また卵白から卵黄への水分移行が起こるため，割卵時の卵黄の盛上りが少なくなるためである．

b．卵黄膜強度の評価

簡単な卵黄膜強度の評価方法として，卵黄を真上から親指と人差し指で約1cmの間隔でつまみ，約20cmの高さまで持ち上げ，5秒間で破損しないかどうかを観察する方法（持上げ法），および持ち上げた卵黄を落下させて破損しないか観察する方法（落下テスト）がある．

3）細菌学的な鮮度低下と品質評価

通常，産卵直後の鶏卵内部は無菌であるが，卵殻表面は無菌ではなく，100～100万個の細菌が付着している．これら細菌の内部への侵入は，卵殻表層のクチクラや卵殻の構造や卵殻膜により物理的に防御されているが，洗卵によるクチクラの剥離や卵殻表面が濡れていると，細菌が気孔を通過して卵殻膜まで達する．しかし，新鮮卵の卵白は粘性が高く，さらに抗菌成分（リゾチーム，オボトランスフェリン，アビジンなど）を含むため，細菌は増殖しにくい．一方，卵黄は栄養成分に富み，細菌の優れた培地である．新鮮卵の卵黄は中心に保持されているが，鮮度低下に伴い，特に濃厚卵白が水様性卵白に変化すると，脂質を含む卵黄は浮上して卵殻膜に密着する．この場合，卵殻を通過して卵核膜に達した細菌が直接卵黄に接触し腐敗しやすくなる.

卵殻表面の細菌が卵内に侵入して起こる鶏卵の腐敗を「On Egg 汚染」という.一方,卵内が細菌汚染された「In Egg 汚染」卵も,1 万個に数個と頻度は少ないが流通している.サルモネラ属菌の一種,*Salmonella* Enteritidis（SE 菌）の卵内汚染である.産卵鶏に SE 菌が感染して卵巣や卵管に定着しても,産卵は止まらず,卵黄膜上に SE 菌が付着した状態で排卵され,輸卵管で卵白が付き,卵殻膜や卵殻が形成され,卵内に SE 菌を保菌した状態で産卵されるためである.

殻付き卵の細菌汚染と保存温度の関係については,On Egg 汚染の場合,8 月の自然温度下で洗卵後 14 日間まで細菌の卵内侵入が見られなかったが,21 日間では卵内に 10^7 オーダーの細菌汚染があったとの報告がある.一方,In Egg 汚染の場合,殻付き卵中で SE 菌は 4℃では全く増殖せず,10℃での増殖もきわめて遅いと報告されている.通常,殻付き卵中に占める SE 菌汚染卵(In Egg 汚染)の割合は 0.03％程度で,汚染菌数は鶏卵 1 個当たり数個程度と少なく,SE 菌の増殖速度を考慮した「賞味期限」内では,生卵を食べても食中毒の心配はない.いずれにしても,殻付き卵の鮮度や品質の保持は,流通,販売,消費に至るまで 10℃以下の低温を保持するコールドチェーンの実施が好ましい.

4）鶏卵の賞味期限表示

1989 年頃から SE 菌による食中毒が急増し,その原因食品として鶏卵とその加工品が多く報告されている.殻付き卵の On Egg 汚染は,厚生労働省や農水省から出された衛生管理対策の徹底で防止可能であるにもかかわらず,SE 菌による食中毒が急増していたため,その原因は産卵時にすでに SE 菌を殻付き卵内に保有している In Egg 汚染卵によることがわかってきた.

In Egg 汚染の防止対策としては,SE 菌感染鶏を排除する目的で,輸入種鶏の検疫が強化されている.また,SE 菌の不活化ワクチンの輸入承認がなされ,平成 10 年度から一部の養鶏業者で使用され始めた.さらに,殻付き卵の流通販売や保存に対しては,特に日本人は生卵を食する習慣があることから,厚生労働省を中心に In Egg 汚染対策が検討され,殻付き卵の「賞味期限」表示や鶏卵を使った調理食品の加熱殺菌などの法制化が進められた.このような状況に対応して,鶏卵の出荷流通業者団体からなる「鶏卵日付け表示検討委員会」が自主基準を決

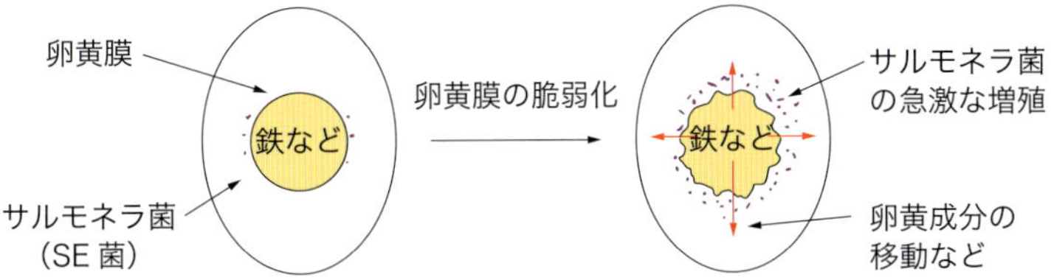

図3-12　卵内におけるサルモネラ菌（SE 菌）の増殖
卵黄膜は保存温度および保存期間に伴い脆弱化し，一定レベルまで脆弱化が進むと卵黄成分（鉄，脂質など）が卵白へ漏出する．すると，サルモネラ菌（SE 菌）が存在する場合，急激な増殖を起こす．

め，1998 年（平成 10 年）8 月から，殻付き卵の「賞味期限」表示が始まった．

通常，食品の賞味期限は品質の劣化がなく美味しく食べられる期限を示すが，殻付き卵の賞味期限は生で食べられる期限を示す．In Egg 汚染卵の割合は 1 万個に数個程度であり，その卵内の SE 菌は数個から 10 数個程度と少なく，健康な人なら生食しても問題はない．しかし，卵の鮮度低下とともに，卵黄膜の強度が低下して透過性が高まり，卵黄内から鉄分などの栄養素が卵白へ漏れてくると SE 菌は急激に増殖し，そのような汚染卵により食中毒が発生する（図 3-12）．In Egg 汚染卵の内部で卵黄膜が脆弱化し卵黄成分が漏れ出て，SE 菌が急激に増殖するまでの日数は保存温度と関係する．10℃の保存では産卵日から 50 日，20℃では 23 日，30℃では 6 日である．これに各家庭の冷蔵庫（10℃以下）で保存される期間を 7 日間と設定して加算し，殻付き卵の賞味期限が決められている．通常，パック詰め後 14 日間程度の賞味期限設定が多いが，消費者から実際の産卵日を示す要望が高まり，2010 年（平成 22 年）4 月からは，鶏卵業界の自主ルールにより「産卵を起点として 21 日以内を限度（25℃以下保存）」とする賞味期限に統一された．

5．パック卵と栄養強化卵

1）鶏卵の選別包装施設（GP センター）

養鶏場の卵がパック入り鶏卵として消費者に届くには，まず毎日産まれてくる新鮮な卵が最寄りの鶏卵選別包装施設（grading and packing（GP）センター）

へ搬入される．養鶏場から卵が直接，ベルトコンベアーでGPセンター内へ搬入される場合や，離れた養鶏場からトラックで搬入される場合がある．

GPセンターでの卵の流れを図3-13に示す．まず，吸引移動装置で鶏卵をラインに乗せ，その鈍端と鋭端の向きを同一方向に自動的に整列（常に鋭端部を下向きにパック詰するため）させたのち，卵殻表面を洗浄および乾燥する．次いで，透光検査で検査員が汚卵やひび割れ卵や血卵を除去し，さらに自動汚卵検査，自動ひび卵検査，自動血卵検査装置を通り，卵殻表面を紫外線殺菌したのち，重量選別，パック詰め工程を経て出荷される．このような工程を経て，通常，卵は産まれてからおよそ2～3日で店頭に並ぶ．

殻付き卵の洗浄は，卵殻表層のクチクラが剥離するため好ましくないとの意見もあるが，鶏糞が付着した卵は商品価値がなく，日本国内のパック卵はすべて洗卵されている．次亜塩素酸ナトリウムなどの殺菌剤を200ppm添加した温水を用い，回転ブラシで洗卵されたのち，温水ですすがれて乾燥される．洗卵により

図3-13　GPセンターでの鶏卵の流れ

①GPセンター原卵室，②卵の洗浄と乾燥，③透光目視検査，④自動汚卵検査，⑤自動ヒビ卵検査，⑥自動異常卵検査，⑦紫外線殺菌，⑧重量選別，⑨パッキング装置．（写真提供：株式会社ナベル）

卵殻上の細菌数は 1/10 ～ 1/100 に減少するが，卵殻が水に濡れることにより細菌が気孔を通過しやすくなる危険性があり，洗卵後は速やかに乾燥することが殻付き卵の品質保持に重要である．

2）パック卵の規格

GP センターで紙やプラスチック製の卵容器（パック）に詰められ，市場に流通している鶏卵をパック卵と呼ぶ．パック卵には，農林水産省通知の鶏卵取引規格（パック詰鶏卵規格）により，重量規格（表 3-8）が厳密に定められている．そして，その販売には卵重，選別包装者，賞味期限，保存方法，使用方法などを表示したラベル（図 3-14）の添付が定められている．

表 3-8　パック詰め鶏卵規格

種　類	基準（鶏卵 1 個の重量）	ラベルの色
LL	70g 以上～ 76g 未満	赤
L	64g 以上～ 70g 未満	橙
M	58g 以上～ 64g 未満	緑
MS	52g 以上～ 58g 未満	青
S	46g 以上～ 52g 未満	紫
SS	40g 以上～ 46g 未満	茶

<table>
<tr><td rowspan="8">農林水産省規格
（卵重）
L
64～72g 未満
卵重計量責任者
○○○○</td><td>名称</td><td>鶏卵</td></tr>
<tr><td>原産地</td><td>国産又は原産国名</td></tr>
<tr><td>賞味期限</td><td>○○年○○月○○日</td></tr>
<tr><td>採卵者又は選別包装者住所</td><td>○○県○○市○○町○○番地</td></tr>
<tr><td>採卵者又は選別包装者氏名</td><td>○○養鶏所又は○○ GP センター</td></tr>
<tr><td>保存方法</td><td>お買い上げ後は冷蔵庫（10℃以下）で保存してください．</td></tr>
<tr><td>使用方法</td><td>生で食べる場合は賞味期限内に使用し，賞味期限経過後及び殻にヒビの入った卵を飲食に供する際は，なるべく早めに，充分加熱調理してお召し上がりください．</td></tr>
</table>

図 3-14　パック詰鶏卵の表示様式例

3）栄養強化卵の種類

鶏卵は栄養学的に優れた食品で，食物繊維とビタミン C 以外の主要な栄養成分をバランスよく含み，種々の調理や加工食品に利用されている．産卵鶏を種々の栄養素を添加した飼料で飼育すると，栄養素によっては効率よく卵へ移行することが知られている．このような鶏の産卵生理を利用し，通常卵の栄養素に加え，さらにビタミン，ミネラル，必須脂肪酸などの栄養素を強化した高付加価値鶏卵の生産が行われている．栄養素の中でも鶏卵へ移行しやすいものとしにくいものがある．ヨウ素，フッ素，マンガンなどのミネラル類，水溶性および脂溶性ビタミン類，リノール酸，α-リノレン酸，エイコサペンタエン酸（EPA），ドコサヘキサエン酸（DHA）などの多価不飽和脂肪酸は容易に移行するが，カルシウム，マグネシウム，鉄，ビタミンC，アミノ酸などは移行しにくい．一般的に，飼料中に添加した脂溶性栄養素は主として卵黄部に，水溶性栄養素は卵黄のみならず卵白にも移行する．なお，多価不飽和脂肪酸は主に卵黄中のリン脂質の構成脂肪酸として取り込まれる．

栄養強化卵とは，2009年（平成21年）3月27日から施行されている「鶏卵の表示に関する公正競争規約」の中で，「鶏卵の栄養成分の量を増量させる目的をもって鶏の飼料に栄養成分を加えること等により，可食部分（卵黄及び卵白）について，別に定めた栄養素の増加量（表3-9）を満たす鶏卵であり，定期的な成分分析により，栄養成分の量が検証されているものに限る」と定義されている．そして，栄養強化卵であることを表示する場合は，栄養強化卵の基準を満たす栄養成分が明瞭となるように，増減または付加された栄養成分名および可食部分100g当たりの成分量を明記するとともに，一般消費者が比較しやすいように通常の鶏卵の栄養成分量と対比して表示しなければならない．なお，通常の鶏卵

表3-9　栄養強化卵の栄養素の種類とその増量基準

たんぱく質	7.5g	パントテン酸	0.83mg	ビタミンD	0.75μg
食物繊維	3g	ビオチン	6.8μg	ビタミンE	1.2mg
亜　鉛	1.05mg	ビタミンA	68μg	葉　酸	30μg
カルシウム	105mg	ビタミンB_1	0.15mg	ヨウ素	240μg
鉄	1.13mg	ビタミンB_2	0.17mg	DHA	60mg
銅	0.09mg	ビタミンB_6	0.15mg	α-リノレン酸	22mg
マグネシウム	38mg	ビタミンB_{12}	0.30μg		
ナイアシン	1.7mg	ビタミンC	12mg		

栄養表示基準（平成15年厚生労働省告示第176号）別表第4の第1欄に掲げる栄養成分．
可食部100g当たりの量が，通常の鶏卵の栄養成分に比べて記載量以上増加していること．

に含まれない栄養成分にあっては，その栄養成分名の可食部分100g当たりの含有量の単位を明記して記載するとともに，通常の鶏卵に含まれない栄養成分であることを併記しなければならない．現在，商業ベースでは，ヨウ素，葉酸，ビタミンA，ビタミンD，ビタミンE，α-リノレン酸，ドコサヘキサエン酸（DHA），鉄分などの栄養強化卵が市販されている．栄養強化卵は，その価格は通常の鶏卵より高く設定されているが，種々の生理機能を有する栄養成分が，身近な卵から摂取できる利点は，食と健康の観点からも有意義である．

6．卵の加工特性

1）凝　固　性

卵のたんぱく質の熱や酸およびアルカリなどによる変性は，水分を結合したまま固まるゲル（gelatin）と，水分を遊離して固まる凝固（coagulation）があり，変性は柔らかいゲルから，硬いゲル，そして凝固へと進む．たんぱく質の変性は初期の段階では球状をしていた形状がほぐれ，ほぐれた分子同士が疎水結合により会合して繊維状の凝集体になる．さらに変性が進むと，凝集体同士が疎水結合やSS結合により網目構造を形成すると推定されている．

(1) 熱　凝　固

卵白は55℃で白濁し始め，70℃では白濁した流動性のゲル，80℃では流動性がない硬いゲル，85℃で凝固する．一方，卵黄は65℃で粘度が上昇し，70℃でねっとりとした粘度があるゲル，75℃で硬いゲル，85℃で凝固する．卵白と卵黄のこの熱凝固性の違いを利用し，70℃の湯で殻付きの卵を20～30分加熱すると，白濁したゼリー状の卵白に対し，卵黄はねっとりとした流動性を失った性状となる．これが「温泉卵」である．

熱凝固に影響を及ぼす要因として，以下のものがある．

a．濃　　度

卵液濃度が低くなると，凝固しにくくなり，凝固しても保水性が悪い柔らかなゲルになる．この性質を利用し，卵液濃度をかえてさまざまな料理に利用されて

表 3-10　卵液濃度と料理

卵液濃度（%）	わりほぐした卵：液（だし，牛乳など）	調理名
90 ～ 70	1：0.1 ～ 0.3	オムレツ，卵焼き
50 ～ 33	1：1 ～ 2	卵豆腐
33 ～ 25	1：2 ～ 3	カスタードプディング
25 ～ 20	1：3 ～ 4	茶碗蒸し

いる（表 3-10）.

b．pH

たんぱく質は等電点で変性しやすいため，卵白では主要たんぱく質であるオボアルブミンの等電点である pH4.9 からオボトランスフェリンの等電点 pH6.1 にかけて凝固しやすい.

c．無 機 塩 類

無機の陽イオンは Ca^{2+}，Na^{+}，K^{+}の順に凝固を促進する．したがって，Ca^{2+}を含む牛乳，Na^{+}を含む食塩，K^{+}を含むだし汁などで卵を希釈すると水で希釈した場合よりも凝固しやすく，硬いゲルを形成する（図 3-15）.

d．糖

糖は熱凝固を遅らせ，柔らかいゲルを形成する．卵焼きやカスタードプディングに砂糖を添加することで柔らかな口当たりの料理に仕上がる.

e．鮮　　度

卵白の主要たんぱく質であるオボアルブミンは熱に不安定なたんぱく質である

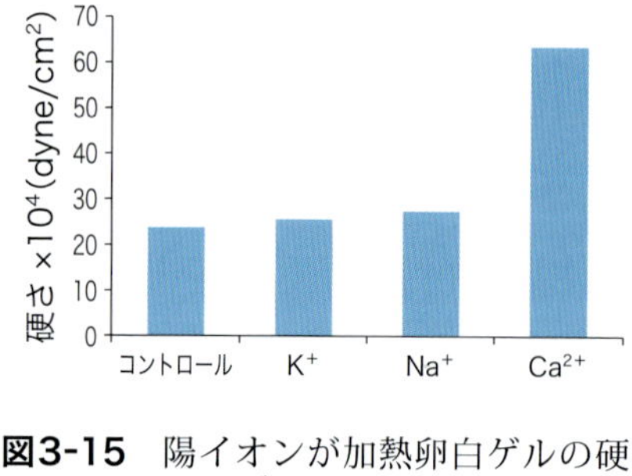

図3-15　陽イオンが加熱卵白ゲルの硬さに及ぼす影響

加熱卵白ゲルは卵白濃度 75g/100ml に 0.2 N の KCl，NaCl，CaCl を添加し作成．コントロールは無添加.

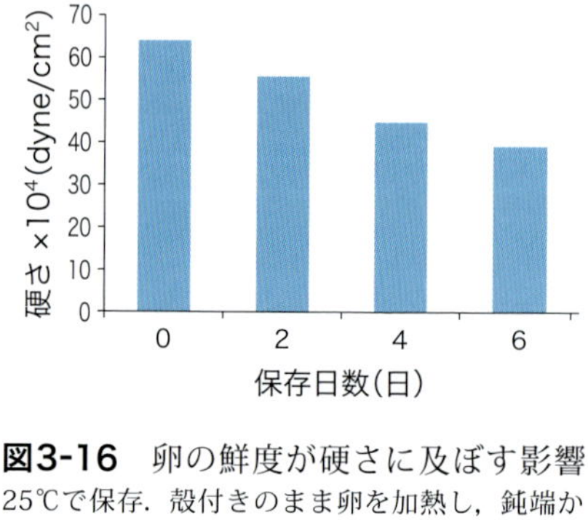

図3-16　卵の鮮度が硬さに及ぼす影響

25℃で保存．殻付きのまま卵を加熱し，鈍端から 0.5cm のところの内部温度が 85℃に達した加熱卵白の硬さを測定.

が，鮮度が低下するとオボアルブミンより熱変性温度が高いS-オボアルブミンになるため，鮮度が低下した卵の卵白は凝固しにくく，できあがりの硬さは柔らかくなる（図 3-16）.

(2) 熱凝固以外の凝固

pH12 以上のアルカリ条件下では卵白たんぱく質はゲル化する．この例として，アヒル卵をアルカリ性である草木灰を練り込んだ泥に漬けて作成するピータン（皮蛋）は，卵白たんぱく質がアルカリ変性して褐色半透明で弾力性があるゲルとなる（☞ p.264）.

2）起　泡　性

たんぱく質を強く撹拌すると，空気との接触が起こることで表面張力の作用を受けて不溶化（界面変性）し，この変性したたんぱく質が安定した固体状の膜となって気体や液体を包み，泡を形成する．したがって，起泡性は膜の形成しやすさを「泡立ち性」，気体や液体を膜の内部に保持している状態「泡の安定性」と２つの性質から考える．起泡性は小麦粉や砂糖を添加し焙焼して作成したエンゼルケーキの高さや膨張容積や硬さから評価したり，卵白を泡立てたものを放置し，分離してくる離水量から評価する．すなわち，起泡性がよいとはエンゼルケーキがよく膨化し，泡立てた卵白の容積が大きく，離水量が少ない状態のことである．

卵白を構成するたんぱく質では，オボグロブリンやオボトランスフェリンは泡立ち性が大きく，オボムシンは泡の安定性に関与している．卵黄にも起泡性が見られ，卵黄成分ではプラズマ画分が泡立ち性，グラニュール画分が泡の安定性に関わっている．卵白と同じたんぱく質濃度の卵黄の起泡性については，泡立ち性は卵白より高いが，泡の安定性は低い．

起泡性に影響を及ぼす要因として，以下のものがある．

a．pH

たんぱく質は等電点で変性しやすいことから，卵白の泡立ち性は，卵白の主要たんぱく質であるオボアルブミンの等電点 4.9 付近で高くなる．レモン酢や酒石酸カリウムを添加して卵白の pH を低下させ，卵白たんぱく質の等電点に近付けると泡立てやすくなる．なお，pH2 以下の酸性，pH12 以上のアルカリ性の場合にも泡立ち性は大きくなる．

b．鮮　　度

鮮度が卵白の起泡性に及ぼす影響をエンゼルケーキの膨張の高さから比較すると，産卵直後の卵の卵白で作成したエンゼルケーキの膨化が最もよく，断面もきめ細かなできあがりになる（図 3-17）．鮮度がよい卵は濃厚卵白が多く，鮮度が低下するにつれて水様性卵白に変化する．濃厚卵白と水様性卵白では泡立ち性に違いはないが，泡の安定性は濃厚卵白がよいことから（図 3-18），総合的な起泡性は鮮度が新しい卵白が優れている．

c．温　　度

卵白の起泡性は卵白の温度が高い方がよい．これは，温度があがることで新た

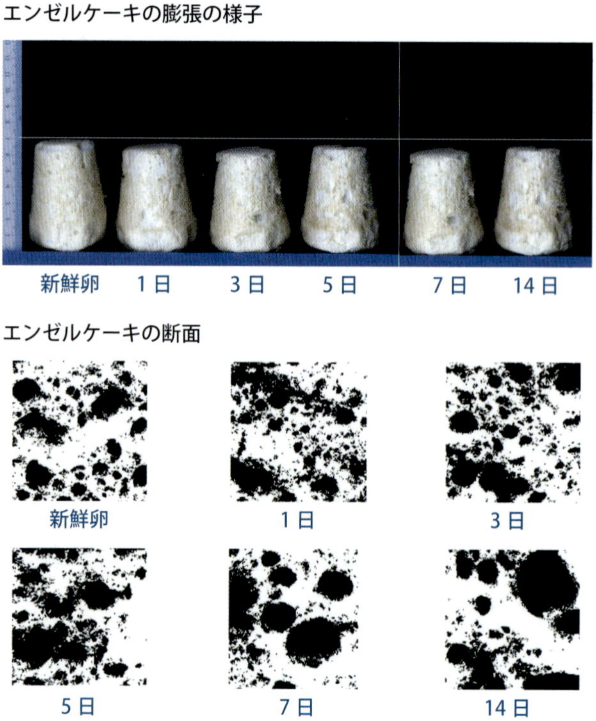

図 3-17　卵の鮮度が起泡性に及ぼす影響

卵は 25℃で保存し，卵白，小麦粉，砂糖でエンゼルケーキを作成．数値は卵の保存日数を示す．エンゼルケーキの断面はイメージスキャナで読み込んだもの．黒い部分は穴の部分．

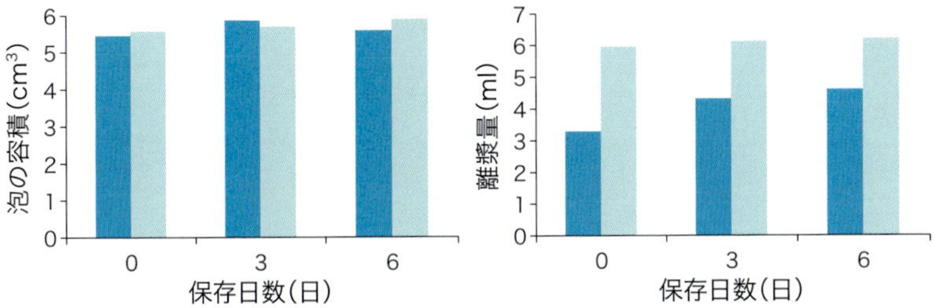

図3-18　鮮度が起泡性に及ぼす影響

卵は30℃で保存.　濃厚卵白,　水溶性卵白.

に疎水基ができ，膜形成に寄与するためといわれている．しかし，温度が高い方が泡立ちやすいが，泡の安定性は悪い．また，卵黄は，卵黄の温度が低いと脂肪が固まっており，起泡性を有するリポたんぱく質の効果が低くなり，起泡性が悪くなる．これより，卵の泡立ては冷蔵庫から出した直後の卵は泡立ちが悪いので，室温になってから泡立てに用いる．

d．糖，でんぷん

砂糖，でんぷんの添加は，砂糖やでんぷんが親水性であることから自由水を吸着し，離水が少なく，安定した泡を形成することができる（図3-19）．また，砂糖やでんぷんが加わることで粘度が増加し，泡の安定性が高くなる．工業的にはグリセリンやグルコースなどの増粘剤を添加し，泡の安定性を高める．

e．油

バターやサラダ油のような油を卵白に添加すると起泡性は著しく低下する．割

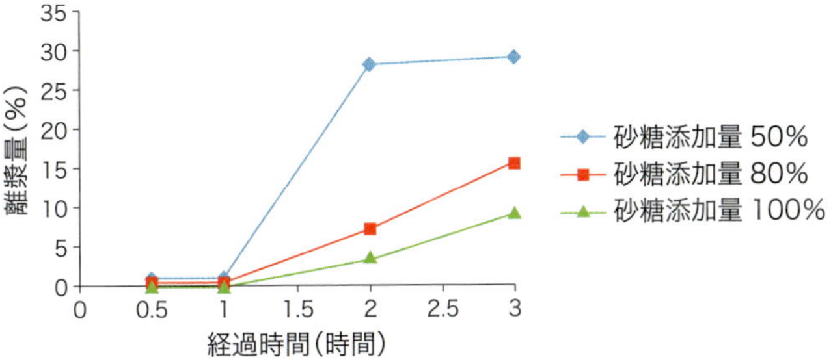

図3-19　砂糖の添加量の違いがメレンゲの離漿量に及ぼす影響

砂糖添加量は卵白の重量に対する割合を示す.

卵時に卵白中に卵黄が少量混入すると，卵白の起泡性を抑制する．また，泡立て時に使用調理器具に油分が付着していると卵白の泡立ち性は悪くなる．

f．粘　　度

粘度が高い方が起泡性がよく，濃厚卵白は水様性卵白に比べ，粘度が高いので起泡性は高い．また，鶏の育種において粘度が高い飼料を給餌することで卵白の粘度を高めることもできる．

ケーキなどを作成するときに，卵白と卵黄を別々に泡立てる別立て法に比べ，全卵を一緒に泡立てる共立て法の方が焙焼後の膨化度が大きいのも，卵黄が入ることで粘度が高まり，泡の安定性が増すことが原因と考えられる．

3）乳　化　性

乳化性は油中で撹拌することにより，食品のたんぱく質が変性を受けることで表面の疎水性が変化し，表面に疎水基量が多く存在するほど，乳化性がある食品である．乳化性は乳化容量と乳化安定性から評価する．一定条件下で乳化される油の最大量を乳化容量といい，乳化容量の測定方法は Pearce らによる濁度法を用い，エマルション溶液を 600nm の波長による吸光度値（濁度）から測定し，値が大きいほど乳化容量が大であることを示している．乳化安定性はエマルションの分離速度や分離する油や水の量の測定，油粒子の光学顕微鏡による観察などで表し，分離速度が遅く，分散している油の粒子径が小さいほどよいと評価する．

食品のたんぱく質は親水性が高いので，水中油滴型エマルション（O/W 型エマルション，水中に油が分散したもの）の場合が多い（図 3-20）．卵の乳化性を

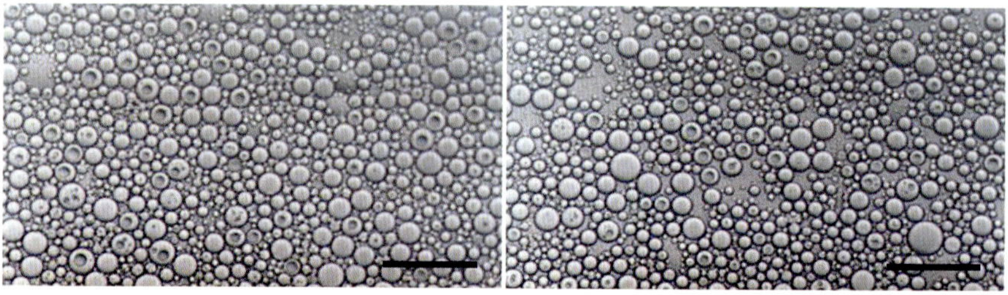

図 3-20　エマルションの分散状態

左：名古屋コーチン，右：白色レグホーン．サラダ油，酢，卵黄によるエマルション．粒子は油．バーは 100 μm.

利用した代表的なものとしてマヨネーズがある.

卵黄の乳化性には低密度リポたんぱく質（LDL）のリン脂質とLDLのアポたんぱく質が関与している．卵白も乳化性は見られるが，卵白の乳化性は卵黄の1/4程度であることから，卵白単独での利用は少なく，全卵として利用する.

乳化性に影響を及ぼす要因として，以下のものがある.

a．粘　　度

粘度が高いほど，乳化安定性はよい．白色レグホーンに比べ，名古屋コーチンが産卵した卵の卵黄の方が粘度が高く，これは名古屋コーチンの卵黄は卵黄球や脂肪の大きさが小さいことが要因と考えられる（図3-21).

鮮度が悪い卵黄は卵黄膜が脆弱で，卵白から水分が卵黄に移り粘度が低下するため，鮮度がよい卵黄の方が乳化安定性がよい.

食塩を卵黄に添加すると乳化性に関わっているLDLが溶解し，乳化容量が増

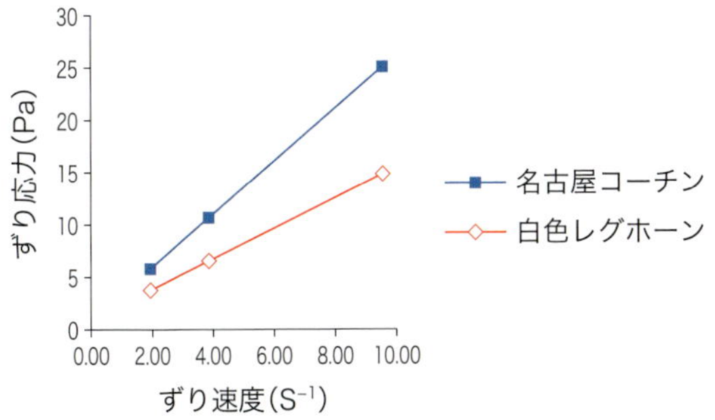

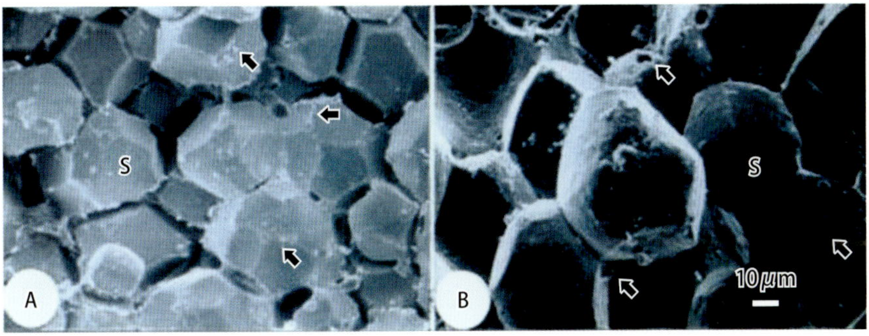

図3-21　卵黄の粘度（上）と卵黄の構造（下）
写真は卵黄中層部の卵黄球の走査電子顕微鏡像（A：名古屋コーチン，B：白色レグホーン，S：卵黄球，矢印：脂肪または脂肪跡).

し，乳化性が高くなる．また，糖も乳化容量を増す傾向にある．

b．撹　　拌

撹拌速度が速く，撹拌力もあり，撹拌時間が長いほど，エマルションの油粒子径は小さくなり，乳化安定性は増す．手作りのマヨネーズの乳化安定性が悪く分離しやすいのも撹拌条件に原因があり，工業的に作成されたマヨネーズに比べて油の粒子は 10 倍くらいの大きさである．

7．加工卵の種類と製造法

卵は条件が整えば（有精卵と孵化温度など），ひなが生まれるように卵の中身には次世代の生命のすべてが満たされた栄養が含まれている．これは，人間から見れば天然の包装材である殻に包まれた保存性に優れた食品であるといえる．したがって，卵はそのままの形態で流通することが可能で，卵かけご飯やゆで卵にするなど，必要に応じて中身を取り出して消費される．

卵を食べる理由には前述した栄養を摂取するという目的もあるが，ゆで卵のように加熱すると凝固する，卵白を激しく撹拌すると半固体の泡になるなどの機能性を持つ食品であるため，それらの機能を利用した食品の原料として用いられている．6.「卵の加工特性」で述べられているように，主として３つの機能に分類されている．それらの機能のうち，凝固性を利用した鶏卵加工品は全卵，卵黄，卵白に共通しているので分離しなくても食品を製造できるが，主として起泡性は卵白に，乳化性は卵黄に由来するので，起泡性や乳化性を利用した食品を製造する場合は割卵（かつらん）して卵黄や卵白に分ける必要が出てくる．

卵の機能を利用した食品は次のようになる．

①凝固性を利用した食品…ゆで卵，燻製卵，ピータン，温泉卵，味付け卵，落とし卵（ポーチドエッグ），目玉焼き，スクランブルエッグ，卵豆腐，茶碗蒸し，だし巻き卵，伊達巻，錦糸卵，とじ卵，鶏卵そうめん，カスタードプディング，カスタードクリームなど．

②起泡性を利用した食品…メレンゲ，マシュマロ，スポンジケーキ，エンゼルケーキ，フリッターの衣，淡雪羹，スフレなど．

③乳化性を利用した食品…マヨネーズ，ドレッシング，アイオリソース，アイ

スクリーム，バタースポンジなど．

卵のたんぱく質は加熱により凝固する性質があるが，アヒルの卵を使用することの多いピータンでは，加熱せずにアルカリが卵に作用することにより褐色透明なゲル状に変化する．このように，凝固は必ずしも加熱だけで起きるわけではなく，落とし卵を作る場合にお酢を加えると卵が水中に散らばりにくくなるように，酸による凝固の促進も起きる．

卵の持つ機能性により製造される食品を分類したが，卵には他に固有の栄養，風味，色調を有しているのでそれらを利用した食品がある．カステラは卵黄の持つ黄色と風味を，高級なアイスクリームも卵黄の持つ風味を生かしている製品である．卵殻も炭酸カルシウムを主成分とするので，捨てることなくカルシウム添加物として食品に使用されている．卵白や卵黄からも有用成分が抽出されるが，それらについては 8.「鶏卵成分の機能性と健康への寄与」を参照のこと．

卵を利用した食品でも，ゆで卵や温泉卵のように殻付きや殻を剥いただけのものから，割卵して卵白や卵黄を分けてから使用するものなどさまざまな形態があることがわかる．卵を使用して食品をつくるところでは，厨房や自社で割卵して必要な部分を使用すると残る部分が出てくる．例えば，マシュマロを製造する場合，自社で割卵すると卵黄は必要ないので，卵黄を使用するカステラメーカーなどに売る必要が出てくる．

わが国における鶏卵加工業は，1925 年（大正 14 年）に始まったマヨネーズ製造が最も古い．そして，1955 年（昭和 30 年）代後半からマヨネーズの製造時に発生する余剰卵白の有効利用をもとに全卵や卵黄などの卵加工品全体の工業化がなされ，各種液卵の製造，保管，流通が進展したのである．

わが国のマヨネーズ製造量が最も多い会社では，必要とする卵黄を自社工場で割卵して得ているが，卵の機能を利用して各種食品を製造する場合に無駄なく利用するには，専門の割卵会社から必要な卵部分を必要なときに必要なだけ得るのが経済的であることが理解される．割卵された液状の卵は栄養も豊富なため腐敗しやすく，低温での管理などが必須で，衛生的に取り扱うための各種の法規制がある．食品原料として問題のない衛生的な原料を供給するために，全国各地の鶏卵産地に割卵を専門とする会社があり，卵を使用する食品業界に供給している．

鶏卵を取り扱う業界団体では，そのままの形態では直接消費者の口に入らない原料としての卵製品を卵の一次加工品，消費者に直接喫食される卵製品を卵の二次加工品と分類している．前述①〜③の機能性に分類した大部分の食品が二次加工品に含まれる．したがって，殻付きの温泉卵やゆで卵では加工度は低いが二次加工品となっている．なお，前述したカステラやケーキ類は主原料が小麦粉などのため，卵を使用する製品であるが卵の二次加工品には分類されない．卵の一次加工品を原料として用いた商品は，先にあげたマヨネーズや製菓・製パン業界以外に畜産製品，水産製品，麺類など多岐にわたっている．いずれも卵の持つ機能性を期待して添加する場合が多い．

ここでは，卵原料として使用される各種の一次加工品の製造法とその特徴について述べる．そのあとで一次加工品を用いた卵製品（二次加工品）について記述する．

1）一次加工品

鶏卵から一次加工品である液卵を得るフローシートを図3-22に示した．鳥類の卵は外部からの汚染を防ぐ硬い殻に守られているが，卵殻表面には微生物が残

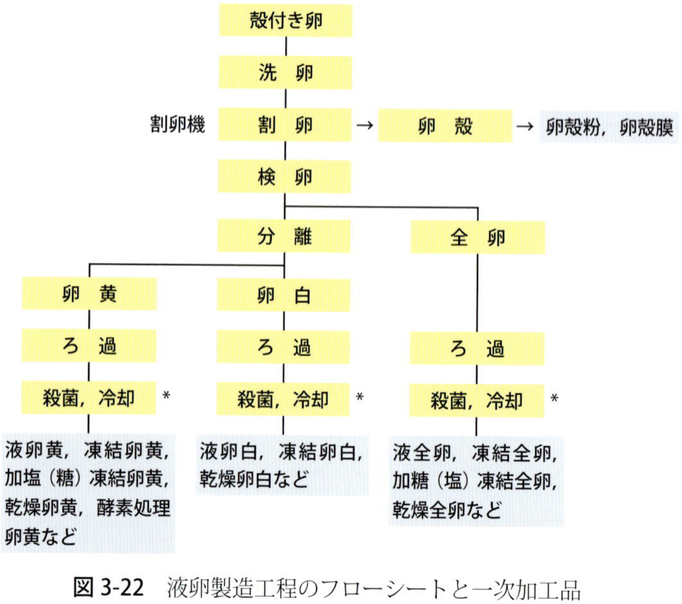

図3-22　液卵製造工程のフローシートと一次加工品
* 表3-11を参照.

図 3-23　高速割卵機（左）と卵黄卵白分離装置（右）
（写真提供：キユーピー(株)）

存するため，割卵前に洗卵が必須である．また，近年は卵内に食中毒を起こすサルモネラが存在する可能性もあるため（In Egg 汚染卵），液卵については所定の殺菌処理をした製品が流通している．液卵 1g につき細菌数が 10^6 以下であることを条件に未殺菌の液卵も原料として使用可能であるが，それを原料として使用した場合は加工時にサルモネラを殺菌するため 70℃ 1 分以上の加熱殺菌が義務付けられている．

卵 1 個の中身は鶏卵のサイズによるが 50g 前後と少量なので，鶏卵を原料とする食品を製造する場合は割卵機を使用して割卵し，中身の卵黄や卵白を取り出している．図 3-23 に，毎分 600 個の割卵能力のある割卵機および卵黄と卵白を分ける装置を示す．

流通の状態から分けた一次加工品として現在製造されているものは，大きく分けて 4 種類に分類できる．

(1) 液　　卵

生液卵，液状卵ともいう．割卵によりすべての内容物を集めた全卵と，卵黄と卵白に分けた液状の 3 種類が得られる．液卵はこれらの 3 種類の総称で 8℃以下で保管，流通する．使用期限は生鮮食品と同様で記載された消費期限内で使い切る．通常数日間である．これらの各液卵をもとに加塩（糖）卵黄，加糖（塩）全卵，濃縮卵白，濃縮全卵，乾燥全卵粉，乾燥卵白粉，乾燥卵黄粉，酵素処理卵が製造され，各種の食品の原料の一部に使用されている．

表 3-11　液卵の殺菌温度

液卵の種類＼殺菌方法	連続式	バッチ式
全　卵	60℃	58℃
卵　黄	61℃	59℃
卵　白	56℃	54℃

卵を含む製品を作る会社がその社内で割卵して原料液卵を得ることもあるが，前述したように，割卵を専門に行う会社から卵液を購入する分業化が進んでいる．3種類の液卵の殺菌温度を表 3-11 に示す．

連続式の殺菌機（プレートヒーターなど）ではポンプを使用して表 3-11 の温度で3分 30 秒以上加熱殺菌しなければならず，バッチ式（撹拌機付きの保温タンクなどを使用）では表中の温度で 10 分以上加熱殺菌することが義務付けられている．この殺菌によりサルモネラなどの有害菌を陰性（わが国の食品衛生法では「サルモネラ属菌が検体 25g につき陰性」でなければならない）にすることができるが，缶詰のような殺菌ではないので，殺菌後は直ちに冷却して 8℃以下にしなければならない．これらの液卵の消費期限は生鮮食品と同様で数日間と短いが，殺菌液卵が利用される理由として，十分に管理された液卵製品では①サルモネラ汚染の心配がない，②割卵の設備および手間が必要ない，③取扱いが簡単である，④卵殻などの廃棄物が出ない，⑤計画的に使用できることがあげられる．

(2) 凍　結　卵

液卵を凍結したものをいう．卵白はそのまま，全卵はそのままのものとしょ糖を 20％加えたものがある．卵黄はしょ糖を 10 ～ 50％加えたものや食塩を 10％加えたもので，−15℃以下で保管，流通している．卵黄に含まれるリポたんぱく質は，凍結保管中に変性するため徐々に粘度が高くなり解凍しても液状に戻らないので，卵黄をそのまま凍結した製品はない．この冷凍変性を防止するために必要量のしょ糖や食塩を添加している．加えられたしょ糖や食塩は卵液中に濃厚に存在し，氷点降下作用により卵液を凍結させない．液全卵にも卵黄が含まれていて冷凍変性を起こすので，割卵後，卵白と卵黄を均質化処理してから凍結することにより解凍後の性状をより生全卵に近付けることができる．しかし，しょ糖などが添加されずに冷凍期間が長くなると，リポたんぱく質のゲル化や凝集が起きて解凍後の溶解性が低下し，商品価値を下げる場合がある．凍結卵にしょ糖や食塩を添加することで使用用途が限られるが，しょ糖の添加された全卵はケーキなどの菓子類の製造に，食塩の添加された凍結卵黄はマヨネーズなどの製造に用いることが可能である．卵白は凍結による変性も少なく解凍後も液状を保ち一次加工卵としての機能を有しているので，糖類や食塩の添加は必要ない．

割卵により得られた全卵および卵黄に加塩や加糖してから殺菌する場合，塩類や糖類は微生物に対して保護作用があるため，サルモネラなどの有害菌が死滅しにくくなる．そのため，別途殺菌条件が決められている（表 3-12）．表の温度で 3 分 30 秒以上連続式により加熱殺菌する．

市場に流通している凍結卵の包装形態はユーザーの使用量により種々あるが，ここでは 2kg 程度の牛乳容器と同様のゲーブルトップ紙容器や 500g 程度の袋詰めを示す（図 3-24）．賞味期間は－18℃以下で 1 年半程度である．各種の凍結卵や後述する乾燥卵は貯蔵性があるため，卵価の安いときに割卵して製造，保管され，卵価の高いときや需要期に使用されるので，卵原料の安定供給という意味からも重要な産業となっている．

凍結卵の使用に当たっては製品を解凍しなければならないが，安全に解凍する

表 3-12　液卵に加塩，加糖した場合の濃度と殺菌温度

対象とする添加物入り液卵	殺菌温度（℃）
卵黄に 10%加塩したもの	63.5
卵黄に 10%加糖したもの	63.0
卵黄に 20%加糖したもの	65.0
卵黄に 30%加糖したもの	68.0
全卵に 20%加糖したもの	64.0

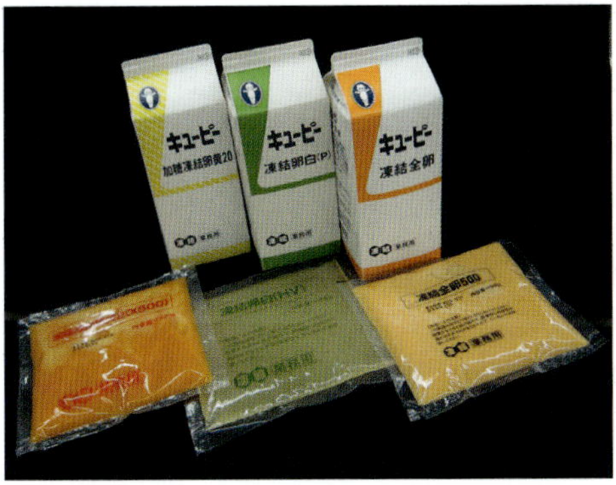

図 3-24　流通している凍結液卵の例
（写真提供：キユーピー(株)）

には次の方法が推奨されている．

①流水解凍法…綺麗な流水または循環水中に包装のまま凍結卵を入れて解凍する流水解凍法で，20℃の水温では2kg程度の容器入りが数時間で解凍できる．解凍を急ぐあまり高温の水を使用すると，水に接した部分の内面で微生物が増殖する可能性が出てくる．解凍中に中心部が少量凍結した状態で取り出し内容物をよく撹拌すると低温の卵液になるので，微生物の増殖を抑えることができる．解凍品は冷蔵保管し，すみやかに使い切る．加塩および加糖された解凍品は，食塩やしょ糖の防腐効果で消費期間が長くなる．

②冷蔵庫解凍法…5～10℃の冷蔵庫に凍結卵を容器のまま入れて解凍する．空気による伝熱のため解凍には時間がかかり，2kg程度の凍結品で2～4日間程度必要である．解凍後はすみやかに使い切る．室温や温水中で凍結品を解凍すると解凍時間が短くなるが，その間に腐敗する可能性があるので勧められない．

(3) 乾　燥　卵

各種卵液を噴霧乾燥機（スプレードライヤー）などで乾燥したものである．水分含量が低いので腐敗の可能性がなく，乾燥卵白は常温で保管および流通ができる．通常，防湿性のクラフト袋やカートンに入れられて流通している．

a．乾燥全卵，乾燥卵黄

いずれも各液卵を噴霧乾燥機により水分を除去して粉末化する．噴霧乾燥は熱風の中に高圧ポンプを用いて卵液をスプレーしたり，回転ディスクで液滴として分散させることにより瞬時に水分を除去するもので，気化熱により卵たんぱく質の熱変性を抑えている．装置の外観と乾燥中の状況を図3-25に示す．乾燥全卵では3倍量の清水（せいすい）で，乾燥卵黄では約1.3倍の清水でもとの卵液と同じ濃度になる．水分が少ないのでいずれも腐敗はしないが，室温保管では卵黄に含まれる脂質の酸化による劣化があり冷暗所保管が望ましい．

乾燥全卵，乾燥卵黄はホットケーキミックスなどの各種ミックス品に配合される．清水を加えて戻したものはパン，クッキー，中華麺，マカロニ，スポンジケーキ，プリンなどに使用できる．

b．乾 燥 卵 白

卵白を乾燥する場合，卵白にはグルコースが微量（0.4％）に含まれているため，

図 3-25　噴霧乾燥機（左）と液卵の噴霧状況（右）
（写真提供：GEA プロセスエンジニヤリング（株））

そのまま乾燥させると貯蔵中にグルコースと卵白のたんぱく質がアミノカルボニル反応（メーラード反応）により褐色になるとともに溶解性が低下する．そのため，あらかじめ卵白中のグルコースを除去する必要がある．グルコースの除去には，①酵母などによりグルコースを水と炭酸ガスにする，②グルコースオキシターゼでグルコン酸にかえるなどがあり，これらの処理を「脱糖」という．脱糖処理した卵白液は，噴霧乾燥機を用いて乾燥卵白粉がつくられ，ステンレス製などのトレーに卵白液を薄く広げて熱風中で水分を除去するパンドライ乾燥法ではフレーク状の乾燥卵白がつくられる．

乾燥卵白を溶解するための加水の量比は任意であるが，7 倍量を加えると元の卵白液と同じ水分含量になる．クッキー，中華麺，うどん，そばに使用され，麺のこしを強くすることができる．上記したパンドライ法による乾燥卵白は，水戻ししたときの起泡性が高いので，エンゼルケーキ，マシュマロ，メレンゲなどの製造に適している．

(4) 酵素処理卵

卵には熱凝固性，起泡性，乳化性という機能性とともに栄養と風味があるので，それらの特徴を生かした各種の食品に用いられている．しかしながら，さまざまな加工品を製造する場合，例えば卵の栄養を付加するために加えた液状食品が加熱殺菌で凝固してしまうなど，熱凝固性が不都合になる場合が出てくる．そこで，卵の持つ機能性をなくしたり，増強させたりするための各種酵素による改良がなされている．

a．凝固性のコントロール

たんぱく質は，凍結や加熱，酸やアルカリにより分子間あるいは分子内で結合して凝固を起こす．しかし，卵たんぱく質内のアミノ酸のペプチド結合を加水分解し低分子化すると，凝固性を下げることができる．

卵たんぱく質の結合を切るためのプロテアーゼには植物由来のパパイン，ブロメライン，動物由来のトリプシン，ペプシン，パンクレアチンなどや，微生物由来のものがある．切断された低分子の卵たんぱく質やペプチドには苦味のあるものがあり，酵素の選択，反応条件，分解のコントロールで低減できる．

b．起泡性の改善

起泡性は卵白によりもたらされるが，割卵するときに得られる卵白液には少量の卵黄が混入する場合があり，これが卵白液や乾燥卵白の起泡性を低下させることが知られている．卵黄に含まれる脂質が消泡剤として働くことが原因である．そこで，脂質を分解して脂肪酸類にするためにリパーゼ処理が行われ，起泡性が改善される．しかし，卵白中にリパーゼが残存すると，脂質を含有する食品原料とともに使用された場合，脂質の分解が起きる可能性がある．脂質の分解は異味や異臭を伴うので注意が必要である．

c．乳化性の改善

卵黄中の脂質にはリン脂質があり，たんぱく質との複合体（リポたんぱく質）として存在している．このリポたんぱく質が乳化性を持っている．リン脂質をホスホリパーゼで分解することにより，「リン脂質－たんぱく質複合体」が「リゾリン脂質－たんぱく質複合体」となって乳化性がさらに高くなる．ホスホは元素のリン（P）を意味する．この酵素処理された卵黄は乳化性が向上するとともに熱に対しても抵抗性があり，加熱温度によっては凝固が起こらず流動性を有している．

2）卵製品（二次的加工卵）

卵製品の歴史は古く，ゆで卵は江戸の町で売られていたし，1785 年（天明 5

年）には『萬寶料理秘密箱（まんぽうりょうりひみつばこ）前編一～五』で103種類の卵料理が紹介され別名『玉子百珍』として出版されているが，読んでみると現代に受け継がれている料理も多い．卵白の起泡性も知られており，卵白を泡立てた淡雪卵やポルトガルのカスティリャ王国のお菓子といわれるカステラも「家主貞良」として作り方が記載されている．

このように，卵を使用した製品は多いが，ここでは殻付き卵製品，卵惣菜，調味料（マヨネーズ類）に分けて，それぞれの製品の特徴や製造方法を述べる．

(1) 殻付き卵製品

a．ゆ　で　卵

コンビニのおでんの具として広く流通，消費されている．家庭でも簡単に作れるが，商品として丸く，傷がなく，卵黄が卵の中心部にあり，卵黄と卵白の境界に黒い色調（硫化黒変）のないものを作るのはなかなか難しい．殻が剥きやすいのは，産卵から時間のたった鶏卵を茹でた場合である．産卵時，卵白には炭酸ガスが溶解していてpH7～8であるが，保管中に徐々に抜けていくとpHが高くなり，この状態で茹でると卵白が弾力のある滑らかな状態になるので剥きやすくなる．しかし，保管中に気室が広くなるとともに卵黄が偏芯してくる．また，pHが高くなるとシスチンやメチオニンなどの含硫アミノ酸から硫化水素が発生し，卵黄中の鉄イオンと反応して硫化鉄ができて卵黄と卵白の境界が黒くなる．卵白pHと傷のない良品のゆで卵の歩留まりの関係を図3-26に示す．

ゆで卵加工メーカーでは原料卵を産卵直後から十分管理し，鮮度を維持したまま卵白中の炭酸ガス濃度を管理するなどして良好なゆで卵を得ている．

温泉卵もゆで卵の一種であるが，これは卵白と卵黄の凝固温度の違いを利用して製造している．卵黄は65℃ぐらいから凝固が始まり75℃以上で固まる．卵白は60℃ぐらいから熱変性

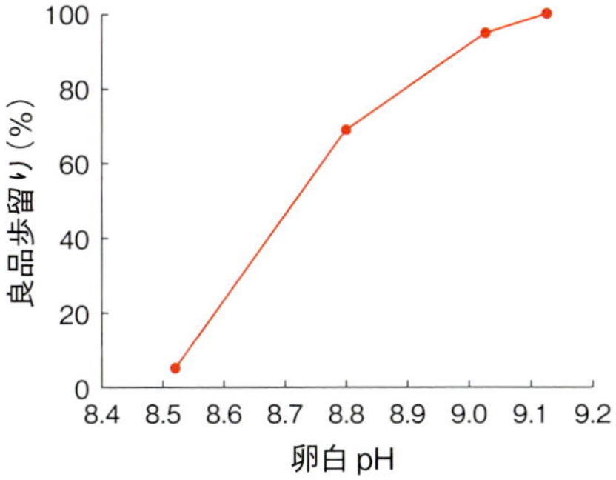

図3-26　卵白pHと良品の歩留り

ゆで卵20個の平均値．なお，良品とは卵白表面に傷のないゆで卵のこと．（キユーピー（株）資料）

が始まって70℃以上で流動性がなくなり白くなって80℃以上で硬く固まる．したがって，67～69℃で30分程度加熱することにより，卵白部は白濁しているが流動性があり，卵黄はねっとりとした状態という温泉卵にすることができる．

半熟卵は卵白部が硬く凝固し，卵黄がねっとりした状態のものである．これは，沸騰水中で３分，５分と短時間茹でたものである．

b．ピータン

ピータン（皮蛋）は中国ではピーダンといい，古くから作られたアヒル卵の殻付き加工品である．消石灰や草木灰などのアルカリ剤に食塩，紅茶，水を加えて練ったペーストをアヒルの卵に厚く塗り，25～30℃で４～６週間保持すると卵白と卵黄がアルカリで凝固するので，殻を剥き薄く切って食べる．殻を剥くと卵白は紅茶による着色のため半透明の褐色のゲル状になり，卵黄はアルカリで発生した硫化水素と卵黄中の鉄イオンが反応した暗緑色のゼリー状となっている．風味はアンモニアと硫化水素臭の強い独特の味と食感が特徴で，中国料理の前菜として供される．鶏卵やウズラの卵のピータンもある．

殻つきの鶏卵加工品としては他に，燻製卵，粕漬卵，味付け卵などがあるが消費量は少ない．

(2) 卵惣菜

卵は製菓，製パン，水産練製品，麺，製粉，畜産加工品，乳製品などに幅広く使用されているが，それらをすべて卵加工品とするわけにはいかない．そこで，市場に流通している卵を主原料とする卵製品の製造法と特徴を述べる．

a．卵豆腐

卵液に対し150～200％のだし汁を加えて均質化し，「す」（鬆）が発生しないように脱気したのち，プラスチックトレーに充填して密封する．これを80～85℃で30～40分ボイルして製造，冷蔵状態で流通している．ボイル温度が90℃を越えたりpHが高くなると，硫化水素の発生により卵黄中の鉄イオンと反応して黒変を生ずる．

類似品に茶碗蒸しがある．卵液にだし汁を入れ，これに鶏肉，白身魚，エビ，シイタケ，ミツバ，銀杏，鳴門巻などを茶碗状のプラスチック容器に入れて密封し，15～20分間蒸す．冷蔵品として流通している．卵豆腐よりやや薄い卵濃度である．卵液にみりんや調味料を加えてゲーブルトップ紙容器に入れた茶碗蒸しの素の冷凍品が流通している．

b．伊　達　巻

魚のすり身と卵液を練り合わせ，しょ糖とだし汁を加えて四角い鍋で両面を焼き，すだれに巻いて筒状としたものである．関東ではおせち料理の一品として，関西ではうどんやそばのトッピング，鮨ねたとして食べられている．

すり身を加えず柔らかく焼き上げた卵焼きにだし巻き卵がある．卵液にだし汁を加えて四角い鍋に入れ，表面が柔らかいうちに端から巻いていく．冷蔵品が流通している．

c．錦　糸　卵

家庭では卵液に食塩，しょ糖で味付けして四角い鍋で薄く焼きシート状にしたもの（薄焼き卵）を千切りにして作ることができる．シート状のものは茶巾鮨に，糸状のものはちらし鮨や冷やし中華などのトッピングとして利用される．

多量に製造するには調味された卵液をベルトコンベアーに薄く広げ，移動させながらマイクロ波を照射して加熱と一部の乾燥を行う．厚みは1mm程度と薄い（図3-27左）．乾燥錦糸卵は常温流通が可能である．江戸時代の卵の料理書『万寶料理秘密箱前編』に記載されている「金糸卵」は，卵白に金箔粉を振り混ぜて四角い鍋で加熱凝固させ薄切りしたもので，文字通りの黄金入りの卵である．

d．ボイルエッグ（ロールエッグ）

卵液にでんぷんなどを添加してプラスチック製のケーシング袋に充填しボイルしたもので，輪切りにしてトッピングにしたり，細かく砕いてタルタルソース用の具材とする．卵液も全卵や卵白，円柱状に固めた卵黄ゲルを中心にして回りを卵白で固めたものなどがある．これは輪切りにすると金太郎飴のようなゆで卵状になり，麺類やカレーライスなどのトッピングに使われる．

e．インスタント卵スープ

凍結乾燥法を利用した卵製品で，卵液にでんぷんや調味料を配合してとじ卵様のフレーク状に加工し，調味料やワカメなどの具材を加えて小さな容器に入れ凍結乾燥する．和風味，中華味などがあり，状態はスープというよりかき玉汁，卵とじ汁の澄まし汁である．凍結乾燥法で製造された卵スープは非常に熱水復元性がよく，食感もソフトである．包装形態と分散状態を図3-27右に示す．

図 3-27　乾燥錦糸卵（左）とインスタント卵スープ（右）

f．卵　具　材

カップラーメンなどに入れられたスクランブルエッグ状の乾燥品やふりかけ食品の具材の一種として，顆粒状の卵の乾燥品が作られている．卵液と粉末卵，でんぷん，調味料などの副原料を配合して，連続的なマイクロ波加熱機（電子レンジ）で焼成および予備加熱を行い，次いで必要な大きさにして仕上げ乾燥を行う．マイクロ波加熱は内部からも水分が蒸発してスポンジ状になるため，具材が熱湯で短時間に復元し，食感のよいものができる．マイクロ波による連続製造の様子を図 3-28 に示す．

g．メレンゲ

卵白の起泡性を利用したもので，しょ糖を添加するほど泡の安定性が高くなる．

図 3-28　マイクロ波加熱機

洋菓子のトッピングに用いる．泡立てた卵白に溶かしたゼラチン，しょ糖を撹拌して作るのがマシュマロで，ゼラチンのかわりに寒天を使用すると淡雪羹になる．江戸時代の淡雪卵は卵白を泡立てて蒸した料理である．

h．カスタードプディング

わが国では単にプリンともいう．卵液に牛乳，しょ糖を加えて溶かし，容器に入れて加熱凝固させる．基本的な配合は卵：しょ糖：牛乳＝20：15：65である．プリン液にでんぷんなどを加えてから加熱してのり状にしたものをカスタードクリームといい，シューに注入してシュークリーム（シュー・アラ・クレーム）にする．これもプリンの素が冷凍品として流通している．これを解凍し，牛乳と混ぜて加熱するとプリンができる．

(3) 調味料（マヨネーズ類）

マヨネーズは日本農林規格（JAS）のドレッシングに分類される半固体状の乳化調味料で，製品名にマヨネーズと記載するには必須原材料として「鶏卵（卵黄又は全卵）を使用すること」と規定されている．類似のサラダクリーミードレッシングも卵黄の使用が義務付けられている．調味料というと味噌，醤油，食酢，ウスターソースのように液状もしくは半固体状の水溶性のものが一般的であるが，マヨネーズはJASで食用植物油脂の含有率が65重量％以上であることと規格されているように，油脂の多い調味料である．マヨネーズはこの植物油を卵黄や全卵で水中油滴型に乳化し，食酢や食塩の防腐作用により常温で長期の保存性を確保している珍しい調味料である．マヨネーズは油分が多いが半固体状なので食べる調味料として，また水中油滴型で水に分散するので調味料としてさまざまな用途に使えることから，「マヨラー」と呼ばれるマヨネーズ愛好者もいるほどである．マヨネーズの顕微鏡写真を図3-29に示す．粒子径は数μmである．また，粒子の走査型電子顕微鏡写真では，丸い油滴に卵成分が吸着しているのがわかる．

水中油滴型乳化では，油脂分が多くなると最密充填という状態になり粘度が高くなるという物理現象が起きる．油滴粒子が小さくなると膜面積が増えるので，粒子間の摩擦が増えて粘度が高くなる．同じ配合でも手作りでは粒子が大きいので粘度が低い．また，凝固性の項でも述べたが，酸性では卵たんぱく質の凝固性により固化してくるので，半固体状となる．マヨネーズと呼べる粘度は30 Pa・s（パスカル・秒）

図 3-29　市販卵黄型のマヨネーズの粒子写真（左）と電子顕微鏡写真（右，SEM）

右図中のバーは 1 μm.（写真提供：キユーピー（株））

表 3-13　マヨネーズの配合例（重量%）

	卵黄型	全卵型
食用植物油脂	70	76
卵　黄	15	—
卵	—	13
醸造酢	12	9
調味料，香辛料	3	2
合　計	100	100

以上である[注)].

マヨネーズに使用される卵には卵黄と全卵がある．配合例を表 3-13 に示す.

醸造酢中の酢酸と調味料の食塩は，腐敗しやすい卵黄や全卵に溶けていて食用植物油脂にほとんど溶けないため，卵の中では高濃度で存在している．そのため腐敗しない．しかし，手作りのマヨネーズなどで防腐性を考慮せずに低酸味，低塩味にすると腐敗や食中毒菌の増殖の可能性が出てくるので，注意が必要である.

8．鶏卵成分の機能性と健康への寄与

鶏卵は牛乳と並んで有史以前から人類の食品として利用されてきた栄養学的にもきわめて優れた食品の１つであるが，両者の生物学的な役割は異なる．牛乳は生育に必要な栄養成分を子牛に与えるものである．一方，鶏卵（受精卵）からはふ化条件さえ整えばヒヨコが生まれる．すなわち，卵はカプセルに入った休止

注）1Pa･s は 1,000mPa･s（ミリパスカル・秒）で，20℃の水の粘度は約 1mPa･s である.

生命体で，次世代の生物を作るために必要なあらゆる物質を，必要にして十分量，備えている．近年，鶏卵成分の単離と生理機能の解明が進み，鶏卵は単に食用としてのみならず，多くの生理活性物質の有用資源として注目されている．ここでは，鶏卵に含まれるさまざまな機能成分の中で，実際の食品や医薬品として利用されている有用成分について説明する．

1）リゾチーム

(1) その発見と溶菌活性

リゾチーム（Lysozyme，EC 3.2.1.17）は動物の組織や血清，涙，ミルク，子宮けい管粘液，鶏卵卵白などに存在する溶菌酵素である．その発見は古く，1922年に風邪気味のAlexander Fleming博士が鼻水を寒天培地上へ落とし，後日，そのプレート上の細菌が溶けていた現象から発見された．

リゾチームは*Micrococcus lysodeikticus*や*Bacillus subtilis*など，多くのグラム陽性菌に対して強い溶菌活性を有する．これらのグラム陽性菌は細胞壁の周りに外膜構造がなく，細胞壁の構成成分であるペプチドグリカンのβ1-4結合がリゾチームにより直接加水分解される．そのため，細胞壁の機械的強度が低下し，細菌は細胞内浸透圧に耐えられなくなり溶菌する．一方，グラム陰性菌は細胞壁の外周部にリポたんぱく質，リポ多糖，リン脂質から構成される外膜構造を有し，これにより守られた細胞壁のペプチドグリカンはリゾチームで溶菌されない．

(2) 食品分野での用途

卵白リゾチームの応用は，特に日本において多くの研究開発がなされ，現在，食品保存剤（日持ち向上剤）として利用されている．その抗菌効果の報告例をいくつか示すと，卵白リゾチームは清酒を白濁させる乳酸菌の一種である火落菌に対して0.002％という濃度で強力な発育阻止性を示す．また，ウインナーソーセージへの応用では，リゾチームとソルビン酸を併用して，30℃保存でソルビン酸単用のものより2～3日の日持ち向上効果がある．特に，リゾチームとグリシンの併用は抗菌性に相乗効果があり，ポテトサラダやカスタードクリームの日持ち向上剤として多用されている．その他，魚介類，畜肉類の鮮度保持剤として，また豆腐，麺，蒲鉾などの日持ち向上剤として，リゾチーム単独またはグリシン，中鎖脂肪酸モノグリセライドなどとの併用効果が実用化されている．

海外では，特にヨーロッパにおいて，卵白リゾチームがエダムチーズ，ゴーダチーズなどの半硬質チーズ製造時の酪酸発酵の抑制に利用されている．卵白リゾチームに対して，チーズの汚染菌（酪酸産生菌，特に *Clostridium tyrobutyricum*）が高感受性であるが，多くの有用乳酸菌が非感受性であることが応用されている．

(3) 医薬分野での用途

リゾチームは免疫機能の増強作用，細菌やウイルス感染症による炎症の抑制作用などを示し，「内因性の抗生物質」ともいわれている．日本では，卵白リゾチームの塩化物（塩化リゾチーム）配合の風邪薬が抗炎症剤として薬局および薬店で市販され，一般家庭の常備薬として利用されている．また，リゾチームの薬理作用は，溶菌活性のみならず，白血球の食菌能増強（抗炎症作用），免疫能増強（体液性抗体の増加），抗生物質増強（抗生物質の作用を受けた細菌の溶菌を速める），炎症時の組織修復促進（線維芽細胞の増殖を促進）などが知られている．このような薬理作用を示す塩化リゾチームは医科向けの医薬品としても販売されている．

2）鶏卵卵黄抗体（IgY）

動物は体内に侵入してきた細菌，ウイルス，異種たんぱく質などの非自己物質（抗原）に対して，それらと特異的に結合する抗体（免疫たんぱく質）を血液や体液中に産生し，抗原の感染力や毒性を消去する生体防御機能を有する．抗体は Immunoglobulin（Ig）と呼ばれる一群の免疫たんぱく質で，魚類以上の動物の体液（血液，唾液，鼻腔液，乳汁など）や卵中に存在する．哺乳類の抗体は5つのクラス（IgG，IgM，IgA，IgD，IgE）があるが，鳥類（鶏）の血液には，哺乳類の IgG，IgM および IgA に相当する抗体が存在する．これらの抗体は卵中にも存在し，卵白には IgM と IgA が，そして卵黄には IgG のみが含まれる．卵黄中の抗体は卵黄抗体（IgY）と呼ばれている．

鳥類は親鳥が獲得した免疫を子孫に伝えるため血液抗体を卵黄に移行し蓄積する．したがって，産卵鶏を免疫動物として利用すれば，さまざまな抗原に対する特異的抗体を鶏卵中に産生できる（図 3-30）．現在，特異的抗体（IgG）の調製

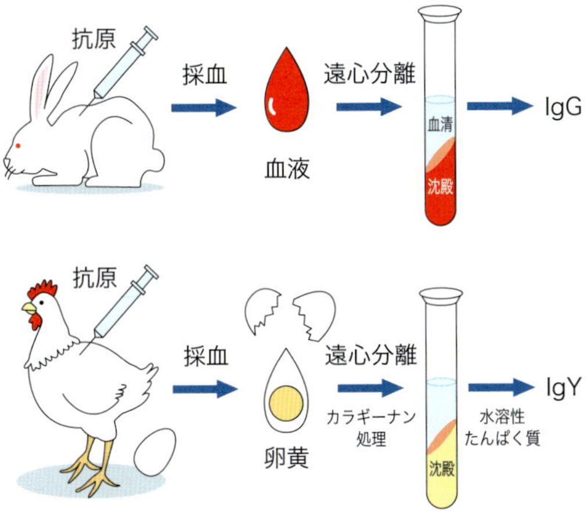

図3-30　免疫抗体調製法の比較

はウサギ，山羊などの哺乳動物を抗原で免疫し，それらの血液から精製され，主に抗毒素血清（毒素中和医薬品）や臨床検査薬用抗体として利用されている．これに対し，鶏卵から特異的抗体を得る方法は，採血の必要がなく，鶏は大量飼育が可能で飼育コストが安く，産卵鶏1羽が1年間に産卵する卵からウサギ約30匹分の血液IgGに相当するIgYが得られるなどの利点を有し，従来法にかわる特異的抗体調製法として注目されている．また，食品である鶏卵から大量の特異的抗体が得られることから，その新しい利用法として，感染症の病原体に対するIgYを摂取することにより，口腔内や消化管内の病原体付着感染を予防する利用法が実用化されている．

(1) 検査試薬としての利用

鶏卵卵黄から調製される特異的抗体IgYは，ウサギや山羊などの血液IgG抗体のかわりに研究試薬や臨床検査薬用抗体として利用することができる．例えば，IgY抗体を用い，ヒト血清中のIgG抗体およびIgM抗体の定量法や，病原性ウイルス（インフルエンザウイルス，パピローマウイルス，ロタウイルスなど）や植物病原ウイルスの検出法に関する報告がある．また，プロスタグランジン，活性型ビタミンD，オクラトキシンAなどの低分子抗原に対するIgYが，それらの免疫学的定量に有用であったとの報告もある．さらに，ヒトの血漿カリクレイン，トランスフェリン，肝細胞成長因子などに対するIgYが調製され，その臨床検査試薬への応用が検討されている．さらに，従来，哺乳動物間では抗原性が低く，抗体の調製が困難であった抗原に対しても鳥類を利用すれば高力価の特異的抗体の調製が可能で，RNAポリメラーゼⅡ，ヒトインスリン，副甲状腺ホルモン，ヒトパピローマウイルスのがんたんぱく質などに対するIgYが調製され，臨床検査薬としての利用が検討されている．また最近，鶏モノクローナル抗体の作成法が開発され狂牛病(BSE)の原因となる変性プリオンに対するIgYが調製され，狂牛病検査への応用が可能となった．今後，鶏卵抗体（IgY）のみならず鶏モノクローナル抗体の利用も期待される．

(2) 受動免疫抗体としての利用

免疫機能を利用する生体防御には，能動免疫と受動免疫という概念がある．能動免疫は予防接種として古くから実用化され，感染力をなくした抗原（ウイルス，細菌など）を体内に接種して，血液中に特異的抗体を作らせ，生体防御に役立てる方法である．一方，外部から直接，抗体を投与し，生体防御に役立てるのが受動免疫の概念である．抗毒素血清や抗菌血清を注射して毒素の中和や感染症を治療する血清療法が受動免疫の応用例である．

鶏卵抗体を用いた受動免疫としては，それを直接体内に投与する方法（血清療法），および経口的に摂取する方法（経口受動免疫法）がある．血清療法としては，鶏の法定伝染病であるニューカッスルウイルス病の予防や，ヘビやサソリ毒素の中和が検討され，IgY抗体の有用性が確認されている．一方，経口受動免疫法は，皮膚，口腔内，消化管内の局所に病原体が付着して発病する，いわゆる付着感染の予防に効果的である．例えば，アクネ菌（*Propionibacterium acnes*）に対する特異的IgYはニキビ菌の増殖を抑制する効果を有し，ニキビの予防抗体として期待されている．また，虫歯菌（*Streptococcus mutans*）に対するIgYは，虫歯菌の歯面への付着を阻害してプラーク形成を抑制するため，虫歯予防抗体として食品に配合されている．近年，胃潰瘍や胃がんを起こすピロリ菌（*Helicobacter pylori*）に対するIgYが調製され，経口投与によるピロリ菌の除菌抗体としてヨーグルトに添加され，日本のみならず，韓国や中国でも販売されている．さらに，ヒトロタウイルス（乳幼児の下痢症病原体）に対するIgYを小児下痢症患者に経口投与する臨床試験が実施され，IgY の下痢症予防効果が確認されている．

3）卵黄脂質と卵黄リン脂質（レシチン）

鶏卵卵黄は約 30％の脂質を含み，その 65％が中性脂質で，30％がリン脂質，約 4％のコレステロールからなり，そのリン脂質の 84％がホスファチジルコリンである．食品業界では一般的に食品由来のリン脂質をレシチンと総称している．ダイズレシチンと卵黄レシチンが代表的であるが，ホスファチジルコリン含量は卵黄レシチン（84％）がダイズレシチン（33％）と比較してきわめて高い．

卵黄脂質には乳化作用や保湿作用があり，食品や化粧品用の乳化剤や保湿剤として利用されている．また，卵黄脂質にはヒトの体細胞や脳神経細胞の構築，および修復を促進する役割が期待され，日本では古くから卵油として販売されている．海外の研究では，高齢者のボランティアに対して，卵黄脂質の調製物（Active Lipid，AL721）を 3 週間，毎日 10g ずつ摂取した結果，白血球の免疫活性が顕著に高まったとの報告がある．AL721 の摂取により，老化に伴い細胞膜の流動性が低下した細胞が修復されると考えられている．

卵黄脂質には，多価不飽和脂肪酸，特に n-3 系のドコサヘキサエン酸（DHA）と n-6 系のアラキドン酸（AA）が存在するため，育児ミルク用の脂質源として利用されている．両者は新生児や乳幼児の脳や網膜の発達に必要な脂肪酸であり，母乳中にはバランスよく含まれる（AA ＝ 0.28 ～ 0.60％，DHA ＝ 0.22 ～ 1.0％）．通常，成人では摂取したリノール酸や α - リノレン酸が生体内で酵素的代謝によって AA や EPA および DHA に変換される．しかし，乳幼児期や高齢者はこの変換酵素の活性が著しく弱く変換されない．そのため，育児ミルクへ AA と DHA を，母乳に含まれているバランスと同様に，配合することは意義深い．

卵黄リン脂質の生理機能としては，血清コレステロール低下作用が注目されている．また，卵黄リン脂質中のホスファチジルコリンは神経伝達物質であるアセチルコリンの前駆体として注目されている．アルツハイマー型の認知症患者では，脳内のアセチルコリン量が顕著に減少している．その治療を目的として卵黄リン脂質の経口投与で，脳内のコリンやアセチルコリン濃度が顕著に増加する結果が得られている．さらに，アルツハイマー型の認知症患者に卵黄リン脂質とアセチルコリン合成酵素の活性を高めるビタミン B_{12} を併用した臨床試験でも，65％の患者に改善効果が認められた．

また，卵黄リン脂質の優れた乳化性は，手術前後の栄養補給剤として処方される静脈脂肪乳剤（医薬品）の調製に用いられている．さらに，人工的に調製したリン脂質２重層の内側に水溶性の薬物を封入したリポソームが開発され，がん細胞に選択的に薬剤を導入するターゲット療法への応用研究が進められている．

４）シアル酸とシアリルオリゴ糖

動物細胞はたんぱく質や脂質と結合した糖鎖に覆われている．その糖鎖は数種類の糖から構成され，その非還元末端に酸性糖のシアル酸が存在する．シアル酸は細胞表面のレセプター糖鎖の機能，細胞膜の負電荷性や細胞間の情報伝達や接着機能など，種々の生理作用に関与している．

鶏卵には 1kg 当たりに約 0.5g のシアル酸（炭素数９の酸性糖）が含まれ，特にカラザや卵黄膜はシアル酸含量が高い．しかし，その絶対量は卵黄に多く，鶏卵全体のシアル酸の約 80％が卵黄に存在する．その存在形態は，卵白中のオボムシンや卵黄中のホスビチンなどの糖たんぱく質の糖鎖末端を構成している．近年，シアル酸の誘導体を化学的，酵素的に合成することが可能になり，インフルエンザウイルスのシアリダーゼ阻害剤として合成されたシアル酸誘導体は感染細胞からのインフルエンザウイルスの出芽を阻害し，抗インフルエンザ薬（リレンザ）として日本でも利用されている．

また，卵黄中にはシアル酸を結合したシアリルオリゴ糖ペプチドが多く存在する．その生理機能としては，ロタウイルス感染阻害活性や乳児期のラットに経口投与した場合の学習能力の向上に関する研究がある．ロタウイルスは小児性下痢症の最大原因ウイルスであるが，卵黄由来のシアリルオリゴ糖を飲ませた乳飲み子マウスにヒトロタウイルスを感染させた実験では，下痢の発生が有意に抑制された．

脳や中枢神経系にはシアル酸が糖脂質や糖たんぱく質の構成糖として多量に含まれている．その量が乳児期に急激に増加することから神経組織の機能発現や発達に重要な役割を果たすと考えられている．卵黄由来シアリルオリゴ糖を乳児期のラットに飲ませ，迷路実験で学習能力を検討した結果，シアリルオリゴ糖投与群は対照群に比べてゴールへの到達率が高くなり到達時間が有意に短くなった．

5）卵たんぱく質由来のペプチド

近年の栄養学では，アミノ酸よりそれらが２～４個結合したペプチドを摂取する方が腸管から迅速に吸収されることが知られている．そして，食品たんぱく質由来のペプチドが傷病者および手術後の経口・経管流動食や過激なスポーツ後のアミノ酸補給飲料として利用されている．鶏卵たんぱく質は，卵白および卵黄ともに必須アミノ酸量を充足し，栄養価が高くペプチド原料として優れている．

現在，卵白を食品用酵素で加水分解して調製した卵白ペプチドや卵黄油抽出残渣の脱脂卵黄たんぱく質から調製した卵黄ペプチドが市販されている．これらのペプチドは，加水分解時に苦味の発生が少ない酵素を利用して低分子化されたもので，アレルゲン性が低減化もしくは消失し，溶解性に優れ，耐熱性を有し，飲料用としての理想的な素材といえる．

ペプチドの利用としては,その栄養機能のみならず生理機能も注目されている．鶏卵たんぱく質由来のペプチドでは,オボアルブミン由来ペプチド（オボキニン）の血圧降下作用，ホスビチン由来ホスホペプチドのカルシウム吸収促進効果，オボムチン由来硫酸化糖ペプチドのマクロファージ活性化効果や抗腫瘍効果，グラム陰性菌にも抗菌活性を示す卵白リゾチーム由来のペプチドなど，種々のペプチドが見出され，その研究開発が進められている．

9．卵の生産と消費および流通

1）卵類の種類とその特徴

卵類には家禽に属する鳥類の卵が含まれる．家禽とは，鶏，鶉，アヒル，鵞鳥,七面鳥,ホロホロ鳥,はと,ダチョウである．鶏卵が卵の約 70%を占めるので,生産，流通，加工，販売，消費過程から鶏卵を中心として述べる．

(1) 生 産 過 程

鶏の卵には品種により，白色レグホーン卵，名古屋コーチン卵などでの呼び名がある．また，鶏卵には卵殻色により白色，褐色，淡褐色および青色卵に分けられるが鶏種と関係している．白色レグホーン系の白色卵，地鶏系の褐色卵さらにアローカナなどの青色卵や淡白色卵などがある．

飼養目的によって育種用には，種卵，さらに有精卵，孵化用卵（hatching egg）と食用卵に分けられる．食用卵にはEUでは食品ラベル法により，飼養方式に基づき平飼卵（deep litter eggs），ケージ卵（cage eggs），放し飼い卵（free range eggs），有機卵（organic eggs）が表示されていて，アニマルウエルフェア法により2012年からはケージ飼育が禁止される．日本では自然卵，庭先卵，地鶏卵などがある．さらに，飼料に栄養成分を添加し，卵への成分移行強化の観点からブランド卵化が図られている．これにはヨード強化卵や鉄，ビタミン強化卵などがある．飼養過程では産卵開始初期の鶏がたまに産む二黄卵の他，無殻卵や軟殻卵がまれに産卵される．

（2）流通過程

農場で生産された卵はGPセンター（grading and packing center）と呼ばれる鶏卵の選別包装施設に送られる．ここで洗卵されたものは，卵の重量により表3-8のように６区分される．これらはLL，L，M，MS，SおよびSSに分けられ．L玉，M玉とも呼ばれる．ヨーロッパのように洗卵しない場合は無洗卵と呼ばれる．出荷の際に保冷して輸送する場合と常温で輸送する場合がある．前者は保冷卵，後者は常温流通卵と呼ばれる．また，鮮度によって新鮮卵（fresh egg），非新鮮卵に分けられる．殻付き鶏卵は賞味期限により，液卵は消費期限により区分される．

（3）消費・加工過程

食卓卵はその調理方法により，生卵，完熟卵，半熟卵（または温泉たまご）に分けられる．わが国の生卵消費が多いことは，その新鮮性から各地の地場消費を特徴としている．そのため，小売店であるスーパーマーケットやコンビニエンスストアでは朝取り卵（one day eggs）と呼ばれて販売される場合がある．さらに，加工過程で鶏卵は殻の有無により，殻付き卵（shell egg），割卵された第１次加工卵に分けられる．第１次加工卵は液卵（liquid egg），凍結卵（frozen egg），乾燥卵（dried egg，powder egg）などがある（☞図3-22）．貯蔵卵には燻製卵，塩卵（salted egg）など味付け卵がある．

2）世界の鶏卵生産と消費量

(1) 世界の鶏卵生産量と地域別分布

世界の鶏卵生産量を示す指標は国によって異なる．日本は重量であるが欧州ではダース単位である．個数単位を重量単位に換算すれば2012年に6,637万tで，豚肉，鶏肉より少ないが牛肉の生産量よりやや多い．大陸別分布を見ればアジアが占める割合は最大で59.1%，ヨーロッパが15.9%，北アメリカが13.4%，南アメリカが6.6%，アフリカが4.5%，そしてオセアニアが0.4%であった（表3-14）．しかし，この状況は2000年以前では，例えば1970年では欧米など先進国の生産量が半分以上を占めていたが，2000年以後，新興工業国や発展途上国の生産が高まり，前者から後者へと立地移動したものである．鶏卵生産量は，家鴨卵，鵞鳥卵，七面鳥卵を加えると6,800万tであった．七面鳥飼育はその70%が欧米で，ガチョウや家鴨など水禽類はアジアで88%が飼養されている．

鶏卵生産量の多い10大国を国順に見れば中国が2,450万tで1位，アメリカ合衆国が2位で544万t，インドが3位で360万t，日本は251万tで4位である．次いで，ロシア，メキシコ，ブラジル，ウクライナ，インドネシア，トルコなどが続いている．鶏は世界全体で200億羽が飼育され，鶏卵生産が拡大していることには飼料転換効率もよく，生産性が高く，またあらゆる宗教に受け入れられ，人々に親しまれていることから，南極大陸以外すべての大陸，バチカン市国以外のすべての国で，飼養されているところに特徴がある．

(2) 鶏卵消費量

1人当たり鶏卵消費量は世界平均で2005年に9.8kgであるが，アジアは10kg，欧州は13.9kg，北米では15.3kgであった．わが国は1人当たり20kgであり，先進国でもトップのグループに属している．

1人当たり鶏卵消費量が多い国順に10大国を見れば，メキシコが352個で第1位，マレーシアが343個で第2位，日本は329個で第3位である．第4位はロシアで285個，アメリカ合衆国，アルゼンチン，そして中国，デンマーク，コロンビア，オーストリアと続いている．鶏卵消費は新興工業国での所得の向上に伴う動物タンパク需要に対し，栄養価が高くまた手ごろな価格から，先進国を

表 3-14　1970 年と 2012 年の間における大陸別に見た世界の鶏卵生産の発展と大陸別割合（単位：1,000t）

大　陸	1970	2012	増加率（%）	割合（%）
アフリカ	592	2,992	505	4.5
アジア	4,630	39,221	847.1	59.1
ヨーロッパ	8,290	10,579	127.6	15.9
北アメリカ *	4,731	8,894	188.0	13.4
南アメリカ	1,055	4,398	4,168.7	6.6
オセアニア	242	289	119.4	0.4
世　界	**19,541	**66,373	339.7	100.0

*カナダ，メキシコおよびアメリカ，** 小数処理の誤差あり．

（H. W. ヴィントフォルスト（著）：「食肉・鶏卵生産のグローバル化」に 2012 年を加える）

表 3-15　鶏卵生産トップ 10 大国（2012）と 1 人当たり消費量の 5 大国（2015）と最小の 5 か国（2014）

国　名	10 大生産国（1,000t）	国　名	1 人当たり鶏卵消費量（個）
中　国	24.500	メキシコ	352
アメリカ合衆国	5.435	マレーシア	343
インド	3.600	日　本	329
日　本	2.507	ロシア	285
ロシア	2.334	アメリカ合衆国	261
メキシコ	2.318		1 人当たり鶏卵消費量（最小国）
ブラジル	2.084	モザンビーク	4
ウクライナ	1.093	ボツアナ	32
インドネシア	1.059	ジンバブエ	42
トルコ	932	マラウイ	45
		ナミビア	96

（FAO database および IEC（International Egg Commission）の Annual Review 2015 より作成）

しのぐ鶏卵消費量を実現している．また，宗教的な制約がないことから開発途上国で消費が拡大している．他方，低開発国の鶏卵消費量はきわめて低く，開発援助が望まれている．それらの国はモザンピーク，ボツアナ，ジンバブエなどのアフリカ諸国である（表 3-15）．

3）日本の鶏卵生産と消費および流通の特徴

（1）鶏卵生産の特長

日本の鶏卵消費量は 1998 年（平成 10 年）に 254 万 t で，最近 10 年間は 250 万 t 台である．鶏卵生産量は 1970 年（昭和 45 年）に 150 万 t, 1980 年（55

年）に200万t，そして1992年（平成4年）に257万tとなり，以来2010年（22年）まで250万t台である．1羽当たり産卵数は約14kgであるので，鶏飼養羽数は1億5,000万羽が飼養されている．日本の人口は1億2,700万人で1人当たりの鶏卵消費量と鶏1羽当たりの産卵量が，ほぼ相関する．

鶏卵は新鮮卵需要が多く，非貿易商品であることから1965年（昭和40年）代には東海道ベルト地帯の都市近郊で飼養されていた．しかし，アメリカからの飼料穀物輸入のため，パナマックス型のタンカーが入港できる鹿児島港や八戸港を中心として鶏卵産地が発達し，鶏卵生産の南北分化が始まったが，現在は人口の多い都市周辺地域に多い．すなわち，鹿児島県が1位であるが2位以下は茨城，千葉，愛知，広島の各県が上位5県を占めており，主要な鶏卵産地となっている．

(2) 鶏卵消費

わが国の鶏卵消費量は量的規模において世界のトップクラスであるが，消費志向は西高東低である．特に，大阪を中心とした関西は赤玉（褐色卵）が，東京など関東では白色卵需要が多い．なお，ニューヨークでは白色卵が，ボストンでは褐色卵需要が高い．

他方，鶏卵は重量により，大玉，中玉，小玉と分けられているが，小売店でパック販売されるために中玉が多い．小玉の需要が多いのは中京市場であり，関東と関西市場では大玉需要が多い．

(3) 鶏卵流通の特徴

鶏卵は鶏舎から連結または分離された選別包装施設（GPセンター，grading and packing center）を通して小売店（スーパーマーケット，general merchandaising store，GMS）やコンビニエンスストア（convenience store，CVS）に輸送され，そこで販売される．GPセンターでは洗卵され，選別されて食卓卵と割卵される加工卵（液卵）に分けられる．食卓卵はパック詰め（パック卵）されて小売店に搬送され販売される．GPセンターでの液卵や液卵工場での液卵は，全卵，卵白，卵黄に分けられ，凍結した液卵または粉卵にされ，原料として食品工場または貿易用に仕向けられる．わが国における鶏卵消費は家庭購入仕向けと，外食産業や加工品を含む家庭以外の消費に分けると，前者は48％で後者が半分以上である．鶏卵の国内自給率は95％台を推移している．しかし，飼料の自給率を勘案すると鶏卵の自給率は10％とみなされている．

(4) 卵価形成

鶏卵の需要と供給が合致することにより卵価格は形成されるが，これは一般に経済学でいう「需要供給の法則」による．しかし，卵価は最大の荷受であるJA全農により毎日売り切れる価格を東京価格として発表し，東京の他，全国５市場（札幌，仙台，名古屋，大阪，福岡）で原則として毎日発表されている．ここで発表される価格は卸売り価格と呼ばれ，これを基準として荷受業者と小売業者が相対取引きを行う．したがって，卸売り価格から輸送費やマージンを差し引いた生産者価格と，小売店までの輸送費とパッキング材料費を加えた小売価格が形成される．生産者価格と卸売り価格はkg当たりに表示され，小売価格は６個または10個入りパック詰めの個数価格である．日本の鶏卵消費は１人当たり330個と世界的に高水準であるばかりでなく，生卵で消費されることに特徴がある．

卵価格は年次的にも，また季節的にも変動が大きい．日本の鶏卵消費の半分は加工食品または外食産業における消費であるため，卵価の変動は経営計画にも収益にも大きく影響する．その意味で，先物価格を中部・大阪商品取引所が発表してきた経緯もあるが現在は中止している．先物卵価格があらかじめ決められていれば，経営計画が容易となる．６ヵ月先の鶏卵価格予測は現在では難しいが，現時点での初生雛発生羽数がどれだけかによって，数ヵ月後の産卵鶏羽数や産卵量は容易に計算できる．それによって卵価の予測が可能である．しかし，この先物価格制度も参加者数の減少によって廃止となった．むしろ，第１市場である新鮮卵市場（殻付き卵）に対して売れ残った場合の第２市場である加工卵市場の開設により，卵価格を安定させ，産業を安定化することが大切とされている．そのため，卵荷受けセンターが設けられている．

最近のトピックスと諸問題

◆ 乳および乳製品 ◆

乳および乳製品と健康…食品の栄養価の表示には，古くからカロリー表記がある．炭水化物およびたんぱく質は 4kcal であり，脂肪は 9kcal である．また，200ml の牛乳は約 140kcal である．1950 年代を基準にすると，わが国の経済成長に伴い，乳および乳製品の摂取が現在では約 20 倍以上に増加し，カルシウム（Ca）を除いてすべての栄養素は基準量以上を摂取しており，日本国民は栄養学的に問題は少ない．むしろ，カロリーの過剰摂取とメタボリックシンドロームや生活習慣病の観点から問題視される場合が多い．近年，食品の栄養摂取の概念では，100kcal 当たりの各栄養素のバランスのよさから考える「栄養素密度」が重視される．生活習慣病を防ぐ観点からも，いかに過剰なカロリーをとらずに，十分量の栄養素をバランスよく摂取するかという考え方に基づいている．牛乳はこの栄養素密度がきわめて高い食品であり，200ml の摂取で，成人女性（18 ～ 29 歳，1,800kcal）の 1 日栄養所要量である Ca の 37.8％，リンの 27.4％，ビタミン B_2 の 31％などが摂取でき，しかもカロリーは 7.7％と低く，乳を積極的にとることの意義は大きい．実際に，日本人の大半は Ca の摂取量が慢性的に不足しており，老年期の骨粗鬆症の危険性が高いので，積極的に乳 Ca をとることが推奨される．2010 年からは，Ca 摂取は目安量や目標量から「推奨量」を目指すことに変更となった．Ca は最も吸収率が高いとされる牛乳で約 40％であり，日々の積極的な摂取が望まれる．

また，乳 Ca が脂肪細胞を燃焼させせることによる抗肥満効果も報告され，乳および乳製品により将来的なメタボも予防できることが報告されている．さらに，チーズ中の Ca は，う食で脱灰した部位を補修したり，う食原因菌の付着を抑えるなどの「抗う食効果」があり，2003 年に WHO はチーズを「抗う食食品」と認定している．

牛乳の無脂乳固形分で最も多いのが乳糖（ラクトース）である．この成分は小腸の β - ガラクトシダーゼ（ラクターゼ）により完全には消化されにくい特性がある．小腸で加水分解を免れた一部の乳糖は，大腸に移行して腸内乳酸桿菌やビフィズス菌の炭素源となり，乳酸や酢酸を生成し，腸内菌叢バランスを改善して整腸作用をもたらす．しかし，加齢に伴い乳糖を分解する酵素が小腸から減少し，消化されない大量の乳糖が大腸に移行して不快症状（下痢，ガス産生，腹痛）を呈する「乳糖不耐症」が日本人には多い．牛乳でこの症状が出る場合は，より乳糖含量の少ないヨーグルト，さらにはほとんど乳糖を含まないチーズに移行するとよい．最近では，乳酸菌発酵時に，同時に酵母由来の β - ガラクトシダーゼを添加して乳糖含量を減らし，甘みを増加させた新しいヨーグルトも市販されている．

乳糖が消化されにくいという特徴は，乳や乳製品が摂取後に急激に血糖値をあげない，すなわち低GI（glycemic index）食品であることを示す．GI値は，ブドウ糖を100とした場合の血糖上昇率を示し，牛乳やヨーグルトのGI値はわずか25であり，60以下は低GI食品である．食パン（91）や白米（81）の高いGI値も，牛乳と一緒に摂取することで値を下げることが可能となる．糖尿病の管理対策としても乳および乳製品の利用はきわめて有用である．

乳へのメラミン混入事件…2008年，中国の乳業会社である三鹿集団の育児用調製粉乳（粉ミルク）から，樹脂原料の有害物質メラミンが検出された．腎不全で3人の乳児が死亡，6,000人以上が入院し，全国で約30万人の乳幼児に健康被害が出た．その後，中国三大乳業の蒙牛，伊利，光明などの市販牛乳からも同成分が検出され大問題となった．これは，酪農家から乳を集めて殺菌し，乳業会社に販売する「乳駅」と呼ばれる集乳組織に悪質な業者が存在したためで，水を加えて量をごまかす「加水」に対して，窒素分が高く検出されるようにメラミンを加えたことが原因と推定された．世界の多くの国では，赤外分光式多成分検出機を使用して乳成分を測定しているので，すぐにたんぱく質量の異常が判明するため心配はない．また，中国では2004年にたんぱく質含量の低い粉ミルクが消費されたことにより，多数の乳児に水頭症が発生して大問題となった．2011年初頭において，中国富裕層が好む高級粉ミルクは，ニュージーランドや日本産などの外国産が90%を占めている．

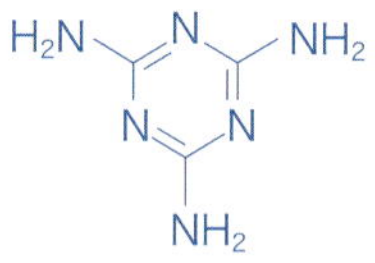

図　メラミン

サカザキ菌と調乳温度…粉ミルクに製造環境から混入する可能性のある *Cronobacter sakazakii*（サカザキ菌）は，乳児，特に未熟児や免疫不全児，低出生体重児を中心に「敗血症」や「壊死性腸炎」を起こすことがあり，重篤な場合には「髄膜炎」を併発することがある．2004年2月，FAO/WHOの専門家会議は，「サカザキ菌は70℃以上の温度で殺菌可能であること，何らかの理由で母親が母乳哺育をすることができないか母乳哺育を選択しない場合には，可能な限り殺菌済みで液状の市販の乳幼児用ミルクを使用するか，調製粉乳を調乳する際には，熱湯で溶かすか調製後に加熱する等の汚染のリスクを除去する手順で行うことが必要であること」と勧告した．財団法人日本乳業技術協会は，医療機関に対し粉ミルクの調乳に際して，80℃以上の熱湯による調乳または調乳後80℃にまで加熱したのち冷却する方法を推奨している．

乳アレルギー…乳糖が消化できないことにより不快症状が発症する乳糖不耐症とは異

なり，乳中のたんぱく質が原因で生じる「乳アレルギー」がある．牛乳アレルギーは，乳たんぱく質のカゼインおよびホエイたんぱく質により誘発される．2005年の厚生労働科学研究による即時型食物アレルギーの調査では，全体の15.9%を占める2番目に多いアレルギーである．特に，ホエイたんぱく質の約50%を占めるβ-ラクトグロブリン（β-Lg）は，人乳には含まれない成分であり，牛乳から作った粉ミルク中の主要アレルゲンとなる．β-Lgは，分子中に4つのSS結合と遊離のSH基を含み，摂取後に消化管酵素によるプロテアーゼ消化を受けずに吸収され，特殊抗体のIgEが作られたためと推定される．IgE量が一定の閾値を超え，アレルゲンとしての乳たんぱく質を摂取すると，肥満細胞が脱顆粒しヒスタミンやロイコトリエンなどの化学物質が放出され，種々のアレルギー症状が生じる．2008年6月以降に製造，加工，輸入される食品では，7品目（小麦，そば，卵，乳，落花生，えび，かに）は「特定原材料」として表示が義務付けられた．

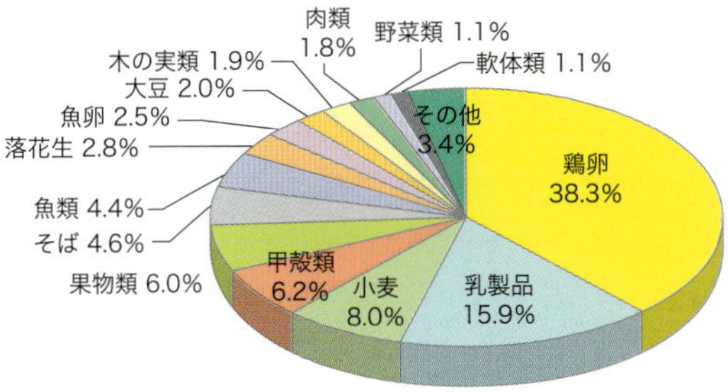

図　即時型食物アレルギーの調査結果
（厚生労働科学研究，2005より）

トランス型脂肪酸（トランス酸）…乳脂肪の約98%は，トリアシルグリセロールの形態で存在する．結合する脂肪酸は，パルミチン酸，オレイン酸，ミリスチン酸の順に存在比が高いが，トランス型脂肪酸として2～5%のバクセン酸（C18：1 trans-11）が含まれる．バクセン酸は，炭素数18のtrans-11-モノ不飽和脂肪酸であり，cis-バクセン酸のtrans異性体である．これは，反芻獣の第一胃内で牧草中の脂肪が消化される際に微生物の変換作用で生じる．近年，トランス酸の過剰摂取は，動脈硬化や虚血性心疾患の原因となる可能性が指摘され，問題視されるようになった．その結果，米国食品医薬品局（FDA）では，総脂質量に加えてトランス酸量を表示す

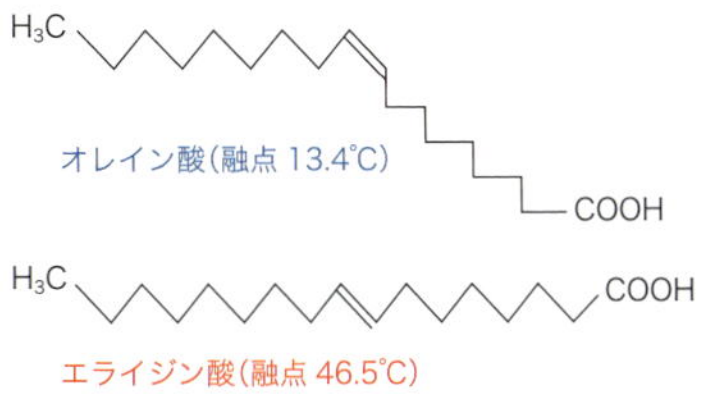

図　トランス脂肪酸の化学構造

ることを2006年1月より義務付け，その他にもデンマーク（2004年），カナダ（2005年），韓国（2007年）などが表示義務を打ち出した．不飽和脂肪酸に富むパーム油（液体）から水素添加法で製造したマーガリンやショートニング（固体）には，バターよりもはるかに高いレベルのトランス酸（エライジン酸）が存在するので，ドーナッツやケーキなどの過剰摂取には注意する必要がある．

乳牛の飼料とBSE問題…英国で大発生した牛海綿状脳症（BSE）は，羊のと体などの廃動物肉や脂肪を再利用した（レンダリング）肉骨粉に含まれる「異常プリオン」が原因であったと推定されている．乳の出がよくなるということで，肉骨粉は主に乳牛に与えられ，発生も乳牛で多かった．しかし，乳中に異常プリオンは分泌されないとされている．現在では，このBSE問題はほぼ収束して，肉骨粉の輸出も行われておらず，BSE牛の新たな発生は少ないが，異常プリオンの自然発生説もあるので，油断はできない．この問題は自然災害ではなく，「食肉の共食い」とも考えられる人為的な問題を含み，多くの教訓を残した．わが国は世界でも最も厳しい全頭検査を，現在もと畜場で行っている国である．

化学肥料を使用しない有機農法で栽培した飼料作物を与えて肥育した牛から搾乳した乳，あるいはその乳を使用した乳製品に，「オーガニックミルク」やAB（ヨーロッパ地域）と表記して訴求性を持たせている．また，遺伝子組換え作物を一切与えないで飼育した乳牛からの牛乳であることを訴求する場合もある．わが国の家畜飼料の自給率は，2005年度で純国内産飼料自給率は25.1%，粗飼料自給率が74.5%，濃厚飼料自給率は10.8%であり，多くの飼料穀物は海外からの輸入に頼っている（農林水産省データ）．わが国の粗粒穀物（トウモロコシなど）の輸入量は世界一の1,483万tであり，日本の畜産の海外依存度がきわめて高い点は問題である．これらの穀物の主たる輸入先は，米国，アルゼンチン，中国，カナダ，オーストラリアである．飼料穀物の世界的不足が想定される世界情勢から，遺伝子組換え（GM）技術を用いて，農薬や化学肥料をあまり必要としない新しい飼料作物（GMO）を作出するという概念が生まれた．すでに，GM作物は世界中で実用化しており，例えばラウンドアップ・レディというモンサント社（米国）の除草剤耐性は，ダイズやトウモロコシに広く使用されている．GMトウモロコシ花粉が栽培周囲の雑草などに移り，それを食べる昆虫などを通して生態系に与える影響も指摘されている．2010年2月に厚生労働省医薬食品局食品安全部で安全性審査手続きを経たGM食品は7作物（トウモロコシなど）で，合計148品種にのぼる．わが国では，GM作物は家畜が消化および分解するので安全性に問題はないという基本的な見解を持っているが，ノルウェー，イタリア，フランスなどでは反対の立場をとっている．

チーズ製造における発酵生産キモシン（FRC）…西欧型チーズ製造の最大の特徴は，乳の凝固に子牛の第4胃から調製した凝乳酵素キモシンを使う点にある．凝乳酵素には，天然物のカーフレンネット，微生物が作り出す微生物レンネット，植物起源のレンネット，遺伝子組換え技術で製造した発酵生産キモシン（FRC）の4種類がある．将来予測では，カーフレンネットの使用量は10%となり，微生物レンネットが20%でFRCは70%に達するとされる．世界のチーズ製造では，すでにFRCの使用は一般的となり，輸入チーズでもかなりの製品に使用されていると考えられる．厚生労働省医薬食品局より添加物（6種類14品目）の1つとしてキモシンが許認可されている．わが国ではマキシレン（DSM，オランダ，2001年）とカイマックス（CHR. HANSEN，デンマーク，2003年）が許可されているが，大手乳業会社の使用実績はない．これは，チーズ製造の際に，添加キモシンの約5%程度がグリーンカード中に残るからとされているが，その後の微生物や酵素の分解および消化過程でも分解するので，食品安全的な問題はきわめて少ないと考える．

◆ 食肉および加工食品 ◆

食肉とBSE問題…BSEはTSE（伝達性海綿状脳症）の1つで，牛の脳組織にスポンジ状の変化を起こし，起立不能などの症状を示す遅発性かつ悪性の中枢神経系の疾病である．潜伏期間は3～7年程度であり，発症すると死亡する．臨床症状は，神経過敏，攻撃的あるいは沈鬱状態となり，泌乳量の減少，食欲減退による体重減少，異常姿勢，協調運動失調，麻痺，起立不能などである．BSE発生原因は不明であるが，一般にスクレイピー感染牛やBSE感染牛のくず肉や骨から調製した「肉骨粉」を飼料にしたためと考えられている．BSEの原因は異常型のプリオンとされているが，核酸がないために感染経路が特定できない．また，通常の方法では除去できず，検出技術も確立されていない．異常プリオンは細菌およびウイルスの感染に有効な薬剤であっても効果がなく，通常の加熱調理などでは不活化されない．

OIE（国際獣疫事務局）の統計によると，BSEが1986年に英国で発見されて以来，日本を含む多くの国で発生例が報告されている（表）．わが国では2001年9月に初めてBSE感染牛が確認され，2009年1月末までに36頭の感染牛が確認された．わが国のBSE対策として，と畜場における全頭検査および特定危険部位の除去体制が確立された．さらに，肉骨粉などの給与規制などによる感染経路の遮断，24ヵ月齢以上の死亡牛検査体制の確立，牛トレーサビリティ制度の整備などが実施されている．2003年5月のカナダ，同年12月の米国におけるBSEの発生に伴い，両国からの牛肉輸入が停

表　世界の飼養牛におけるBSE発生状況（頭数）

国名＼年	2000	2001	2002	2003	2004	2005	2006	2007	2008	2009
日　本	0	3	2	4	5	7	10	3	1	1
ベルギー	9	46	38	15	11	2	2	0	0	0
カナダ	0	0	0	2	1	1	5	3	4	1
デンマーク	1	6	3	2	1	1	0	0	0	1
フランス	161	274	239	137	54	31	8	9	8	10
ドイツ	7	125	106	54	65	32	16	4	2	2
アイルランド	149	246	333	183	126	69	41	25	23	9
イタリア	0	48	38	29	7	8	7	2	1	2
オランダ	2	20	24	19	6	3	2	2	1	0
ポーランド	0	0	4	5	11	19	10	9	5	4
ポルトガル	149	110	86	133	92	46	33	14	18	8
スペイン	2	82	127	167	137	98	68	36	25	18
スイス	33	42	24	21	3	3	5	0	0	0
英　国	1,443	1,202	1,144	611	343	225	114	67	37	12
米　国	—	—	—	0	0	0	0	0	1	1

（OIE ホームページ，World Organisation for Animal Health）

止された．2005年12月，食品安全委員会によるリスク評価結果を踏まえ，「全月齢からの特定危険部位の除去」と「20ヵ月齢以下と証明される牛由来の牛肉であること」などの条件で輸入が再開された．しかし，輸入された米国産牛肉に特定危険部位（せき柱）の混入が確認されるなど，2009年10月までに13件の輸入条件違反が発覚した．一方，2007年5月のOIE総会において，輸出入できる牛肉の条件から月齢条件が撤廃され，「全月齢の骨なし牛肉」とする内容に変更されたことを受け，2011年現在，米国からは輸入条件の緩和が求められている．

口蹄疫…口蹄疫は特殊ウイルスが原因で，偶蹄類の家畜などが罹患する病気である．

表　口蹄疫の感染防止のための措置

1．口蹄疫が発生した農場の家畜を殺処分して埋却し，農場を消毒する．
2．口蹄疫が発生した農場周辺の牛や豚の移動を制限する．
　1）発生農場から半径10km以内における移動制限する（生きた偶蹄類の家畜やその死体などの移動を禁止，と畜場および家畜市場の閉鎖など）．
　2）発生農場から半径10～20km以内における搬出制限（生きた偶蹄類の家畜の搬出，制限区域外への移動禁止，と畜用以外の家畜を入場させる家畜市場の開催を中止など）する．
3．県内全域へ消毒薬を配布し，散布する．
4．移動制限区域内に出入りする車両を消毒するポイントを設置し，消毒を実施する．
5．発生農場と人や物などの関連（疫学関連）があった農場の確認をする．
6．他の都道府県における牛豚飼養農場の緊急調査を実施する．
7．移動制限区域内のワクチン接種による感染拡大を防止する．

口蹄疫に感染すると，発熱したり，口内粘膜や蹄周辺などに水疱ができたりするなどの症状が見られる.子牛や子豚では死亡することもあるが,成長した家畜での死亡率は数%程度である．他の偶蹄類動物への感染を防止するために，一般的に表の防止策がとられている．ワクチンを接種した動物は，口蹄疫に感染しても症状を示さないため，移動を制限し，すみやかに殺処分する．口蹄疫が常在している国を除き，原則としてワクチンの接種は行われていない．最近では2010年4月に宮崎県で口蹄疫の発生が確認され，口蹄疫「汚染国」と認定され，海外へ食肉などを輸出することが禁止された．しかし，迅速な対応により家畜の安全性が確保され,翌2011年2月にはOIEから口蹄疫「清浄国」として再認可された.

牛肉偽装事件…2001年9月，国内で初のBSE感染牛が確認され，政府による国産牛肉買取り事業が始まった．しかし，この事業を悪用して複数の食肉卸業者が輸入牛肉を国産牛肉と偽り，国の補助金を不正に受け取る事件が起きた．この事件の背景には，海外産牛肉は安価であり，国内産牛肉は高価であるという価格差の問題やBSE発生後の食肉業界の業績不振があった．不正が発覚した業者の中には，BSE問題が発生する前から恒常的に偽装を行い，20年以上も続けていた企業もあった．この企業では，牛挽き肉が他の肉よりも高価格で取引きされることを悪用して，豚挽き肉に牛心臓などの赤色の強い挽き肉を混ぜて牛挽き肉と偽って販売したり，外国産牛肉が混入した挽き肉を国産と偽るなどの偽装を行っていた．内部告発により問題が発覚するまで不正は隠され続けた．それだけ外部から食品表示が適正かどうかを判断することは難しいということを示していた．今後の食肉業界の真摯な対応と消費者からの信頼回復が重要である.

脱霜降り牛肉と赤肉重視の方向性…2001年の（財)日本食肉消費総合センターによる全国食肉消費動向調査では，消費者の牛肉購入時の留意点は，「肉の色」をあげる人が78.2%と最も多く,次いで「(陳列時の）肉汁」(38.8%）と「全体の脂身」(37.4%）であった.「柔らかさ」(12.6%)や「ジューシーさ」(8.7%)も10%前後の人があげたが,「霜降り」に関しては5.9%に留まり,購入時に霜降りの程度を留意する人は少なかった.また，好みの肉質は,「柔らかい」41.4%,「やや柔らかい」31.5%で,「中くらい」は25.1%,「歯ごたえあり」(0.8%),「やや歯ごたえあり」(1.2%）を好む人は少なかった.また，脂身の量は「少ない」32.1%,「やや少ない」30.3%,「中くらい」33.3%で,「多い」(0.8%）や「やや多い」(3.5%）を好む人は少なかった.

このように，わが国では「肉は柔らかく，脂身は少なめ」が好まれている．これは消費者の健康志向の高まりを背景に，脂肪交雑の少ない牛肉に対する嗜好性（赤身肉志向）の高まりを示している．この傾向は高齢者ほど高く，逆に霜降り肉志向は若齢者ほど高い．赤身肉は脂肪が少なく低カロリーで，脂肪燃焼促進成分であるカルニチンやアミノ酸含有量が多く，品種特有のコクのある旨さや美味しさを示し，褐毛和種や日本短角種の生産地域と都会の消費団体を結ぶマーケットも多く築かれている．これまでの黒毛和種のブランド和牛肉生産においては，脂肪交雑の多い「霜降り牛肉」の生産に重点を置く傾向が強く，輸入された飼料原料を主体とする濃厚飼料への依存度を高める一因となった．農林水産省の専門部会の中では，現在の脂肪交雑を重視する牛肉の格付けや品種改良に対する疑問があがっており，放牧生産による赤身牛肉が注目されている．今後は消費者ニーズの多様化に対応しながら，適度な脂肪交雑を有する多様な和牛肉生産を増やすことが望ましい．

クローン牛の牛肉消費の問題…受精卵の核を利用して生産された受精卵クローンと，体細胞から取り出した核を移植して生産された体細胞クローンがある．受精卵クローン家畜の肉はすでに出荷されているが，生産は縮小傾向にある．1996 年に英国で体細胞クローン羊の「ドリー」が誕生して以降，牛，山羊，豚など，さまざまな動物で研究が進められ，すでに多くの体細胞クローン動物が誕生している．わが国でも，1998 年に世界初の体細胞クローン牛が誕生し，その後，多くの体細胞クローン牛が生産されているが，市場への出荷は自粛されている．体細胞クローン牛の安全性については，生産過程において死産や出生後早期に死亡する割合が高いことから，クローン家畜の正常性や安全性について懸念されている．2008 年 1 月，FDA は，「牛，豚，山羊の体細胞クローン動物由来の食品および体細胞クローンの後代由来の食品は，従来の方法で繁殖された家畜に由来する食品と同様に安全である」と公表した．一方，米国農務省（USDA）は，食肉市場などが体細胞クローン技術を受け入れられるようになるまでは，慎重に対応することを求めている．2008 年 7 月，欧州食品安全機関（EFSA）は，「情報は限られるが，牛および豚の体細胞クローンおよびその後代の肉および乳について従来の繁殖による固体由来のものと比較して差異があることは示唆されない」としている．2009 年 6 月，食品安全委員会は「新開発食品評価」により，「現時点における科学的知見に基づいて評価を行った結果，体細胞クローン牛及び豚並びにそれらの後代に由来する食品は，従来の繁殖技術による牛及び豚に由来する食品と比較して，同等の安全性を有すると考えられる．なお，新しい技術であることから，リスク管理機関においては，体細胞クローン牛及び豚に由来する食品の安全性に関する知見について，引き続き収集することが必要である」とした．しかし，現時点では体細胞クローン由来の生産物は，先行の受精卵クローンと同様に消費者の理解を十分に得られていない現状もあり，生産物の出荷自粛

が続けられている．

牛肉のトレーサビリティシステム…消費者の信頼を確保するための取組みとして，食品の流通経路情報を活用して食品を追跡できるトレーサビリティがある．2001 年の BSE 感染牛の発生などを機に，2003 年 12 月，「牛肉トレーサビリティ法」が施行されて，国産の牛および牛肉についてはトレーサビリティが義務付けられている．すべての肉用牛に個体識別番号が付せられ，生産から消費に至るまでの明確な生産履歴の記録による安全性が担保されるようになった．

地域ブランド…2006 年 4 月，商標法の改正により地域団体商標制度が創設され，地域ブランドを保護する仕組みができあがった．このことにより，一般の畜産物との差別化を図るために，牛肉関係の商標を中心に多くのブランド肉が登録された．例えば，十勝牛（北海道），前沢牛（岩手），米沢牛（山形），飛騨牛（岐阜），松阪牛（三重），近江牛（滋賀），神戸牛（兵庫）あるいは宮崎牛（宮崎）などのブランド牛が有名である．

◆ 卵および卵加工食品 ◆

卵とサルモネラ食中毒…サルモネラ属菌は，グラム陰性の通性嫌気性桿菌で，その種類は約 2,500 種もあり，河川や下水など自然界に広く分布している．また，ヒトや動物の腸内細菌の一種でもあり，さまざまな動物が宿主となるため，人獣共通感染症の代表的な原因菌である．ヒトに感染する場合，家畜や家禽を宿主として，その肉類や卵を介することが多く，特に *Salmonella* Typhimurium（ネズミチフス菌）や *Salmonella* Enteritidis（SE 菌）が食中毒原因菌として検出頻度が高い．

サルモネラ属菌は 8 ～ 45℃で増殖可能で，37℃付近では 20 分に 1 回分裂し，1 細菌が 7 時間後にはヒトに食中毒を起こす約 200 万個にも増える．また，水分活性は 0.94 以上，pH は 4 ～ 8，酸素の有無にかかわらず生存し増殖する．さらに，乾燥に対して抵抗性があり，糞，塵埃，飼料，食品などへの付着菌は数年間も生存する．ただし，熱には弱く 70℃以上の温度では生存できないし，62 ～ 65℃で 30 分の加熱で死滅する．

サルモネラ食中毒は急性胃腸炎であり，特に子供や高齢者などの抵抗力の弱い人はごくまれに死亡する場合がある．1996 ～ 2008 年の死者数は，SE 菌が 14 名，ネズミチフス菌が 1 名である（図）．SE 菌は，産卵鶏に感染し卵巣に定着しても，保菌鶏の排卵が止まることはなく，卵黄膜上に SE 菌が付着した殻付き卵を産む（In Egg 汚染卵）．In Egg 汚染卵の検出は困難で，1 万卵に数卵程度が正常卵に混じって流通している．特に，日本人は生卵を食べることから，1998 年からは鶏卵の賞味期限表示が始まり，家庭で

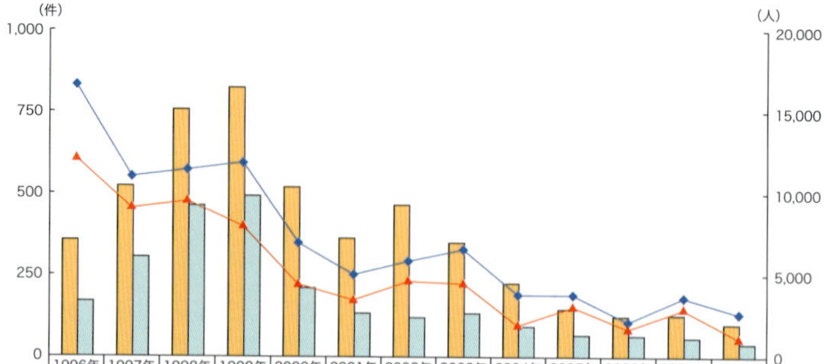

	1996年	1997年	1998年	1999年	2000年	2001年	2002年	2003年	2004年	2005年	2006年	2007年	2008年
事件数	351	521	757	825	518	361	465	350	225	144	124	126	99
SE事件数	167	306	464	494	208	132	119	130	90	67	63	58	39
患者数	16,576	10,926	11,471	11,888	6,940	4,949	5,833	6,517	3,788	3,700	2,053	3,603	2,551
SE患者数	12,212	9,154	9,583	8,073	4,404	3,467	4,658	4,446	1,939	3,070	1,689	2,894	1,161
死　者	3	2	1	3	1	0	2	0	2	1	1	0	0
SE死者数	3	2	1	2	1	0	2	0	1	1	1	0	0

図　サルモネラ属菌食中毒の年次別推移
（厚生労働省食中毒統計）

の卵の衛生的取扱い要項の策定などの食中毒予防対策が実施された．その結果，2000年以降のサルモネラ食中毒は減少傾向を示している．SE 菌に汚染された鶏卵による食中毒は，加熱不十分の食品が原因となる場合が多い．鶏卵加工業者や消費者は，わずかな頻度ではあるが，殻付き卵の卵内に SE 菌が存在する可能性のあることを知る必要がある．鶏卵は新鮮なものを購入し，冷蔵庫で保存し，なるべく短期間に消費する．家庭で生卵を食べる場合は賞味期限内に食べ，賞味期限が過ぎれば中心部まで火が通るように十分加熱調理する．また，卵の割り置きは絶対にしないこと，卵などを取り扱った器具，容器，手指はそのつど必ず洗浄消毒すること（二次汚染防止），乳幼児や高齢者（ハイリスクグループ）には，加熱の不十分な卵料理は提供しないなど，卵の取扱いには十分注意する必要がある．

高病原性鳥インフルエンザとその防除対策…インフルエンザウイルスは一本鎖の RNA ウイルスで，その核たんぱく質の抗原性の違いにより，A 型，B 型，C 型に分類される．A 型はヒト，鳥類，馬，豚など，B 型はヒトとアシカ亜目に，C 型はヒト（5 歳以下の小児）に感染する．A 型と B 型ウイルスの粒子表面には，ウイルスが細胞へ付着感染時と細胞から出芽分離時に重要な，ヘマグルチニン（HA）およびノイラミニダーゼ（NA）という糖たんぱく質が存在する．特に，A 型ウイルスのそれらは抗原性が変異しやすく，HA が 16 種類（H1-16），NA が 9 種類（N1-9）あり，それらの組合せでウイルスの血清亜型が決まる．

高病原性鳥インフルエンザは，家禽類に感染し，感染した鳥は 1 ～ 7 日以内にほぼ

100％死亡する．わが国では，すべてのA型H5亜型とA型H7亜型による感染を高病原性鳥インフルエンザと定義し，家畜法定伝染病に指定している．発生した場合は感染拡大防止のために，都道府県知事の権限により，殺処分，焼却または埋却，消毒などの法的措置がとられる．また，発生場所から半径数km～数十km内の他の養鶏場で飼育されている鶏を検査し，未感染であることが確認されるまでの間，鶏と卵の移動を自粛する要請が出される．

本来，鳥インフルエンザは鳥類にしか感染しないが，1997年香港で発生した高病原性鳥インフルエンザ（H5N1亜型）はヒトにも感染して6人の死者を出した．それ以来，このH5N1亜型の高病原性鳥インフルエンザは，アジア，中東，ヨーロッパ，アフリカ諸国へ広がり，家禽からヒトへの感染も多数報告されている．WHOの発表では，現在2015年までに，家禽から844名のヒトが感染し，その53％に当たる449名が死亡している（図）．高病原性鳥インフルエンザウイルスは，今のところヒトからヒトへの感染はないが，新型ウイルスはヒトに流行したことがないHA亜型を持ち，抗体を持たないヒトは容易に感染し，世界的大流行（パンデミック）を起こす危険性がある．

それに備えて，各国は感染予防ワクチンを製造し備蓄している．通常，インフルエンザワクチンは孵化途中の鶏卵にウイルスを接種して大量に培養し製造されるが，鳥ウイ

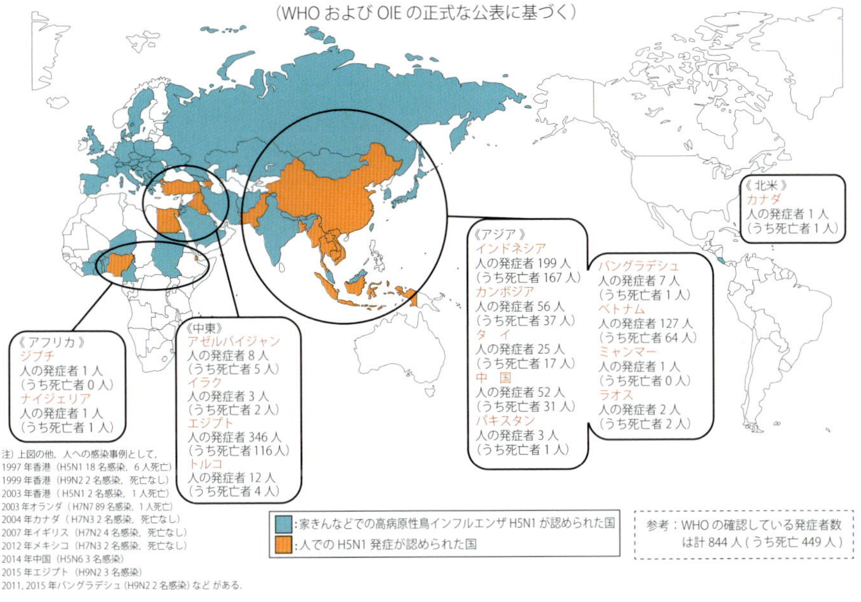

図　鳥インフルエンザ（H5N1）発生国およびヒトでの確定症例
（厚生労働省健康局結核感染症課作成，2015年11月13日現在）

ルスの場合は孵化鶏卵が死んでしまい培養ができない．そのため，高病原性鳥インフルエンザウイルスの遺伝子の強毒性に関するHA遺伝子を弱毒型にかえて環状DNAに組み込み，動物細胞内でウイルスを人工合成するリバースジェネティック法が開発されワクチンの製造が行われている．

卵のコレステロールと心臓病のリスク…「卵はコレステロールが多い食品なので，食べると血清コレステロール値が上昇し，心臓病の危険性が高くなる」．これは世界中で，何の疑いもなく約30年間も信じられ，卵コレステロールの悪玉説を広めたシナリオである．その発端は1968年に米国心臓病協会が作成した食事摂取基準である．その中で「コレステロールの摂取量は1日300mg以下，卵は1人1週間3個まで」と発表された．当時，米国では心臓病による死者の増加が深刻な社会問題であり，その原因が血清コレステロール値の上昇であることが示され，心臓病予防対策としてコレステロールの多い卵の食事制限がなされたのである．

卵はコレステロールが多い食品（約250mg/1個）である．しかし，卵を食べると血清コレステロール値があがることは十分証明されていなかった．それにもかかわらず，心臓病予防に食事性コレステロールと卵の摂取制限がなされ，ノンコレステロール表示が世界中でブームとなった．その結果，米国民1人当たりの卵消費量は，年間約350個から250個へと激減した．

1984年，米国鶏卵協会が鶏卵栄養センターを設立し，心臓病と卵コレステロールの関係を正しく客観的に検証する研究が進められた．約20年間にわたり種々の疫学調査やヒトの臨床試験データを集め解析した結果，「鶏卵の摂取量と心臓病のリスクの関係を示す事実はない」との結論が得られた．2002年，ついに米国心臓病協会は「個人が卵を何個食べてよいかという，特定の勧告は行わない」と発表し，鶏卵摂取量の制限を34年ぶりに撤回した．

本来，コレステロールは細胞膜や胆汁酸や性ホルモンの構成成分として，生命の維持に不可欠であり，ヒト体内には約150gも蓄えられている．コレステロール値が低い子供は，注意欠陥・多動性障害になりやすく，大人では不安神経症やうつ病になる率が高いとの報告がある．一方，血清中でコレステロールは主に，カイロミクロン，LDL（低密度リポたんぱく質），HDL（高密度リポたんぱく質）の構成成分として存在し，HDL値の高いことが望ましいとされている．一般的にヒトは1日に1.0～1.5gのコレステロールを新しく必要とする．その約70%が主に肝臓で糖質と脂肪酸から合成され，残りの30%は食事から摂取している．なお，「日本人の栄養摂取基準2010年」では，生活習慣病予防の観点からコレステロールは1日当たり男性で750mg未満，女性で

600mg 未満の目標量が定められていたが，2015 年の改定によりコレステロールの食事摂取基準は撤廃された．

日本人の場合，卵，ミルク，肉類，魚介類などから 1 日平均で 300 ～ 500mg のコレステロールを摂取している．このうち，卵由来のコレステロールが約 60％を占め，180 ～ 300mg 程度である．健常人は 1 日に卵 1 ～ 2 個を摂取しても血清コレステロール値の上昇はごくわずかで，心臓病のリスクを高めるものではない．心臓病との関係におけるコレステロール悪玉説が訂正された現在，優れた卵の栄養と健康機能を活用するためにも，1 日 1 人当たり卵 1 ～ 2 個消費する食生活が望まれる．

卵アレルギーの問題…厚生労働省は，特に重篤なアレルギーを起こしやすい 7 品目（小麦，そば，卵，乳，落花生，えび，かに）を特定原材料として指定して，これらを含む食品にその原材料表示を義務化している（アレルギー表示制度）．卵アレルギーの原因たんぱく質は主に卵白に局在している．卵白たんぱく質のオボムコイド，オボアルブミン，オボトランスフェリン，リゾチームが主要なアレルゲンで，中でもオボムコイドが最も強力なアレルゲンである．卵アレルギーを低減化する試みがなされている．通常，アレルゲンはたんぱく質であるため，加熱による変性や重合（不溶化，高分子化）はアレルギーの低減化に役立つ．しかし，オボムコイドのように 100℃で加熱しても変性も不溶化もしないたんぱく質は，化学的に分解するかあるいは物理的に除去するしかない．しかし，卵の調理機能性（ゲル化性や起泡性や乳化性など）は，いずれもたんぱく質の構造に基づくものであり，加熱や酵素分解によるアレルゲン除去卵は調理機能性を失う．卵白アレルゲンの加熱変性と水洗によるオボムコイド除去効果を，実際の小児アレルギー患者で研究した事例では，一定の効果が得られた．この他，クロマトグラフィーやエタノール処理によるオボムコイドの除去，たんぱく質分解酵素処理や化学修飾による低アレルゲン化の試みがあるが，いずれも実用化には至っていない．

ピロリ菌ウレアーゼ抗体を使用した機能性ヨーグルト…*Helicobacter pyroli*（ピロリ菌）は胃潰瘍や胃がんなどの原因菌といわれ，胃がんでは 95％がピロリ菌感染者との報告がある．特に，アジア諸国で感染率が高く，日本では 60 歳以上の 70％以上がピロリ菌保菌者といわれている．2009 年のヘリコバクターピロリ学会では，胃がんや胃潰瘍の有無にかかわらず，それらの予防的観点からピロリ菌の除菌を推奨している．ピロリ菌の除去方法は，2 種類の抗生物質と胃酸抑制剤を 1 日 2 回，7 日間飲み続けて実施するが，除菌の成功率は約 75％といわれている．また，除菌に成功しても再感染する場合があり，抗生物質による除菌のみならず食品による日常的な除菌が望ましい．

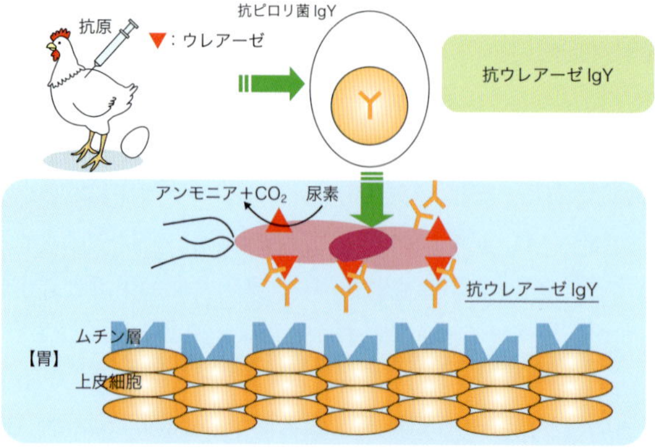

図 1　抗ピロリ菌ウレアーゼ IgY の調製とピロリ菌の感染阻害

図 2　抗ピロリ菌鶏卵抗体を利用した発酵乳
左から，日本，韓国，中国，台湾の商品．

ピロリ菌は表層にウレアーゼ（尿素分解酵素）を有し，尿素からアンモニアを作り，局所的に胃酸を中和することで胃内に生存できる．ウレアーゼは胃粘膜へのピロリ菌の接着にも関与する．ウレアーゼを抗原として産卵鶏に免疫し，その鶏卵卵黄から抗ピロリ菌ウレアーゼ IgY 抗体を調製し，同 IgY を摂取することによりピロリ菌の接着阻害を図る新しい除菌方法が検討された（図 1）．ピロリ菌陽性者 16 名に IgY を添加したヨーグルトを摂取させ，投与前 4，8，12 週目に便中ピロリ菌抗原検出試験と胃内のピロリ菌数を反映する尿素呼気試験（UBT）を行い IgY 添加ヨーグルトの除菌効果について調べた．その結果，IgY 添加ヨーグルトを 8 週間摂取することにより便中ピロリ菌抗原量，UBT 値はともに有意に低下した．さらに，投与 3 ヵ月後も同様に便中ピロリ菌抗原量，UBT 値は顕著に低下した．IgY 添加ヨーグルトの摂取は，ピロリ菌の除菌にこのように有用であることが確認され，日本，韓国，中国や台湾で上市されている（図 2）．

参考図書

第1章　乳の科学

伊藤敞敏ら（編）：動物資源利用学，文永堂出版，1998.

伊藤肇躬：乳製品製造学，光琳，2004.

上野川修一ら（編）：ミルクの事典，朝倉書店，2009.

斎藤善一ら（編）：畜産食品加工学 乳・肉・卵のサイエンス，川島出版，1990.

佐々木林治郎（監修）：牛乳・乳製品ハンドブック，朝倉書店，1958.

正田陽一（監修）：世界家畜品種事典，東洋書林，2006.

鶴身和彦：「乳及び乳製品等の規格基準の改正について（1）～脱脂粉乳の製造基準，乳の殺菌基準等について～」，食品衛生研究 vol. 53，p.7-19，2003.

内藤元男：原色図説 世界の牛，養賢堂，1986.

乳業技術講座編集委員会（編）：牛乳 乳業技術講座 1，朝倉書店，1963.

農林水産省大臣官房統計部：平成 20 年度牛乳乳製品統計.

農林水産省大臣官房統計部：平成 21 年度畜産統計.

平野威馬雄（訳）：Metchnikof，E.・長寿の研究，幸書房，2006.

湯山荘平（監修）：アイスクリームの製造，光琳，1997.

Buch Kristensen，J. M.：Cheese Technology-A Northern European Approach，International Dairy Books，1999.

Bulletin of the IDF 263，1991.

Fox，P. F.（ed.）：Advanced Dairy Chemistry Vol. 3，Lactose，Water，Salts and Vitamins，Chapman & Hall，1997.

Fox，P. F. and McSweeney，P. L. H.（eds.）：Advanced Dairy Chemistry，Vol. 1，Proteins，3rd ed.，Part A，Kluwer Academic/Plenum Publishers，2003.

Fox，P. F. and McSweeney，P. L. H.（eds.）：Advanced Dairy Chemistry，Vol. 2，Lipids，3rd ed.，Springer，2006.

Fox，P. F. et al.（eds.）：Cheese Chemistry，Physics and Microbiology，Vol. 1，3rd ed. Elsevier Academic Press，2004.

Marshall，R. T. et al.：Ice Cream 6th ed.，Kluwer Academic/Plenum Publishers，

2003.
McSweeney, P. L. H. and Fox, P. F. (eds.): Advanced Dairy Chemistry, Vol. 3, Lactose, Water, Salts and Minor Constituents, 3rd ed., Springer, 2009.
Walstra, P. R. and Jenness, R.: Dairy Chemistry and Physics, John Wiley, 1984.
Wong, N. P. et al. (eds.): Fundamentals of Dairy Chemistry, 3rd ed., Van Nostrand, 1988.

第 2 章　肉の科学

阿久澤良造ら（編）：乳肉卵の機能と利用，アイ・ケイコーポレーション，2005.
天野慶之ら（編）：食肉加工ハンドブック，光琳，1980.
飯尾雅嘉ら：食品学，建帛社，2005.
伊藤敞敏ら（編）：動物資源利用学，文永堂出版，1998.
伊藤傳三：續け根性，サンケイ新聞社出版局，1971.
沖谷明紘（編）：肉の科学，朝倉書店，1996.
厚生省生活衛生局乳肉衛生課（監修）：乳製品，食肉製品等の期限表示ガイドライン集，中央法規出版，1995.
厚生労働省（監修）：食品衛生検査指針　微生物編，（社）日本食品衛生協会，2004.
齋藤忠夫ら：最新畜産物利用学，朝倉書店，2006.
新食品成分表編集委員会（編）：新食品成分表，一橋出版，2004.
土屋恒次ら（編）：食肉加工品の知識，（社）日本食肉協議会，2009.
動物性食品の HACCP 研究班（編）：HACCP：衛生管理計画の作成と実践　総論編，中央法規出版，1997.
動物性食品の HACCP 研究班（編）：HACCP：衛生管理計画の作成と実践　データ編，中央法規出版，1997.
新村　裕ら：新食肉加工 Q&A，食肉通信社，2001.
（社）日本食品衛生協会（編）：改訂食品の安全を創る HACCP，（社）日本食品衛生協会，2008.
日本食品保全研究会（編）：HACCP における微生物危害と対策，中央法規出版，2000.
（社）日本食肉加工協会（編）：食肉製品検査実習，（社）日本食肉加工協会，2010.
（社）日本食肉加工協会（編）：2010 年版食肉加工基礎講座，（社）日本食肉加工協会，2010.
日本食肉研究会（編）：食肉用語事典（新改訂版），食肉通信社，2010.
ハム・ソーセージ図鑑編集委員（編）：ハム・ソーセージ図鑑，伊藤記念財団，2001.
藤田恒夫（監訳）：クルスティッチ，R.・立体組織図譜，西村書店，1981.

文部科学省科学技術学術審議会資源調査分科会（編）：五訂増補日本食品標準成分表，国立印刷局，2008.

山本啓一・丸山工作：筋肉，化学同人，1986.

Hedrick，H. B. et al.：Principles of Meat Science，Kendall/Hund Publishing，1994.

Kerry，J. P. and Ledward，D：Improving The Sensory and Nutritional Quality of Fresh Meat，Woodhead Publishing Ltd. and CRC Press LLC，2009.

Lawrie，R. A. and Ledward，D. A.：Lawrie's Meat Science，Woodhead Publishing Ltd. and CRC Press LLC，2006.

第 3 章　卵の科学

浅野悠輔ら（編）：卵―その化学と加工技術―，光琳，1985.

伊藤敞敏ら（編）：動物資源利用学，文永堂出版，1998.

今井忠平ら：改訂増補　タマゴの知識，幸書房，1999.

奥村彪生（訳）：万宝料理秘密箱，教育社，1989.

小原哲二郎・細谷憲政（監修）：簡明食辞林　第二版，1997.

小林幸芳：マヨネーズ・ドレッシング入門，日本食糧新聞社，2005.

佐藤　泰（編）：食卵の科学と利用，地球社，1980.

佐藤　泰ら：卵の調理と健康の科学，弘学出版，1989.

下田吉人ら（編）：新調理科学講座 3　肉・卵の調理，朝倉書店，1972.

杉山道雄ら（訳）：ヴィントホルスト，H. W.・世界畜産立地変動論，筑波書房，2010.

高橋雄介（編）：材料料理大事典，学習研究社，1987.

中村　良（編）：卵の科学（シリーズ食品の科学），朝倉書店，1998.

野並慶宣：鶏卵の化学と利用法，地球出版，1960.

細野明義ら（編）：畜産食品の事典，朝倉書店，2002.

卵事例ハンドブック編集委員会（編）：けんぞう先生の卵事例ハンドブック，（株）鶏卵肉情報センター，2009.

渡邊乾二（編）：食卵の科学と機能―発展的利用とその課題―，アイ・ケイコーポレーション，2008.

Yamamoto，T. et al.（eds.）：Hen eggs; Their basic and applied science，CRC Press，1997.

WEB サイト

NCBI（遺伝子やたんぱく質のデータベースおよび最新の情報が得られる）
http://www.ncbi.nlm.nih.gov/

厚生労働省　http://www.mhlw.go.jp/
食品安全委員会　http://www.fsc.go.jp/
食品安全委員会：2009 年 6 月新開発食品評価書　体細胞クローン技術を用いて産出された牛及び豚並びにそれらの後代に由来する食品
http://www.fsc.go.jp/emerg/hyoukasho_shinkaihatu_clone.pdf
農林水産省　http://www.maff.go.jp/
農林水産省農林水産技術会議事務局：受精卵クローンの現状について
http://www.s.affrc.go.jp/docs/press/pdf/101224-01.pdf

索　引

あ

い

う

え

お

か

き

く

け

す

せ

そ

た

ね

の

は

ひ

略語索引

畜産物利用学

定価（本体 4,800 円＋税）

2011 年 10 月　1 日　第 1 版第 1 刷発行　＜検印省略＞

2020 年　9 月 10 日　第 1 版第 4 刷発行

編集者代表　齋　藤　忠　夫

発行者　福　毅

印　刷　㈱　平　河　工　業　社

製　本　㈱　新　里　製　本　所

発　行　**文　永　堂　出　版　株　式　会　社**

〒 113-0033　東京都文京区本郷 2-27-18

TEL　03-3814-3321　FAX　03-3814-9407

振替　00100-8-114601 番

ISBN 978-4-8300-4121-1